中南财经政法大学出版基金资助出版

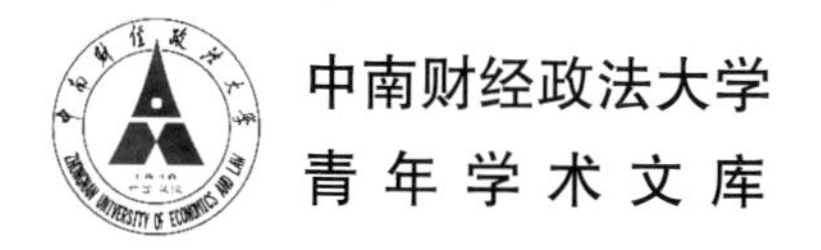

交通网络导向的
城市空间结构演变与协同优化路径

贺三维　著

图书在版编目(CIP)数据

交通网络导向的城市空间结构演变与协同优化路径/贺三维著.—武汉:武汉大学出版社,2021.11
中南财经政法大学青年学术文库
ISBN 978-7-307-22102-4

Ⅰ.交…　Ⅱ.贺…　Ⅲ.城市空间—空间结构—结构设计—研究—中国　Ⅳ.TU984.2

中国版本图书馆 CIP 数据核字(2020)第 272918 号

责任编辑:陈　豪　　　责任校对:李孟潇　　　版式设计:马　佳

出版发行:**武汉大学出版社**　(430072　武昌　珞珈山)
(电子邮箱:cbs22@whu.edu.cn　网址:www.wdp.com.cn)
印刷:湖北金海印务有限公司
开本:720×1000　1/16　印张:18　字数:265 千字　插页:2
版次:2021 年 11 月第 1 版　　2021 年 11 月第 1 次印刷
ISBN 978-7-307-22102-4　　定价:60.00 元

序

如何发挥交通网络对城市空间结构优化的引导作用，尤其是协调日益增长的交通需求与城市形态之间的关系，是新型城镇化发展的关键之一。在信息化和高科技互联网发展时代，城市(群)空间结构逐渐从“中心-外围”模式向“枢纽-网络”模式转变，其与产业、城市功能布局等均需要高效率、“以人为本”的交通网络系统支撑，优化的交通网络系统促进城市空间结构优化和城市可持续发展。目前，国内关于交通与城市空间互动机制的研究尚为薄弱环节，选择交通网络与城市空间结构的关系作为研究的切入点，有助于定量揭示交通网络与城市内部空间结构的互动关系，具有重要的理论价值和实践意义。

贺三维博士的著作系统梳理了交通网络与城市空间结构之间的交互作用关系，与以往研究不同的是，她基于城市地域空间结构理论，综合利用社会经济统计数据、遥感影像、地理大数据、实地调研等多源融合数据，采用最新空间分析技术手段，研究交通网络和城市空间结构的时空演变过程及耦合效应，尝试提出城市空间结构的智能模拟优化方案。本书有如下创新之处：

首先，从中观尺度提供了一套研究交通网络对城市空间结构影响效应的系统研究方案。从形态和效率两个方面系统研究了交通网络的多维空间变量特征，刻画了交通网络对城市经济活动、休闲娱乐布局、土地利用强度、城市活力、城镇化等不同类型空间结构的影响效应，进而解析交通网络对不同城市空间结构的廊道效应、集聚效应以及时滞效应。并以京津冀城市群和武汉市为例，揭示了交通系统与城市空间体系在城市群尺度和单个城市的耦合协调效应，厘清了快速城镇化进程中我国中部城市以及沿海城市群交通建设对空间结构重构的影响，为城市空间结构优化政策优化提供了理论依据。

其次，从交通网络导向角度提供了一套城市空间结构智能模拟优化的理论方法。结合元胞自动机、马尔科夫链、逻辑回归模型等，构建了城市土地利用演变的微观布局智能模拟优化模型，并修正劳瑞模型，定量揭示了街道尺度交通导向下社会经济活动、人口分布和区位选择的空间吸引过程，模拟交通网络导向下城市空间结构的演变过程。该模型具有良好的可移植性，能应用于不同的研究区域和不同尺度的地理空间。

综上所述，本书研究视角具有创新性，研究方法可行，研究的技术手段先进，提出的研究结论对指导城市空间结构优化具有重要参考价值，体现出作者具有扎实的研究功底。特向读者推荐此书，期望本书的出版能推动交通网络驱动城市空间结构优化的研究迈上新的发展阶段，是为序。

2021年11月8日于奥运科技园区

前　言

改革开放以来，伴随着经济的高速增长，我国已进入城镇化快速发展阶段，2015 年城镇化水平已达到 56.1%，城镇人口已达到 7.7 亿。根据国家新型城镇化发展规划(2014—2020)，到 2020 年我国城镇化水平将突破 60%。与此同时，我国不同地域、不同规模的城镇空间都在快速扩张，城市建成区面积由 1985 年的 9386km² 增长到 2013 年的 47855km²，年均增长 1373.9km²(数据来源:《中国统计年鉴 2000》《中国统计年鉴 2014》)。可以预见，未来将有 2 亿~3 亿新增城镇人口。需要深刻认识到，城镇化水平的持续提高，一方面会引起城镇空间在地域上的持续扩张，破坏地域空间的整体景观、生态格局和土地利用格局，造成生态环境恶化和耕地面积大幅度缩减，严重威胁国家资源环境及生态安全和粮食安全；另一方面会复杂化城市内部空间结构，人口过度集聚增加了对城镇空间的土地需求、交通需求、就业需求、住房需求等，进一步激发“现代城市病”，如交通堵塞、人口拥挤、就业困难、贫富极化等社会问题，从而影响城镇的可持续发展和健康发展，阻碍我国和谐社会的建设进程。

伴随着城镇化的迅速推进，交通问题已成为城市空间健康生长的重要瓶颈。交通作为城市空间形态塑造的重要骨架，承载着城市中人流、物流等多种要素的动态活动及其分配。随着“小汽车时代”的来临，城市交通系统正在由以步行、自行车为主的传统交通结构向机动化交通结构转变。我国机动车数量增长迅速，截至2015年年底，全国机动车保有量达2.79亿辆。机动车的持续增长直接导致了交通拥挤、环境污染、交通安全、社会出行不公平等一系列社会问题。根据中国交通部发布的数据，交通拥堵带来的经济损失每年达2500亿人民币，2014年北京因交通拥堵造成700亿元的经济损失。最明显的表现为车路矛盾，即汽车普及与传统城市空间结构之间的矛盾。通过研究交通网络对城市空间结构演变的影响效应，并对城市空间结构实际演变过程进行模型重建，有助于理解交通与城市空间结构之间的互动关系，为制定合理的交通政策和城市空间优化政策提供重要的理论依据。同时，城市空间结构演变模拟研究对于调整和优化城市空间布局，盘活城市存量建设用地，促进土地节约集约利用，具有重要的现实意义。

交通与城市空间结构之间存在着复杂的互动关系。城市空间决定着城市交通需求及交通结构模式，而城市交通改变着城市空间的可达性，进一步影响空间形态布局及空间结构重塑。然而，一方面，我国交通规划与土地规划、产业规划等长期以来呈现出分离状态，造成交通与城市空间结构的不协调，城市交通供需矛盾难以解决，以及以“产业园”“睡城”等为代表的城市居住功能与就业功能不匹配问题。另一方面，目前对两者关系的研究主要是借鉴国外的研究理论及实践经验，不符合中国城市发展的实际情况，国内尚缺乏系统性的研究。随着新技术、新方法的逐步涌现，有必要进一步展开深入的理论和实证研究，完善交通工程与城市发展领域的理论和方法体系。

本书旨在综合运用城市地域空间结构理论，利用社会经济统计数据、遥感影像、人口数据及实地调研数据，采用最新空间分析技术研究交通网络对城市空间结构的影响效应，并研究交通网络导向下城市空间结构的优化途径，提出政策建议。主要包括时空演变过程、耦合协调效应、智能模拟优化三大部分。时空演变过程包括交通网络定量特征的时空变化，不同城市空间结构的整体、局部特征及交通效应。耦合协调效应即研究交通网络对武汉市城市经济活动、休闲娱乐活动、土地利用强度、城市活力、城镇化等空间结构的影响效应，揭示交通网络对城市空间结构发展的引导过程，刻画交通发展与城镇化的交互耦合关系，并进行问题诊断。全书以武汉市和京津冀城市群为例，揭示交通系统与城市空间体系在单个城市和城市群尺度的耦合协调特征，分别提出促进武汉国土空间适宜性开发和加强京津冀协同一体化的政策建议。智能模拟优化是采用地理智能模拟模型有效挖掘武汉市城市扩展规律，模拟和预测未来城镇土地结构需求以及城镇人口和经济活动的空间布局，瞄准城市快速发展过程中交通规划及城市空间结构优化等方面辅助政府政策优化及完善建议。

基于此，本书以时空动态视角考察交通网络和城市空间结构的演变特征，探讨交通网络导向的城市内部空间结构协同优化途径。一方面，对丰富和发展中国城市空间理论和交通流理论具有重要的学术价值；另一方面，对优化城市功能空间布局、制定缓解交通拥堵的政策具有重要的参考价值。同时，武汉市作为全国交通枢纽城市，其交通与城市空间结构的优化政策对于其他城市尤其是中西部城市及地区具有重要的推广应用价值。

目　录

绪　论

一、研究背景与意义

我国正处于城镇化快速发展阶段，2015 年城镇化水平已达到 56.1%，城镇人口已达到 7.7 亿。与此同时，我国不同地域、不同规模的城镇空间都在快速扩张。伴随着城镇化的迅速推进，交通问题已成为城市空间健康生长的重要瓶颈。根据中国交通部发布的数据，交通拥堵带来的经济损失每年达 2500 亿元。最明显的表现为车路矛盾，即汽车普及与传统城市空间结构之间的矛盾。要解决该矛盾，需要从时空动态视角探讨城市空间生长的历史过程、静动态特征和驱动机制，厘清不同类型交通对城市空间结构的影响效应，为制定合理的交通政策和城市空间优化政策提供重要的理论依据。同时，城市空间生长规律的研究，对于调整和优化城市空间布局，盘活城市存量建设用地，促进土地节约集约利用，具有重要的现实意义。

交通与城市空间结构之间存在着复杂的互动关系。城市空间决定着城市交通需求及交通结构模式，而城市交通改变着城市空间的可达性，进一步影响空间形态布局及空间结构重塑。然而，长期以来，我国交通规划与土地规划、产业规划等呈现出分离状态，造成交通与城市空间结构的不协调，难以解决城市交通供需矛盾，以及以“产业园”“睡城”等为代表的城市居住功能与就业功能不匹配问题。但是，目前对两者关系的研究主要是借鉴国外的研究理论及实践经验，不符合中国城市发展的实际情况，国内尚缺乏系统的、综合性的研究。随着新技术、新方法的逐步涌现，有必要进一步展开深入的理论和实证研究，完善交通工程与城市发展领域的理论和方法体系。

随着城镇化的高速发展和持续推进，世界城市土地开发和交通发展建设产生了一系列问题，如何协调城市空间与交通间的关系成为全球备受关注的热点问题之一。研究城市交通与空间结构的交互反馈机制对于优化城市空间组织、实现现代城市"病"生态调控以及实施可持续的城市交通战略等具有重要的理论和现实意义。

(1)理论意义。

从时空动态视角分析交通与城市空间结构的静态、动态特征和整体与局域特征，从形式空间和过程空间分析城市空间结构的交通廊道效应、集聚效应、溢出效应和异质性效应，并分析了城市空间结构演变的动力主体、组织过程及内外驱动力，对于丰富和发展适合中国国情的城市空间理论和交通流理论具有重要的理论意义。

(2)现实意义。

主要以中部城市武汉和京津冀城市群为例，丰富了实证研究，对于优化城市功能空间布局、制定缓解交通拥堵等政策具有重要的参考价值；同时，有助于推进交通规划与城市规划的有机衔接，从而促进城市可持续发展；单个城市和城市群层面交通与城市空间结构的优化政策对于周边发展中国家及地区具有重要的推广应用价值。

二、国内外文献综述

1. 理论研究

交通与城市空间结构的关系研究一直是交通工程领域和城市规划领域的重难点问题。国外学者最先开展对两者关系的理论探讨，代表性理论有古典经济学派的区位论、芝加哥学派的城市地域空间结构理论、城市空间经济学理论以及行为学派的交通理论等(杨励雅，2012)。以上理论演进具有两大特征：一是由关注城市空间形态转向注重城市空间演变过程，引入经济学、行为学等模型阐明城市不同空间主体之间的相互作用过程；二是由描述城市宏观格局转向注重城市微观个体的空间行为，基于个体行为的时空关系构建非集计模型研究城市主体的空间分布模式等。这些理论研究一定程度上为制定有效的城市规划方案和城市管理政策提供了参考依据，但仍然难以解决城市蔓延扩展带来的一系列社会和经济问题。因此，彼得·卡尔索普等从规划角度提出了步行邻里街区、公交导向的土地开发模式等理念(Calthorpe，1993)。在管理实践上，交通需求管理以及交通需求/土地利用一体化管理的概念被提出，以发达国家为代表纷纷提出了适合本国国情的一体化管理方案，如丹麦哥本哈根的“手指形规划”、荷兰的ABC政策。

然而，目前交通与城市空间的研究理论主要基于国外城市特点，研究对象多为低密度开发城市系统，不能反映我国快速城镇化进程中城市发展的特点和规律，我国制定交通和城市发展规划及管理政策时难以借鉴国外成功的规划和管理方案。因此，亟待开展本土化研究，以我国城市发展的具体特征为基础，厘清交通与城市空间结构间的定量关系，为制定合理的、科学的交通和城市发展规划及管理政策提供重要的理论参考和事实依据。

2. 实证研究

城市交通对城市空间演化起着重要的引导和拉动作用。Alex Anas等学者认为，交通方式影响城市空间演化的形成和规模，随着小汽车的广泛使用以及地铁、轻轨和大容量公交的快速发展，城市空间演化的形式和规模发生了巨大变化，开始出现多中心、带状以及复合型、低密度等空间结构(王春才，赵坚，2007)。城市交通条件的改善会显著提高区域的交通可达性，给居民和企业带来节约时间的经济价值，从而影响居民和企业的选址行为。当城市交通可达性提高时，居民和企业将会有更大的选址空间，即居民和企业将在更大范围内居住、工作、生活和经营，城市空间不断向外扩散和延展(王真等，2009)。同时，城市交通对城市空间结构演化过程的影响并不是一成不变的，交通设施的建设时机和时序会影响城市空间演化的速度和方向。当城市处于快速发展阶段，城市交通设施建设对城市空间演化的影响效果最为显著，会促进城市空间结构的快速演化并引导城市空间发展的方向。当城市处于缓慢发展或基本成熟阶段时，交通设施对城市空间的引导作用十分有限(侯敏，朱荣付，2007)。

城市交通与城市空间结构之间存在着复杂的关系，国内学者从空间结构类型、交通与土地利用交互关系和城市空间结构驱动机制等方面展开了实证分析，以期指出中国城市可持续发展存在的问题，为城市健康发展提供实践指导。相关研究主要集中在以下方面：一是城市空间结构的不同类型研究，按照空间形态，我国大城市空间结构可分为单中心、多中心和网络型三种类型(马清裕等，2004)；按照功能布局，城市空间结构包括居住空间、商业空间、工业空间等类型；无论按照何种划分方法，研究指出，不同类型城市空间结构对城市交通的影响具有差异性，反过来，交通对不同类型城市空间结构的影响也是不同的(毛蒋兴等，2005)。二是交通与土地利用的空间关系研究，借助 GIS、RS 空间技术，分析两者的互动反馈作用，包括土地利用的交通廊道效应以及交通路网格局的适应性选择等(阎小培等，2000；阎小培等，2002；曹小曙等，2003；阎小培等，2004；曹小曙等，2007)。三是城市空间结构的形成机制研究，城市空间结构由社会、经济、生态、资源、环境等子系统构成，各城市子系统构成具有复杂性和自组织特性(谭遂等，2002；房艳刚等，2005)，从供给和需求角度，相互作用机制分为需求作用型和供给作用型两种模式(周素红等，2005)。

综上所述，国内外研究从不同侧面探讨了交通与城市空间结构的关系，但是这些研究存在三个方面的问题：其一，国内实证检验研究主要集中在广州、北京、珠江三角洲等高密度开发城市和地区，其结论并不适用于开发密度相对较低的内陆城市，不能全面揭示交通与城市空间的互动关系；其二，这些研究未区别对待不同类型交通路网和不同类型城市空间结构，缺乏系统性考量；其三，驱动机制的研究大部分仅停留在定性描述阶段，缺乏量化考察。因此，本书主要选择中部城市武汉市为例，基于城市的具体特征和现实情况，采用空间分析技术，从理论和实证上系统研究不同方式交通导向下城市空间结构的演变过程、特征和机制，为及时调控和优化城市空间布局提供理论参考和实践依据。

三、研究内容与思路

1. 研究内容

本书旨在综合运用城市地域空间结构理论，利用社会经济统计数据、遥感影像、人口数据及实地调研数据，采用最新空间分析技术研究交通网络对城市空间结构的影响效应，并研究交通网络导向下城市空间结构的优化途径，提出政策建议。主要包括时空演变过程、耦合协调效应、智能模拟优化三大部分。时空演变过程包括交通网络定量特征的时空变化，不同城市空间结构的整体、局部特征及交通效应。耦合协调效应即研究交通网络对武汉市城市经济活动、休闲娱乐活动、土地利用强度、城市活力、城镇化等空间结构的影响效应，揭示交通网络对城市空间结构发展的引导过程，刻画交通发展与城镇化的交互耦合关系，并进行问题诊断。以武汉市和京津冀城市群为例，揭示交通系统与城市空间体系在单个城市和城市群尺度的耦合协调特征，分别提出促进武汉国土空间适宜性开发和加强京津冀协同一体化的政策建议。智能模拟优化是采用地理智能模拟模型有效挖掘武汉市城市扩展规律，模拟和预测未来城镇土地结构需求以及城镇人口和经济活动的空间布局，瞄准城市快速发展过程中的交通规划及城市空间结构优化等方面，辅助政府政策的优化及完善建议。

2. 研究思路

鉴于城市系统的复杂性，国内交通规划和城市规划在实践上长期处于脱节状态，导致国内关于交通与城市空间互动机制的研究较少，进而导致对城市空间结构运行机制、过程和模式的认识并不丰富。选择交通与城市空间结构关系为研究切入口，构建交通网络导向下城市空间结构的演变模型，有助于定量揭示交通网络与城市内部空间结构的互动关系。本书按照

“时空演变过程——耦合协调效应——智能模拟优化”的研究思路展开。首先，梳理城市地域空间结构理论，利用社会经济统计数据、遥感影像、人口数据及实地调研数据，采用最新空间分析技术刻画交通网络的效率特征和形态特征，分析城市空间结构的整体和局部演变特征以及景观生态时序变化。其次，基于耦合协调理论，探讨交通网络对城市社会经济活动空间、休闲娱乐活动空间、城市土地利用、城市活力、城镇化等的影响效应，以武汉市和京津冀地区为例，运用耗散结构理论揭示交通系统与城市空间体系在单个城市和城市群尺度的耦合协调特征，进行问题诊断并提出优化建议。再次，基于城市扩展和社会经济活动的历史规律，构建地理智能模型，模拟和预测未来城镇土地结构需求以及城镇人口和经济活动的空间布局，诊断现今城市空间结构存在的问题，瞄准城市快速发展过程中的交通规划及城市空间结构优化等方面，辅助政府政策的优化及完善建议。

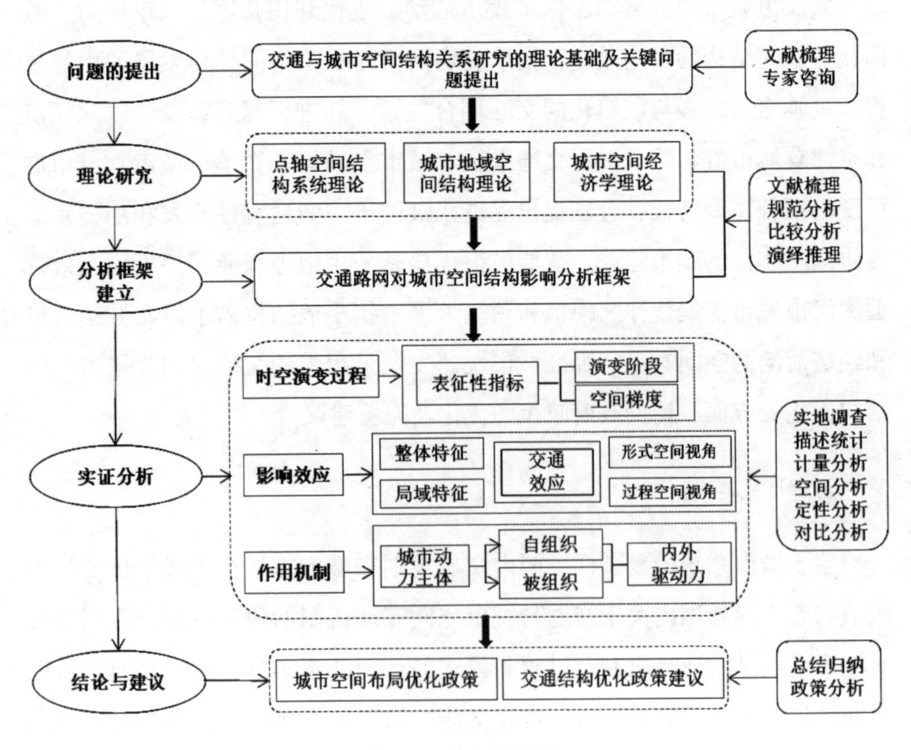

图 0-1　技术路线图

3. 研究方法概述

(1)实证研究与规范研究相结合。运用实地调研和案例研究方法，利用问卷调查、深度访谈、文献计量等研究手段和技术，分析城市各动力主体的行为规则、相互作用、组织过程及城市内部结构演变的内部和外部驱动力。运用文献梳理、演绎推理、研究假说等规范研究方法分析城市空间结构演变的交通效应和自组织过程。

(2)定性分析与定量分析相结合。在分析框架构建、特征描述、阶段划分、效应分析和时空比较等研究内容方面，利用定性分析方法处理文献资料和研究案例，在研究城市动力主体属性及行为组织时，将发挥案例分析的优势。运用特征分析、空间分析、计量经济、空间回归等技术，对统计数据和研究问题进行量化分析，力图客观刻画城市空间结构的时空演变、交通效应及驱动因素。

(3)发生学视角。城市空间结构演变具有明显的阶段性特征，反映着城市发展的各个历史阶段。发生学源于生命科学，被社会学家用于追踪社会现象的完整发展过程，揭示研究对象的演化特征和规律。基于发生学视角，选取代表性指标量化交通和城市空间的典型特征，跟踪城市空间的动态演化过程，并采用空间分析技术揭示城市空间形态的演化阶段。

(4)探索性空间数据分析。空间维度是刻画交通和城市空间结构演变的重要视角，本书涉及道路交通、轨道交通、人口空间、土地空间等大量空间数据和空间变量的处理，其中，空间溢出和空间异质特征是刻画城市空间的两大重要要素。探索性空间数据分析有助于梳理各空间变量的分布特征、变化轨迹、空间集聚、空间溢出等，从而更客观地衡量交通与城市空间结构的演化过程和演化规律。

四、研究区域介绍

1. 武汉市

武汉市，地处江汉平原东部，境内长江和汉水将武汉城区划分为武昌、汉口、汉阳三镇。作为“百湖之市”，武汉市水域覆盖率高达26.1%，众多的湖泊河流在一定程度上影响了武汉市城市空间的连续性和完整性，使其具有独特的城市地域结构。近年来，随着武汉市社会经济的快速发展，城市结构逐步调整，为了应对日益增长的交通需求和相对滞后的市内交通基础设施，作为交通枢纽城市，武汉市自2009年来大力增加交通投资力度，加速建设城市骨干路网、过江通道、轨道交通等，在2015年前构建“三环十射六联”道路骨架系统。但是人口过度集聚、交通拥挤、城市环境特征等现象，使得原有的城市空间结构已经不能适应城市新的发展需求。交通作为人流、物流、信息流等要素的重要载体，对于城市空间的重新塑造和优化以及解决各类城市问题起着关键作用。在这种背景下，武汉市如何抓住机遇应对挑战，利用交通发展的契机，合理导向人口、产业、居住空间，优化城市空间结构，是武汉市可持续发展需要解决的迫切问题。

武汉市地域面积为8494.41km^2，地势中间低平，南北丘陵、岗垄环抱，北部低山林立，境内大小近百个湖泊星罗棋布，水域面积占全市总面积的1/4，形成了水系发育、山水交融的复杂地形。作为“百湖之市”，众多的湖泊河流在一定程度上影响了武汉城市空间的连续性与完整性，使其具有独特的城市地域结构。作为全国重要的工业基地、科教基地和综合交通枢纽，武汉市发展势头良好，截至2017年年底，全市常住人口1091.4万人，地区生产总值达13410.34亿元，如图0-2所示。

长期以来，武汉是国家重点发展城市和政策高地。1992年武汉被国务院批准为对外开放城市；1993年武汉经济技术开发区经国务院批准为国家级开发区；1998年武汉完成撤县设区，实现“无县化”，是第一个全部“县改区”的省会城市。2010年国务院批准东湖高新区为继中关村后中国第二个“国家自主创新示范区”，武汉吴家山经济开发区升级为国家级经济技术开发区。2016年《长江经济带发展规划纲要》将武汉列为超大城市，国家发改委明确要求武汉加快建成以全国经济中心、 高水平科技创新中心、商贸

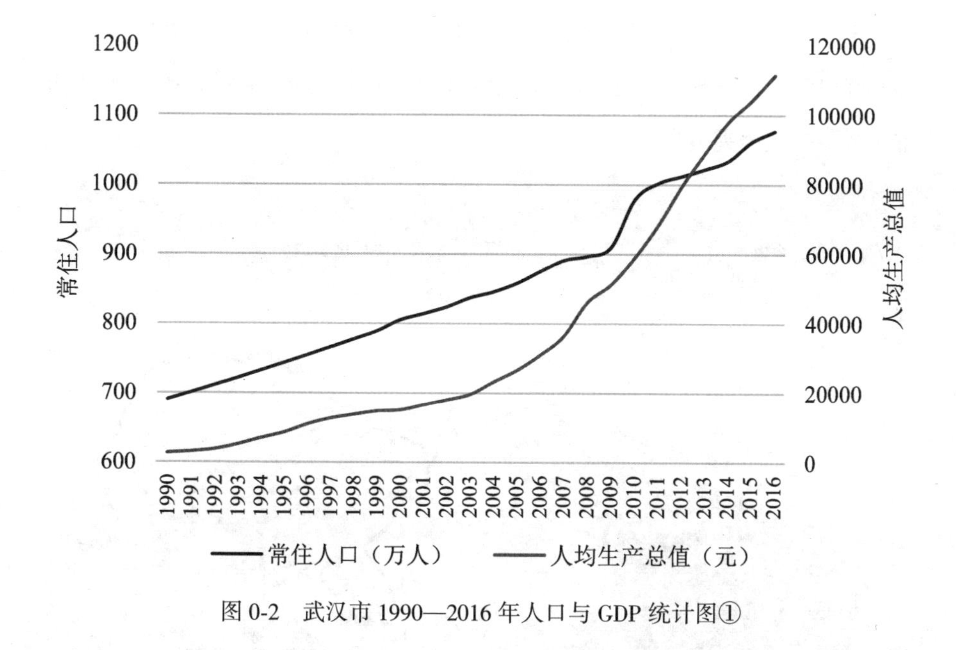

图 0-2　武汉市 1990—2016 年人口与 GDP 统计图①

物流中心和国际交往中心四大功能为支撑的国家中心城市。② 新型城镇化是中国重要的国家战略，其关键在于提升城市经济效率，高效规划利用土地资源，从而在城市空间扩张和建设水平提高的基础上实现“人的城镇化”。为满足城市发展的需要，适应城市转型升级需要，有必要研究武汉市城镇空间结构和景观生态系统的演变特征及过程，以更好地解析城镇扩展的演化过程与时空特征，服务国土资源规划与管理。

目前，武汉市辖江岸、江汉、硚口、汉阳、武昌、青山、洪山、蔡甸、江夏、东西湖、汉南、黄陂、新洲 13 个行政区及武汉经济开发区、东湖新技术开发区、东湖生态旅游风景区、武汉化学工业区和武汉新港 5 个功能区，如图 0-3 所示。根据行政区划调整过程，将较晚划入武汉市行政

① 数据来源：《2017 年武汉统计年鉴》，http://www.stats-hb.gov.cn/images/tjnj/wu2017.pdf。

② 《促进中部地区崛起“十三五”规划》(发改地区〔2016〕2664 号)。

区划的区称为远城区，其中主城区 7 个(江岸区、江汉区、硚口区、汉阳区、武昌区、青山区、洪山区)，远城区 6 个(东西湖区、江夏区、黄陂区、蔡甸区、汉南区、新洲区)。主城区与远城区在经济体量和产业结构等方面存在显著差异。

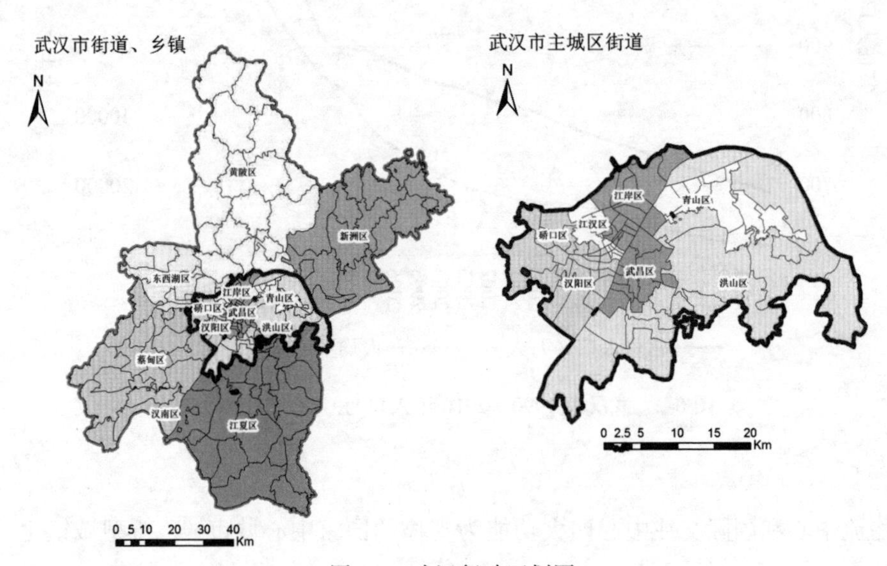

图 0-3　武汉行政区划图

2. 京津冀城市群

京津冀城市群位于环渤海地区中心位置，同时也是东北亚的核心所在。京津冀城市群内部包括北京市、天津市两大直辖市以及河北省的石家庄、保定等 11 个地级市，城市群土地面积为 21. 8 万 km^2。在人口发展方面，京津冀整体属于人口流入区，但内部集聚差异明显。北京、天津在十余年的发展中快速吸引并聚集了大量人口，而河北的 11 个城市人口聚集情况变化不大，对人口吸引力较弱。在土地发展方面，京津冀地区土地开发强度和速度都明显高于全国水平，存在土地开发利用的规划不合理、土地粗放利用和土壤质量退化等问题。2002—2012 年，京津冀地区 13 座城市的中心城区规模从 3400km^2 上升到 4700km^2，并且大多数城市的发展采取了从城市中心向外扩展的方式，即“摊大饼”的发展模式。在经济发展层面，城市群表现出明显的“两端化”态势，北京、天津作为区域内部的核心城市，其经济发展与河北各城市存在巨大差异。从表 0-1 可以看出，河北省作为城市群的主体，其经济发展远落后于北京、天津，这也导致北京、天津的成熟产业链难以通过“阶梯发展”策略转移到河北，城市群协同发展受到阻碍。

表 0-1　2012 年京津冀城市群内部主要经济指标对比

区域	GDP（亿元）	人均 GDP（万元）	总人口（万人）	二三产业增加值（亿元）	进出口总额（亿美元）	固定资产投资（亿元）
北京	17879	8.75	2069	17729	4081	6112
天津	12834	9.32	1413	12722	1156	7935
河北	26575	3.66	7288	23389	406	19661

注：数据来源于《2013 年中国统计年鉴》

第一章
交通网络与城市空间结构协同优化的理论框架

交通与城市空间结构的关系研究一直是交通工程领域和城市规划领域的重难点问题。国外学者最先开展对两者关系的理论探讨，代表性理论有古典经济学派的区位论、芝加哥学派的城市地域空间结构理论、城市空间经济学理论以及行为学派的交通理论等（杨励雅，2012）。本章旨在系统梳理交通与城市空间的相关理论，回顾交通与城市空间结构的关系研究，总结交通与城市空间的相关模型进展。

第一节 交通与城市空间相关理论研究

一、古典经济学派的区位论

19世纪初，德国经济学家杜能（Thunen，1826）从区域地租出发探索因地价不同而引起的农业分带现象，创立了农业区位论，奠定了区位论的研究基础。20世纪初，资本主义进入垄断阶段，德国经济学家劳恩哈特（Launhard，1882）和韦伯（Weber，1909）提出了工业区位论，以制造业的指向和聚类为中心，构建了区位选择分析的一般理论分析框架，重点研究了工业布局的运输指向、劳动力指向、聚集和总体指向规律。农业区位论和工业区位论均以生产成本最低为确定企业最优布局的原则，因而又称之为区位论中的成本学派。20世纪20年代以来，随着垄断资本主义经济中商品实现困难的增加，市场开拓成为企业生存的关键，出现了主要分析企业区位选择中市场利润问题的市场学派。恩格兰德尔(Englaender, 1924)和普瑞德赫尔(Predoghl, 1925)把区位选择作为价格理论的一个重要分支加以研究。而帕兰德(Palander, 1935)提出的不完全竞争空间市场理论则把区位分析推向一个新的发展阶段。20世纪30年代初，德国地理学家克里斯塔勒(Chrastaller, 1933)根据聚落和市场区位，提出中心地理论，他指出中心地区位原则包括市场原则、交通原则、行政管理原则等多个方面。之后，德国经济学家勒什(Losch, 1940)利用克里斯塔勒的理论框架，把中心地理论发展为产业的市场区位论。勒什扩展了区位理论的研究范围，将贸易流量和运输网络的"中心地区"的服务区位问题纳入区位论，他以市场机制为基础，把市场利润作为市场主体区位选择的动力，从根本上动摇了成本区位论的思想。

古典经济学派的区位论采用静态的局部均衡分析方法，以完全竞争市场结构下的价格理论为基础来研究单个企业的最优区位决策，立足于单个企业的区位选择。农业区位论和工业区位论着眼于成本和运费的最低，中心地理论和市场区位论立足于一定的区域或市场，着眼于市场的扩大和优化。综合来看，古典区位论一方面缺乏对单个企业区位选择的动态过程和一般均衡的研究，另一方面忽视了对政府公共经济活动区位选择的研究。虽然如此，古典区位论仍然为我们提供了一个纯粹市场经济条件下经济活动主体区位选择的局部均衡理论分析框架，为后来的新古典区位论、新经济地理学、宏观区位理论的形成和发展提供了早期理论准备。古典区位论提供了一个纯粹市场经济条件下经济活动的局部均衡理论分析框架。具体而言，古典区位论一方面通过各种假设条件构造出比较简单而关键的理想环境，借以分析企业经济活动最优区位形成的条件和判断标准，从而构建起区位分析的局部均衡框架；另一方面则强调产品的市场价格、供求、竞争、运输成本在经济活动区位选择中的重要影响，从市场发展与资源配置优化的角度构建了区位分析的市场及经济框架。

二、芝加哥学派的城市地域空间结构理论

芝加哥学派以人类生态学观念为基础建立的城市地域空间结构理论，

将城市看做一个由其内部发生机制、原理将各组成部分紧密联系在一起的有机体。在研究人与空间的关系时，将生态学原理如生存竞争、优胜劣汰纳入城市分析范畴，从人口与地域空间的互动关系入手研究城市发展。具体而言，该理论注重于由家庭收入、教育水平、种族等因素决定的社会阶层和团体在住宅区位选择上的竞争与分化，最著名的是 Burgess 的同心圆理论、Hoyt 的扇形理论和 Ullman 的多核心论，类似的还有 Ericken 的折中学说、Thomas 的三地带说、Vivian 的四地带说等。由于时代和地理的局限性，上述模式无法全面反映现代西方城市的实际情况，Taaffe 等在 1963 年提出的城市地域理想结构对西方城市进行了描述，从内向外分为中心商务区、中心边缘区、中间带、向心外缘带、放射近郊区等。其特点是虽然每个带状区域具有各自突出的功能与性质，但混合型经济活动较明显，如中间带高、中、低住宅区并存，在中心边缘区有批发商业、工业小区和住宅的分布。

社会主义国家的城市地域结构与资本主义国家有很大不同，其按分散集团模式建立，不同阶层住宅区的地域差别不明显。各集团区按类似的居民职业构成组成，并同时具有居住、商业、工业等多种功能。目前尚不能肯定的是，随着收入和技术水平的提高，不同阶层在住宅区位上的选择是开始融合还是继续分化。对城市地域结构动态变化的重视使生态学的演替(succession)概念开始得到应用。Hoover 和 Vernond 在 1959 年重新提出连续占据(sequent occupance)的概念，建立了一个特大城市地区的演替循环(succession cycle)模式。他们认为，单个向心环带倾向于经历单一家庭住宅的发展、多家庭住宅的发展、少数民间团体与(或)低收入阶层的涌入、住宅的衰败与密度的下降、重新发展等五个连续的占据过程。生态学的城市地域结构理论主要停留在对城市地域结构的描述阶段，对其空间分化的内部机制只是从社会因素的角度进行概括性的解释，而且不能建立一个适应于跨文化和不同社会经济形态的统一模式。

三、城市空间经济学理论

基于古典的价格与地租理论，Haig 在 1927 年奠定了城市空间经济学理论的基础，后经 Ratcliffe 和 Wendt、Alonso 等人的补充而不断完善。在城市土地区位选择中，无论是厂商还是居民，都倾向于花费最少租金与运费占据最大面积，即获得最高的效用。由于聚集效益的存在，越靠近中心，地租越高、运费越小，在这种情况下，经过竞争，土地最后总是由所能支付的最高租金(投标租金)的使用者所占据。对厂商来说，它所支付的地租是由边际产出值和交通成本两个因素决定的。对追求效用最大化的住户来说，他所支付的最高地租为总收入减去交通费用和非住房商品费用后除以住房的效用水平(或消费量)。与其他理论比较，城市经济学对城市地域空间的理论与模式形成有着更重要的作用，它证明了土地的功能分区存在的必然性，为合理利用土地提供了理论依据。

交通的发展有力地证明了设施的增加永远无法满足日益增长的交通需求。于是，改善交通的战略转向了交通需求管理，其中交通诱导管理已得到广泛应用。引入诱导后，交通参与者的出行行为将受到诱导信息的影响，此时各类用户群在交通系统中构成了一个动态博弈过程，由于交通诱导管理是通过向出行者提供信息服务实现管理的效益，而效益评价的关键在于解析信息的效用，并且对信息效用的解析需要建立在出行者行为特征的分析基础之上。在此背景下，行为学派的交通理论研究结合出行行为理论的基础研究，并将其作为交通诱导管理效用解析、交通仿真、交通需求管理等研究的理论支撑。同时，借鉴管理学、行为科学、心理学、经济学等多门社会学科的研究成果，把这些学科的理论放置于交通这个复杂系统中，研究出行者的出行行为这一社会现象，通过调查、实验、仿真来挖掘现象的本质。

四、“点-轴”空间结构系统理论

我国学者陆大道(2002)基于中心地理论提出了“点-轴”空间结构系统。“点-轴”空间结构系统是指在国家和区域发展过程中，大部分社会经济要素“点”逐渐集聚，并由线状基础设施联系在一起而形成“轴”。这里的“点”指各级居民点和中心城市，“轴”指由交通、通信干线和能源、水源通道连接起来的“基础设施束”；“轴”对附近区域有很强的经济吸引力和凝聚力。轴线上集中的社会经济设施通过产品、信息、技术、人员、金融等对附近区域产生扩散作用。扩散的物质要素和非物质要素作用于附近区域，与区域生产力要素相结合，形成新的生产力，从而推动社会经济的发展。在国家和区域的发展中，在“基础设施束”上一定会形成产业集聚带；由于不同国家的地理基础及社会经济发展特点的差异，“点-轴”空间结构形成过程具有不同的内在动力、形式及不同的等级和规模；在不同社会经济发展阶段(水平)情况下，社会经济形成的空间结构也具有不同的特征。随着区域社会经济的进一步发展，“点-轴”必然发展到“点-轴-集聚区”。这里的“集聚区”也是“点”，是规模和对外作用力更大的“点”。“发展轴”具有不同的结构与类型，“点-轴”空间结构系统还通过空间可达性和位置级差地租等对区域发展产生影响。

以上理论把交通成本尤其是可达性作为城市空间发展的一个核心概念，认为互动是城市空间生长的基本决定因素。以上理论演进具有两大特征：一是由关注城市空间形态转向注重城市空间演变过程，引入经济学、行为学等模型阐明城市不同空间主体与交通之间的相互作用过程；二是由描述城市宏观格局转向注重城市微观个体的空间行为，基于个体行为的时空关系构建非集计模型，研究交通影响下城市主体的空间分布模式等。以上理论研究都是建立在严格的假设基础之上的，如“孤立国”假设、经济学上的“理性人”假设、地理学上的“均质地域”假设，这些均与现实的社会和经济问题相脱节。以上理论的提出，多是基于某一特定区域特定行业的数据进行推理演绎，由于各个国家(区域)地理条件、社会文化的不同，适用于某一地区的理论很难在其他地区得到验证。

这些理论研究一定程度上为制定有效的城市规划方案和城市管理政策提供了参考依据，但仍难以解决城市蔓延扩展带来的一系列社会和经济问题。因此，彼得·卡尔索普等从规划角度提出了步行邻里街区、公交导向的土地开发模式等理念(Calthorpe，1993)，提倡在区域层面整合交通活动与土地利用的关系，注重人的出行活动与交通需求。在管理实践上，交通需求管理以及交通需求/土地利用一体化管理的概念被提出，以发达国家为代表纷纷提出了适合本国国情的一体化管理方案，如丹麦哥本哈根的“手指形规划”、荷兰的 ABC 政策。虽然一体化规划理论主要流行于低密度开发的发达国家，但随后也在高密度发展的地区得以推广和应用，以新加坡为代表(毛蒋兴，阎小培，2004)。然而，目前交通与土地利用的研究理论主要基于国外城市特点，研究对象多为低密度开发城市系统，不能反映我国快速城镇化进程中城市发展的特点和规律，这就导致国内政府制定政策时难以借鉴国外成功的规划和管理方案。

第二节　交通与城市空间结构的交互关系研究

一、双向反馈影响效应

在理论研究的基础上，国内外学者采用定性、定量方法展开了对交通与城市空间结构关系的理论和实证研究。Stover 和 Koepke (1988)指出两者关系并非是单向的，而是存在着双向反馈影响效应。一方面，交通区位会影响土地可得性、土地连片的难易程度、区域的社会和物理特征、经济条件、通信支持及土地政策等(Knight & Trygg，1977)；另一方面，城市土地利用的密度、可达性、混合度及连接度对交通出行行为也具有重要决定作用(Litman，2005，2011)。大部分研究主要关注交通对城市空间结构的影响效应(Ayazli, et al.，2015；Matas, et al.，2015；张国华，李凌岚，2009)。随着地理信息系统(Geographic Information System，GIS)、遥感(Remote Sensing，RS)技术及各种数理统计方法的兴起，空间数据和个体微观出行数据等相对容易获取，在一定程度上促进了对于两者关系研究的定量化、空间化和尺度细化。定量化特征表现为对交通和城市空间结构分别构建多维指标变量，具体采用耦合度、协调度等模型量化两者关系(罗铭等，2008；王雪微等，2015；杨励雅等，2007)；空间化特征表现为依托 GIS 空间分析技术，通过分析交通和城市结构的空间分异及时空演变过程来体现

(Dröes & Rietveld, 2015)；尺度细化特征是指由关注城市整体格局细化到居住空间、就业空间等，甚至是微观个体的交通选择行为等(Zondag, et al., 2015；季珏，高晓路, 2015；刘志林，王茂军, 2011)。因此，有必要在较细空间尺度上借助最新空间技术方法对交通与城市空间结构的关系开展量化研究。

针对我国城市高速、高密度开发的特点，国内学者以大城市为案例展开了对两者关系的量化研究，以期为解决中国城市病问题提供理论依据和实践指导。主要集中在三大方面：(1)交通是城市空间变化的重要因素。从城市经济学角度，城市交通基础设施对城市空间增长具有明显的推动作用，并且不同类型的交通基础设施对城市空间增长的影响方式和结果存在较大区别(洪世键，张京祥, 2010；王成新等，2004；沈体雁等，2008)。从空间发展视角来看，交通系统影响着 CBD 和居住小区等土地空间布局(阎小培等, 2002；阎小培，毛蒋兴, 2004)，且交通干线呈现出廊道效应(曹小曙等, 2007；王雪微等, 2015)。(2)城市空间格局的变化客观上影响着城市交通系统的有关特征。马清裕等(2004)根据社会生产力水平和城市自然社会经济特征，将城市空间结构分为单中心、多中心和网络型三种类型，通过理论分析指出，不同类型城市空间结构对城市交通出行的影响具有差异性。阎小培和毛蒋兴 (2004)指出，城市空间格局影响城市交通路网格局的选择、公共交通模式的选择及交通系统的建设。(3)城市交通系统与城市空间格局的互动关系研究。两者相互作用、相互制约(毛蒋兴，阎小培, 2005)，一方面，城市空间演化不断对城市交通提出更高的要求，影响城市交通的发展方向、发展规模和发展速度；另一方面，交通可达性的提高和交通方式的变革进一步引导城市空间的演变(王春才，赵坚, 2007)。在城市形态与交通需求方面，城市内部居住和就业空间与交通需求的空间分布之间具有一定的耦合性和双向因果关系(周素红，闫小培, 2005)。这些研究极大地丰富了我国对于交通与城市空间结构关系的理论和实证研究，但大部分研究仍停留在定性分析和判断上，主要专注于城市土地空间结构。

二、轨道交通与城市空间结构

近年来，随着各大城市轨道交通的规划和兴建，轨道交通与城市空间结构的相互作用也为越来越多的学者所关注。主要包括两个方面：一是轨道交通对周边土地价值的影响，包括正面效应和负面效应(王伟等，2014)，大部分学者认为轨道交通会提升周边商品住宅的价值，虽然影响的程度具有空间差异性(Bartholomew & Ewing，2011；Chen & Hao，2008；王福良等，2014；张维阳等，2012)，但部分研究也证实，由于轨道交通带来的污染、噪声、犯罪率提升等负外部效应，轨道交通与周边城市土地价格具有负相关性(Loukaitou-Sideris，et al.，2002)；二是轨道交通对城市空间发展的廊道效应和整合作用，轨道交通作为城市结构的骨架，对周边土地利用具有吸引作用，吸引力最强的范围是0~500m(王锡福等，2005；周俊，徐建刚，2002)，除了廊道效应，轨道交通更是从全局上引导着城市空间形态和城市发展轴的形成，以促进区域空间的整合(边经卫，2009；陈峰等，2006)。

国内外研究从不同侧面探讨了交通与城市空间的关系，为本书提供了良好的研究基础。但越来越多的学者开始意识到以下三点：其一，城市土地空间结构和城市社会空间结构的构成模式和组织规律不同，可能在不同尺度产生不同的交通效应；大部分研究多关注交通与城市土地空间结构的关系，忽视了城市社会空间结构。其二，需要借助最新空间技术分析方法厘清不同类型交通网络与不同城市空间结构之间的复杂关系，为交通规划和城市空间规划提供技术支撑，为城市可持续发展提供政策建议。其三，国内研究实证检验主要集中在广州、珠江三角洲等沿海城市和北京，其结论并不适用于正在进行城市快速建设的内陆城市，导致研究结论适用范围受限。

因此，本书选择中部城市武汉市为例，基于城市的具体特征和现实情况，从理论和实证上系统研究不同类型交通网络导向下不同城市空间结构的演变过程和规律，为及时调控和优化城市空间布局提供理论参考和实践依据。

第三节　交通与城市空间相关方法和模型研究

一、城市空间结构相关方法回顾

城镇空间扩展是城镇化过程中城市土地利用变动最为直接的表现形式，是城镇空间布局与空间结构变化的综合反映(闰梅，黄金州，2013)。我国正处于城镇化转型发展的阶段，过去一些大城市边缘区土地开发失控，城镇建设用地盲目扩展现象严重，带来城镇空间结构与景观生态格局的巨大变动(乔伟峰等，2006)。而随着城市规模的扩大、社会经济空间重构的推进以及新型城镇化战略的推进，对城市空间扩展可持续发展模式的需求也越发强烈(邓羽，司月芳，2015)，而深度理解城市空间结构的时空特征与演变过程为城市空间的可持续发展模式提供了依据(Deng，et al.，2010)。

当前，国内外学者在城镇空间结构与景观格局方面的研究，涉及城镇空间结构的内涵(孙平军，修春亮，2014)、城镇扩展的特点与模式(李晓文等，2003)、城镇空间结构的演变过程(崔王平等，2017a)、城镇景观格局的时空特征(崔王平等，2017b)，关注城镇空间结构和景观格局的动力机制(王利伟，冯长春，2016)，以及由此带来的土地利用变化(许彦曦等，2007)、耕地减少(乔伟峰等，2015)、热岛效应(Madanian，et al.，2018)、生态脆弱(Su，et al.，2012)等问题，研究涉及各个尺度，包括全国(刘嘉毅，陈玉萍，2018)、城市群(王海军等，2018)、重点城市(Xu，et al.，2018；孙娟等，2014)、城市新城(张越等，2015)。在技术方法上，则多基于遥感与GIS手段(李靖业等，2017)，通过一系列扩展指数和景观指数来度量城市空间结构与形态特征(刘小平等，2009)。周锐等(2009)运用象限方位分析和缓冲区分析方法，对沈阳市市辖区城镇用地扩展强度、建设密度和空间分异等特征进行定量分析，解析其梯度变化规律。凌赛广等(2016)基于不同时相的高分辨率遥感影像，从城市扩展强度指数、城市中心坐标迁移和分形维数等方面分析了武汉市 2000—2014 年城市扩展时空特征，发现其扩展从核心-放射模式逐渐转向圈层式，并且随着交通发展，自然与经济因素对城市扩展的驱动作用逐渐减弱。乔伟峰等(2015)将此类变化转移矩阵的应用方法进行拓展，研究南京市建成区用地类型变化引致的用地强度的演变，发现工业用地的主要来源是农用地与住宅用地。崔王平(2017a)从不同的空间尺度对山地区域建设用地演进特征和景观格局动态变化进行分析，揭示不同于平原区域的演变规律。

针对目前城镇增长过程中出现的空间布局问题，国内外学者采用定性、定量方法展开了对城镇空间结构的理论和实证研究，以期为解决城市病问题提供理论依据和实践指导。主要归纳为四大特点：①对城镇空间结构的认识从简单的扩展模式总结发展到更细致深入的内部时空分异和演变机理分析；②城镇空间结构与景观格局关注空间和时间两个维度，更注重空间格局的动态演变过程和规律；③研究区域趋于多元化，由区域、省级、地市级等宏观中国尺度转向城市内部等微观尺度；④随着 GIS、RS 技术和各种数理统计方法的兴起，高分辨率的遥感影像解译被更多地用于土地利用类型的识别，促成研究的定量化、空间化和尺度细化(Weng, 2007)。

国内外研究从不同的方面探讨了城镇空间结构演变的过程与时空特征，为本书提供了良好的研究基础，但越来越多的学者开始意识到以下三点：①城镇空间的演变过程存在空间和时间的分异，对城镇整体的研究忽视了城镇内部不同区域由于资源禀赋和政策差异带来的发展差距，城镇内部空间结构演变的时空分异也应该得到关注；②需要借助多种空间技术分析方法综合测度城镇空间结构的演变过程和特征，为提高城镇空间与国土资源的利用效率提供技术支持，为优化城镇空间形态与布局提供政策建议；③国内研究实证检验主要集中在广州、北京、珠江三角洲等沿海城市和区域，其结论并不适用于正在进行城市快速建设的内陆城市，导致研究结论适用范围受限。

基于此，本书拟选取长江中游龙头城市、武汉城市圈中心城市——武汉作为实证研究对象，以1990—2015年6期遥感影像资料为基础数据源，通过RS、GIS和景观生态结合分析，对其城镇扩张速度、强度进行分析，并采用景观指数进行进一步分析和验证，从而刻画25年来武汉城镇建设用地扩展的时空特征，解析武汉城镇空间结构和景观格局的演变过程与内在机理，以期为武汉市城市发展、政策制定提供借鉴与参考。

二、交通-土地利用集成模型回顾

为了弄清楚城市子系统间的运行机制，许多研究者开始从城市系统的高度对复杂城市现象和过程进行量化分析和模拟，这不仅有助于检验城市发展和空间利用变化的相关理论和假设，更有助于帮助决策者对政策的多种预期情景进行对比分析，在政策层面进行政策优化(万励，金鹰，2014)。交通与城市空间的建模研究源于国外，开始于20世纪60年代，并在80年代后得到迅速发展。土地利用/交通相互作用(Land Use Transport Interaction，LUTI)模型可用于描述城市空间各种经济活动的空间分布，并预测未来土地利用状况，检验空间政策(牛方曲等，2014)。不断有学者对LUTI进行了修改或扩展，产生了一些新的衍生模型，譬如ITLUP模型(Putman，1983)、MEPLAN模型(Abraham & Hunt，1999)、UrbanSim模型(Waddell，2002)、PECAS模型(Hunt Abraham，2005)、LASER (Mitchell，et al.，2011；Williams，1994)，但基本框架相似，均是以劳瑞模型为基础的改进模式。

劳瑞模型以空间交互理论为前提，以产业空间布局特征为基础，考虑城市内外联系和城市内部依存(周彬学等，2013)，已成为交通与土地利用模型的典型代表。其基本思想为：各土地利用部门通过交通相互作用，经济部门通过交通决定着居住人口的空间分布人口空间分布反作用于经济部门的区位选择；人口和经济部门的空间分布也反作用于交通状况，影响着交通模型的评价结果(牛方曲等，2014)。由于劳瑞模型所需数据适中、模型参数不多，具有很强的可操作性，已经被广泛用于分析城市内部结构变化等问题(陈佩虹，王稼琼，2007；周彬学等，2013)。但是劳瑞模型也存在诸多缺陷，如缺乏理论依据、没有设置时间变量等(Batty，1970)。Wilson

(1971)将空间作用理论引入劳瑞模型，拟科学解释人口区位与出行交通量之间的关系。Macgill (1977)引入投入-产出模型，拟更好地诠释产业部门之间的相互作用。Wong 等(2001)引入并行遗传算法优化劳瑞模型的参数求解。Wilson(2016)提出，劳瑞思想可扩展到土地利用、经济发展、人文、居住、服务等多个领域，构建城市远期发展规划模型。以上劳瑞衍生模型虽然在发达国家有成功的应用案例，但在模型构建上趋于复杂化，在数据要求上趋于严格化，在模型实际应用和推广中往往受到限制。

国内对于模型的原创性研究较少，部分学者尝试引进劳瑞模型并结合我国城市进行实证研究。梁进社和楚波(2005)结合劳瑞模型的基本分析框架，从城市功能和产业依存的观点分析北京的城市扩展和空间发展特点。杨忠振等(2013)针对城市新区开发问题，基于劳瑞模型的思想，以勤务者生活质量和服务设施效率最优为目标，优化新区的土地利用格局。周彬学等(2013)以劳瑞模型为理论支撑，以北京市为例，从模型构建、参数设置和情景模拟三方面探讨了劳瑞模型框架在城市空间结构研究中的应用。牛方曲等(2015)以经济社会活动为切入点，构建了城市空间演化过程模型，从理论上探讨了各子模型之间衔接的逻辑结构，以期提供适用于中国城市的交通/土地利用模型。

为了应对我国快速城市化中的各种城市问题，有效推进新型城镇化，以上理论探讨和实证研究为开展耦合交通和空间结构的城市空间可持续发展提供了模拟分析工具和案例库。因此，将劳瑞模型应用于中国城市，建立适宜中国城市空间演化的模型，对于制定科学合理的空间政策具有重要的战略意义。目前研究存在以下两点不足：一是不同于微观模型，劳瑞模型以空间发展的内在驱动力为基础，更能模拟城市空间演变过程，但其以引力公式来刻画空间相互作用，不能正确反映人口分布与区位选择的空间吸引过程，忽视了其物理属性。二是缺乏实证研究，未能验证理论模型在中国城市的实用性和可移植性。因此，本书拟修正劳瑞模型，降低模型复杂度并优化模型结构，并以武汉市为例开展实证检验研究，模拟城市空间演化过程、检验政策实施等。

第二章
交通网络的特征、建设现状及存在问题

武汉市道路交通网络四通八达，自古就有“九省通衢”的美誉。同时，武汉市被长江和汉江一分为三，这种特殊的自然地理环境使得道路交通网络形态极具特色。研究武汉市的道路交通网络形态和效率特征，对于指导武汉市城市规划、优化交通路网设计、推动城市健康有序发展具有十分重要的现实意义。城市道路交通网络作为城镇化和城市体系形成及发展的物质基础和支持系统，是城市与区域之间物质流、能量流和信息流的主要通道。在一定意义上，城市道路交通网络是城市系统的“骨骼”。随着城市化、郊区化和城乡区域一体化进程的加快，城市道路交通网络进一步拓展，其在城市社会经济发展中扮演的角色和地位也日益重要。本章主要从效率和形态两方面构建交通网络的指标体系，并从总体上分析交通网络的效率特征和形态特征，探讨武汉市交通网络的时空演变格局，剖析武汉市交通的建设现状和存在问题，为优化武汉市城市规划和空间规划提供决策依据。

第一节 交通网络的效率特征

一、数据来源和研究方法

1. 数据来源

数字化提取道路交通、轨道交通的线路、站点等信息，构建具有拓扑结构的交通网络时空数据库。依托 GIS 网络分析功能模块，设置不同交通线路间的连接属性，构建包含“节点、路段、转向”三要素的拓扑交通网络时空模型。以此为基础，从空间形态和空间效率两个角度选取代表性指标量化交通网络的整体特征，① 并将多维交通特征映射到街道空间单元，从空间维度探讨各街道交通形态特征和交通效率特征的空间分布格局，识别出其空间发展模式，并从时间维度分析不同时间阶段交通形态特征和交通效率特征的变化规律。

本书需要大量翔实全面的历史数据，除了需要搜集 2000—2015 年遥感影像数据、基础地理信息数据、社会经济统计数据、城市交通路网数据、企业调查数据，还需要对研究区居民、政府部门展开问卷调查和实地调研，收集第一手资料，结合理论和实践，充分了解政策环境和运行机制，为优化决策支持提供参考。交通道路的矢量数据主要利用网络爬虫技术从高德地图进行下载，历史交通道路数据主要根据历年武汉市交通图册进行矢量化。

2. 研究方法

将街道居委会所在地作为矢量网络图的节点，构建交通网络可达性模型。目前对于可达性的计算主要有基于矢量数据结构的最短路径算法和基于栅格数据的成本加权距离，后者虽然实际操作简单，但无法考虑地铁、铁路沿站停靠的特征，高估区域可达性。因此，采用基于矢量数据结构的最短路径算法计算节点可达性和区域整体可达性。街道 i 与 j 的时间可达性为：

$$t_{ij} = t_i + t'_{ij} + t_j \tag{2-1}$$

式中，t'_{ij} 为街道 i 与 j 的直接时间成本，t_i 、t_j 分别为街道 i 与 j 的内部时间成本。根据以往的研究，$t_i = A \times \log(pop_i \times 10)$ ，A 为常数，根据经验

① 空间形态指标包括连接值、控制值、集成度等，空间效率指标包括时间成本、距离成本等。

设置一般为 3，pop_i 为街道 i 的居住人口。街道 i 与 j 的距离可达性采用 d_{ij} 表示。

二、武汉市交通网络效率特征

根据道路网络计算武汉市中心城区街道的距离可达性，并采用自然断裂法分为 5 类，如图 2-1 所示。可以发现，距离可达性呈现明显的圈层规律，和城市环线有高度的空间一致性。以两江四岸交汇处为核心的城市中心地带具有较高的距离可达性，或者说，距离可达性最高的街道基本分布在一环线内。可达性较高的街道基本分布在一环线和二环线之间。距离可达性一般的街道基本位于二环线和三环线之间。距离可达性较低和很低的地方分布在三环线附近以及三环线以外。这样的圈层结构和城市道路分布密切相关，城市路网密度由内而外的降低带来可达性的圈层式分布。

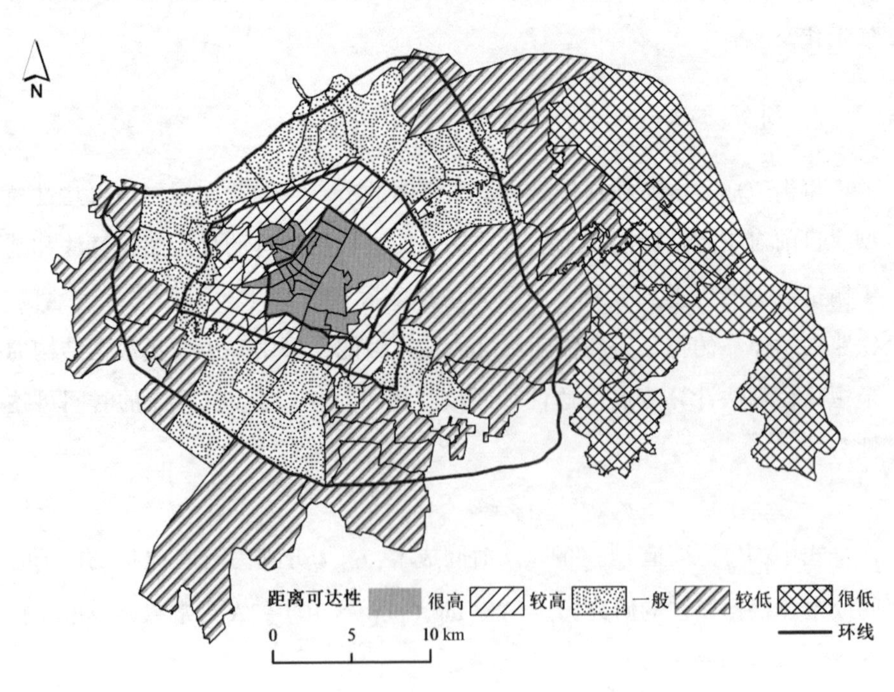

图 2-1　武汉市中心城区街道距离可达性

将武汉市街道的距离可达性分为5类，如下：

距离可达性很高的街道：永清、四唯、一元、花楼、民族、民权、汉正、满春、晴川、荣华、六角亭、民意、前进、水塔、车站、球场、台北、新华、西马、北湖、大智、徐家棚、积玉桥、中华路、黄鹤楼、粮道街。

距离可达性较高的街道：二七、新村、劳动、花桥、唐家墩、常青、万松、汉水桥、宝丰、汉中、月湖、五里墩、翠微、鹦鹉、建桥、紫阳、首义路、中南路、水果湖、梨园。

距离可达性一般的街道：丹水池、百步亭、后湖、塔子湖、汉兴、长丰、宗关、韩家墩、古田、江汉二桥、琴断口、江堤、洲头、张家湾、白沙洲、南湖、珞南、卓刀泉、珞珈山、和平、钢花村、红卫路、冶金、新沟桥、红钢城、工人村。

距离可达性较低的街道：谌家矶、易家墩、永丰、汉阳经开、四新、青菱、洪山、狮子山、关山、东湖风景区、武东、厂前、白玉山、青山镇、天兴乡。

街道可达性很低的街道：九峰、花山、左岭、清谭湖、八吉府、北湖。

在考虑了人口规模和街道内部时间成本后，计算各街道的时间可达性，仍然采取自然断裂法分为5段，如图2-2所示。可以发现，时间可达性也呈现一定的圈层规律，但不及距离可达性明显。时间可达性最高的街道范围相比距离可达性有所缩小，其中长江北岸的汉口和汉阳地区的街道时间可达性仍然在最高一级，而长江南岸的武昌沿江地带时间可达性降低。时间可达性较高的街道还是基本位于二环线以内。时间可达性位于中间水平的街道范围相比距离可达性有所扩大，尤其是武昌和青山的部分街道可达性有所提升。而时间可达性较低和最低的街道则主要位于中心城区的边缘地带，离城市中心较远。

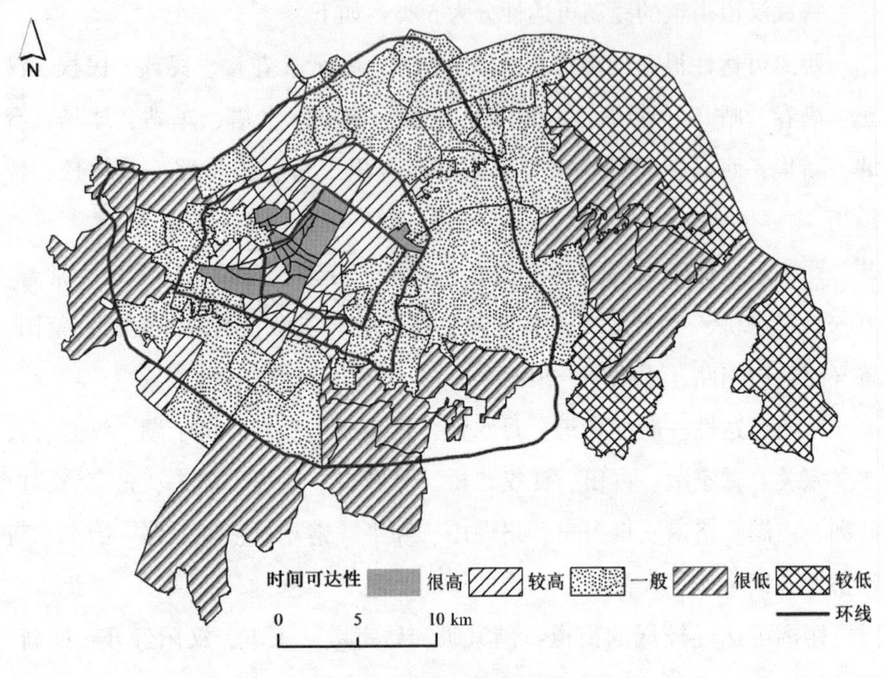

图 2-2 武汉市中心城区街道时间可达性

将武汉市街道的时间可达性分为 5 类，如下：

时间可达性很高的街道：永清、四唯、一元、花楼、民族、民权、汉正、满春、民意、前进、水塔、台北、新华、北湖、大智、车站、球场、汉中、晴川、月湖、梨园。

时间可达性较高的街道：二七、新村、劳动、花桥、塔子湖、唐家墩、常青、宝丰、荣华、汉正、汉水桥、翠微、建桥、鹦鹉、四新、紫阳、首义路、黄鹤楼、粮道街、中华路、积玉桥、徐家棚、杨园。

时间可达性一般的街道：谌家矶、丹水池、百步亭、后湖、汉兴、万松、宗关、韩家墩、古田、江汉二桥、琴断口、汉阳经开、琴断口、江堤、五里墩、洲头、白沙洲、张家湾、南湖、中南路、珞南、珞珈山、水果湖、东湖风景区、和平、厂前、钢花村、红卫路、冶金、新沟桥、红钢城、工人村、青山镇、天兴乡。

时间可达性较低的街道：长丰、易家墩、永丰、青菱、洪山、狮子山、卓刀泉、关山、花山、清谭湖、武东、白玉山、北湖。

时间可达性很低的街道：九峰、左岭、八吉府。

通过距离可达性和时间可达性的对比，可以发现单纯只考虑城市的道路网络对可达性的影响，可能会高估中心地区的区域可达性，而低估非核心区的可达性。中心地区密集的人口和交通需求往往会增加区域内的时间成本，从而降低时间可达性。对于武汉这样在空间上和功能上三镇都具有独立性的城市而言，非核心区域的交通需求并不一定是跨区的，日常的交通需求往往在区内就可以满足，因此，位于三环线附近的街道时间可达性相比距离可达性有所上升，如图 2-2 所示。

第二节　交通网络的形态特征

一、空间设计网络分析方法的优势

传统城市经济学分析区位特征均以引力模型为基础，强调中心以及与中心间距离的作用，交通要素相应地被抽象为“距离”这一概念(Mills，1972)。显然，城市功能的运转更依赖整体性的空间网络(Hillier，1996)，而这在上述研究中是被忽视的。以图论和网络分析为基础，中心性的概念被用来描述现实世界系统的网络结构。在这种方法中，节点(链接)的中心位置决定了该节点(链接)在图中的相对结构重要性。例如交通网络，街道被建模为链接和交叉节点(反之亦然)，然后用中心性的测量方法来研究图的几何或拓扑特征(Crucitti，Latora，& Porta，2006；Gastner & Newman，2006；Jiang，2009；Jiang & Claramunt，2004b)。

空间设计网络分析(spatial design network analysis，sDNA)是一项复杂的城市网络分析技术，从传统的网络分析演变而来，并将街道网络链接而不是节点作为计算的基本单位(Chiaradia，Cooper，& Wedderburn，2014；Cooper & Chiaradia，2015)。以链接(link)为中心的分析在交通网络建模中有几个显著优势。第一，以前对交叉路口的分析忽略了可变面元问题(MAUP)，它导致不同空间单元上聚合点值的统计偏差(Cooper，Fone，& Chiaradia，2014)。在街道网络上标准化链接是避免 MAUP 的有效方法。第二，基于点(节点)的分析方法不能提供可靠的度量。如图 2-3 所示，相同半径内、相同交叉密度下的网络模式可能不同(Cooper，et al.，2014)。然而网络链接是城市运动的重要单位，以网络为中心的方法将网络链接作为日常城市生活的原子。例如，更高的链接密度与更高的工作和住房密度有关(Chiaradia，et al.，2014)。第三，与基于距离的分析方法相比，基于拓扑网络的可达性指标更好地反映了多中心城市区域的空间复杂性，并解释了属性值的空间变化(Xiao，Webster，& Orford，2016)。因此，基于链接结构的街道网络布局将会捕获小尺度社区内街道配置的特征。第四，考虑到网络半径捕捉到个体链路周围网络的特征，如图 2-4 所示，该方法分析给定半径内的属性。例如，一个 600m 的半径被定义为从每个链路的中心点在整个网络中移动 600m 的所有可到达点。该方法是一种通过多尺度半径来测量空间网络特性的灵活方法。最后，网络链接是用于不同空间分析和政策制定的客观实体，相较于空间句法中轴线化的抽象方法更贴近现实生活。因此，基于链接的方法是共享地理数据和相关研究的有效方法。此外，基于链接的研究结果更容易被城市学者、城市规划者和城市设计师理解和沟通(Cooper & Chiaradia，2015)。

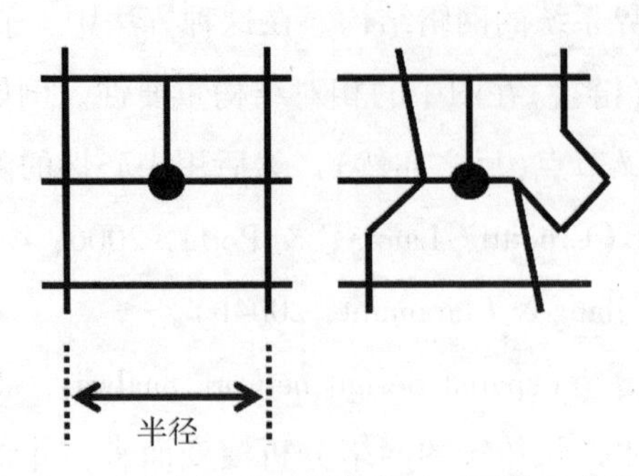

图 2-3 相同半径的网络模式不同的示意图

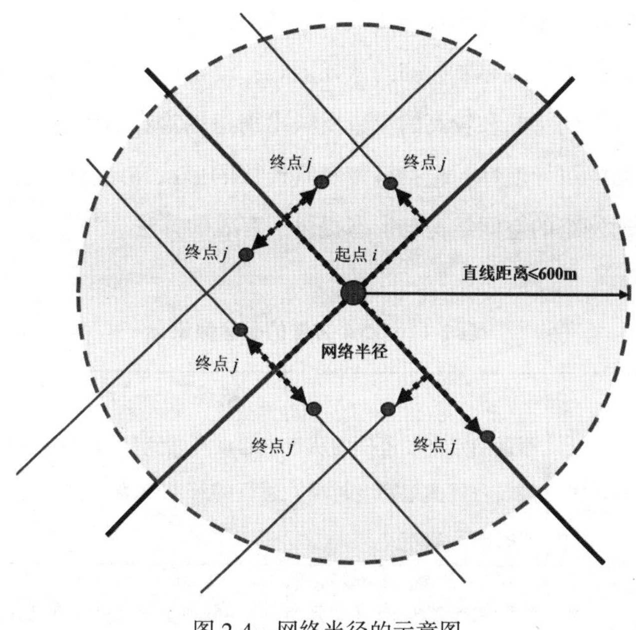

图 2-4 网络半径的示意图

二、交通网络形态测度的相关假设和指标构建

本章运用 sDNA 方法测度交通要素的网络特征，该方法以链接(link)为基本分析单元。所有的网络都是由一组链接连接在一起的节点组成，如果是道路网络，则节点对应于链接或道路之间的十字路口。在空间网络中，节点总是有物理位置，而链接总是有一个物理形状，sDNA 方法的关键思想是创建描述任何给定网络配置的统计信息。

sDNA 方法可以测度网络的多个特征，包括邻近性、中介性、隔离性和效率，已有理论和实证研究表明，这种以链接(link)为中心的方法能够捕捉到交通网络更为真实的空间特征(Cooper, et al., 2014)。sDNA 方法主要测度特定半径范围内局部网络、目的地密度、绕道和流量、链接结构和形状等方面的网络可达性、中心性、导航性等指标(Sarkar, et al., 2015)。表 2-1 描述了密度、密度分布、弯曲、流量和效率的概念及对应的假设。密度测量了目的地的可到达程度，密度分布测量了起始点沿街道网络到目的地的距离远近。我们假设高的密度和密度分布特征有助于形成通达性更好的城市环境。弯曲揭示了人们出行或导航面临的认知困难；流量反映了人们出行的难易程度。显然，较低的弯曲和较高的流量反映出街道的潜在流量更大。最后，效率测度了空间的可导航性，包括链接及其连接的形状和结构。这些概念及假设为构建交通网络的空间结构与形态提供了有效的方法。

表 2-1　sDNA 方法的概念假设

概念	英文	描述
密度	density（D）	测量给定半径范围内从一个起点开始到目的地的总体密度 假设：目的地密度越高，通行的移动性就越强，这有助于人们节省出行成本
密度分布	density distribution（DD）	测量给定半径内密度分布的空间距离一个起点近还是远 假设：最佳密度分布与出行有关
弯曲	twistiness（T）	测量在给定半径范围内在一条道路上行进的认知难度 假设：街道形态越扭曲，每个起点和可到达的目的地之间的心理障碍就越大，这就导致出行的减少
流量	flow（F）	测量沿街道的估计出行流量 假设：更可预测出行流量的地方与较高的出行有关
效率	efficiency（E）	衡量一个街区的街道网络空间或距离的效率。效率表示导航能力，包括链路以及它们连接的形状和结构 假设：街道网络的效率和导航能力越大，人们选择出行的可能性就越大

角度分析是 sDNA 区别于以往网络分析方法的重要区别之一。角度分析反映了人们所固有的认知困难(Golledge, 1995)，更能捕捉到区域网络可导航能力上的微妙差别，它假设人们更喜欢简单而不是复杂的路线。本章选择了基于角度的最短路径(angular shortest paths)分析方法，这就意味着选择路径

是基于最小的角度，而不是基于欧氏距离最小化。本研究所使用的距离被称为网络半径(network radius)，是指从给定原点出发，沿网络路径的距离，距离测量的不是乌鸦飞行距离，而是搜索网络中可能的最短路径。

如表2-2所示，常用的sDNA方法测度了交通网络的邻近性、中介性、隔离性和效率四个方面，而每个方面均可用1~2个具体的指标进行表征。邻近性反映空间局部与系统内其他所有空间之间的联系与可达性程度，一条路径到目的地越近，人们就会更多地选择它。中介性反映一个空间被路径最短的空间路径穿过的概率，可以在一定程度上反映潜在人流车流。隔离性反映一定空间内人们对路径的认知难度，道路形态越扭曲(越偏离直线)，人们选择路径的心理障碍就越大，就越不会选择它。衡量一定空间的街道网络空间或距离的效率，包括连接链路的形状和结构。街道网络的效率越高，人们选择它的可能性就越大。

表2-2 道路网络中心性衡量指标

指标	测量变量	变量描述
邻近性	平均欧氏距离(MED)	半径范围内一个起点到所有终点的平均长度
	考虑网络数量的欧式距离(NQPDE)	半径范围内网络权值的平均长度除以网络数量
中介性	中介性(BTA)	通过同一个结点的测地线路径数量
	两阶段欧式中介性(TPBTE)	通过同一个链路的测地线数量，并根据网络数量的比例进行加权
隔离性	平均乌鸦飞行距离(MCF)	半径范围内每个起始点与所有链接之间的平均乌鸦飞行距离
	分离率(DIVE)	半径范围内测地线长度与乌鸦飞行距离的平均比率
效率	凸包形状的最大半径(HULLR)	从起始点到凸包半径最大点的距离
	凸包形状指数(HULLSI)	凸包的周长除以凸包的面积

三、武汉市交通网络形态特征

在道路网络分析中，随着中心性搜索半径的变化，道路网络会表现出不同的空间格局，社会经济活动空间分布与道路网络之间的关联性也会有所差异。当人们采用不同的出行方式时，对道路网络特征的感知程度是不一样的。根据学者 Chang-Deok Kang 对韩国首尔的案例研究，家庭主妇平均每天走 2. 6km，因此，可以将道路网络半径设置为 2km。而在驾驶模式下，将道路网络搜索半径设置为 20km。通过 sDNA 方法从道路网路的邻近性、中介性、隔离性以及效率四方面得到 8 个测量指标，以量化道路网络特征，如图 2-5、2-6 所示。

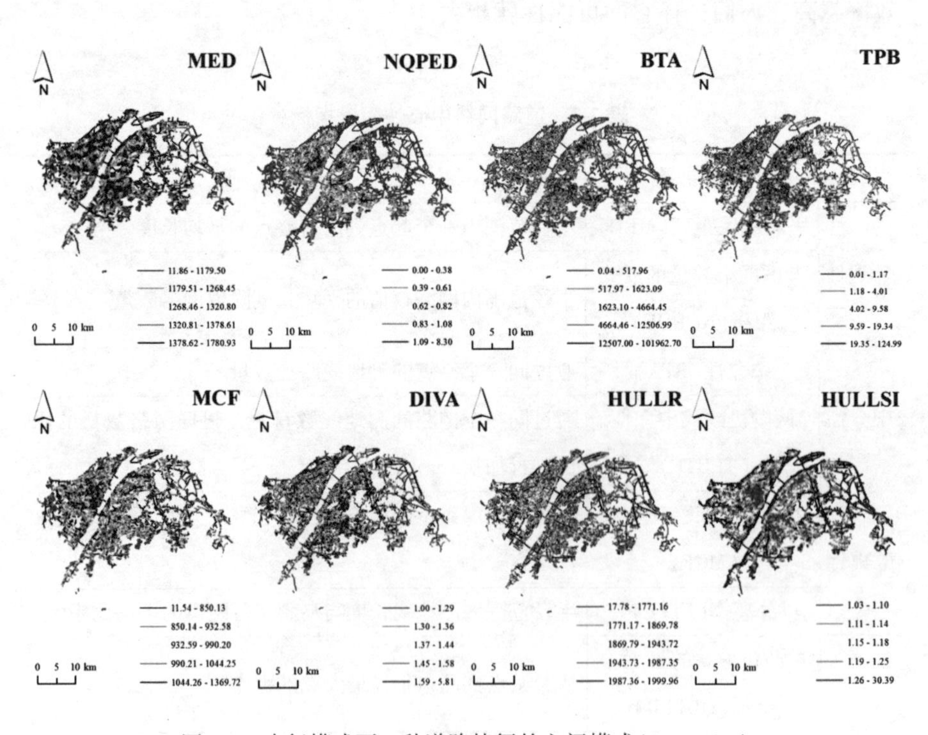

图 2-5　步行模式下 8 种道路特征的空间模式($r=2000$m)

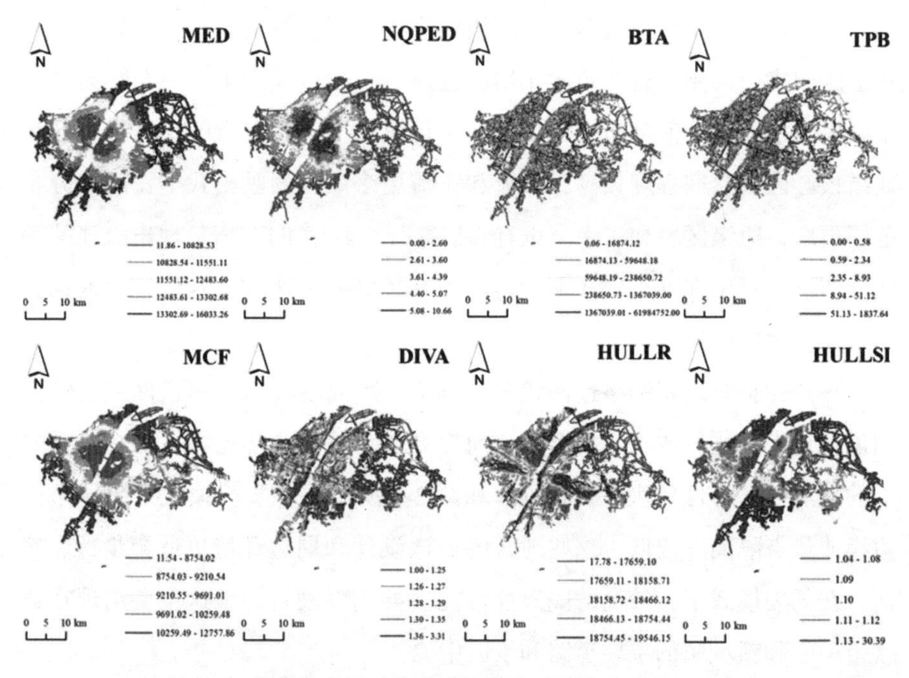

图 2-6 驾驶模式下 8 种道路特征的空间模式(r = 20000m)

在步行模式和驾驶模式下，邻近性呈现出不同的变化特征。在步行模式下，MED 高值分布范围较广，局部上高值和低值交错分布。在步行模式下，武汉市主城区的道路邻近性在市辖区之间差异性不大，以步行方式到达周边目的地时普遍较难。NQPED 的分布相对较为集中，表现为"中心高—边缘低"，且高值在汉口核心区和武昌核心区呈现小聚团，低值广泛分布在周边区域。汉口核心区和武昌核心区道路网络较为密集，可访问性较高，这也符合相关研究指出的邻近中心性高值区聚集在网络的质心位置。在驾驶模式下，MED 和 NQPED 的分布更为连续，MED 值由边缘向中心呈圈层降低，低值在中心聚集。NQPED 与 MED 的分布相对应，中心为高值聚集，圈层向外降低。可见，驾驶模式下，武汉市主城区中心位置邻近性显著更好，可访问性高，与空间其他区域的联系更为紧密。

中介性反映的是在道路网络链接中穿行的所有可能行程，其高值表示在道路网络中起到中转和桥梁作用的道路。在步行模式下，中介性高值在中心呈现小面积分散分布。可见，在步行模式下，武汉市的汉口核心区和武昌核心区受欢迎程度较高，人流和车流更多。在驾驶模式下，高值分布范围更广，边缘区域如汉南区也有高值穿行，其中 BTA 值呈现出沿江的轴状分布。显示出在驾车模式下，路网具有较好的通达性，且偏远地区也有交通流较大的道路网。

隔离性是对道路网络迂回状况的分析，隔离性较低的街道网络会给人们创造更多的步行或驾车机会，从而提高城市活力。步行模式和驾驶模式下的隔离性差异性较大，如图 2-5 和图 2-6 所示，在步行模式下，城市的边缘或景点隔离性较低，这些地区的街道设计和周边环境更适合步行。然而，在驾驶模式下，较高的隔离性可能会抑制驾驶行为，这主要出现在连接市中心和新城镇的主要道路和景区中。

最后，效率指标用于衡量道路的可导航性(Cooper, et al., 2014)。最有参考价值的参数是 HULLR，其测量值类似于物理隔离的倒数。高 HULLR 值表明邻近的网络有效地覆盖了欧氏距离，如图所示，两种模式下的主要城市道路均存在较高的 HULLR 值。HULLR 高值大致呈现“十字”分布，长江边缘和城市中心区域高值集聚。可见武汉市主城区的道路网络在长江边缘和武昌区可更有效地覆盖周边区域，步行导航的效率较高，行人之间会有较好的互动。HULLSI 值在步行模式下呈现“两大盆地”分布，长江两侧均表现为“中间低—边缘高”。在驾驶模式下，HULLSI 呈现出“三高两低”集聚分布，在城市中心为低值集聚，在南北端及东北端为高值集聚，即城市中心道路网络的效率较高，有利于导航。而南北端及东北端由于偏远，道路网络建设会带来较大的生理障碍和导航困难，因此，步行和驾车前往这些区域的困难较大。

第三节　武汉市交通建设现状

一、建设地铁城市，提升轨道交通便捷性

地铁作为现代化、大运量、高效率的客运方式，是现代城市公共交通的重要载体，武汉市从规划、建设、运营等多个方面向地铁城市迈进，不断提升地铁出行便捷性。

一是对标世界先进城市，成体系深化地铁城市规划编制，开展全市域轨道交通线网规划、建设规划和资源共享等顶层规划，武汉市轨道交通规划获批里程(405km)和建设里程(237km)均进入全国第一方阵。同时，践行"四网合一、多模式协调发展"理念，科学引领现代有轨电车、磁浮交通等新兴轨道交通方式发展，编制武汉开发区、东湖高新区、临空港开发区、江夏区、中法生态城等新城区现代有轨电车规划，地铁线网呈"环+放射"骨架结构。

二是轨道交通建设战略性提速，地铁建设目标从"一年通车一条线"到"一年通车二条线"，再到 2017 年首次实现"一年通车三条线"的速度，东湖高新区、武汉开发区有轨电车也按期建成通车。截至 2017 年，武汉市轨道交通通车 7 条线，总里程达到 237km。

三是提升运营效率，加密地铁发车班次，延长运行时间，2017 年地铁客流量累计达到 9. 2 亿人次，同比增长 2. 1 亿人次，增幅 29%；日均客流量 252. 08 万人次，同比增长 57. 52 万人次，增幅 29. 56%，增长比上年加快。预计至 2021 年，轨道交通线网将达到 400 公里，武汉地铁全网日客流量将达到 654 万人次，公共交通出行分担率占 48. 6%(扣除步行)，轨道出行量占公共交通出行量比重的 42. 2%①。

① 数据来源：武汉地铁集团有限公司官方网站，http://www.whrt.gov.cn/。

二、创建公交示范城市，提升常规公交舒适性

武汉市从提升公共交通引领性、高效性和人本性三个方面着手，力求建成与现代化、国际化、生态化武汉相适应的高品质公共交通体系，推动“公交都市”建设工作不断向纵深发展，不断提升常规公交出行的舒适性。

一是围绕地铁线路逐年开通，全领域优化完善公共交通系统，按照快—干—支—微四级体系完成武汉市公交线网结构性调整规划，2017 年优化调整线路 234 条，实施效果显著，市民出行得到了实惠。

二是于 2016 年推出常规公交换乘优惠政策，开通了夜行公交、雄楚大道 BRT 公交线，实施公交专用道，公交服务覆盖范围和服务质量得到不断提升，积极引导市民乘坐公交出行。

三是加大对公交车辆的投入力度，每年更新近 1000 辆常规公交车。截至 2017 年，全市公共交通日均客运量为 750 万人次，中心城区公共交通机动化出行分担率 60. 9%，全市绿色公共交通车辆占比 80%；地面线网达到 519 条，站点数量为 5372 个，线路总里程为 6109km，平均线路长度为 18. 9km。常规公交线路中，郊线 18 条，普线 57 条，微循环 46 条，专线 249 条。二环内 500m 公交站点覆盖率达到 100%，三环内 500m 公交站点覆盖率达到 92%。同时，不断提升出租车服务水平，目前武汉市出租车总量超过 1. 5 万辆；近年兴起的网约车平台的快速发展也给居民提供了新的出行方式，网约车出行方式也对市民减少小汽车出行产生了积极的效果。

三、加强慢行系统建设，增加慢行交通供给

慢行交通系统主要是为非机动化出行提供空间和载体，主要包括自行车系统和步行系统(绿道)，是一种绿色、健康、环保、可持续的交通系统，也是低碳、环保、高品质出行的重要体现。

2009 年，武汉市编制了《武汉市主城区自行车交通系统规划》《武汉市主城区公共自行车服务系统布局规划》等规划，统筹全市自行车道、步行

道及绿道规划，规划绿道全长2200km，其中主城区城市绿道长450km，绿道密度（含社区内绿道）不低于1.0km/km^2；市域范围内绿道长1750km，其中主线长430km，支线长1320km。现已完成后官湖绿道、张公堤绿道以及东湖绿道的建设，建成绿道228km。同时，积极完善慢行公共交通服务，从2009年启动城市公共自行车服务项目，至2017年武汉市累计开通运营公共自行车站点2000个，投放4万辆车，累计骑行6000万人次。随着共享单车的兴起，需要定点停放的武汉公共自行车逐步退出舞台。目前，在武汉市共有摩拜、ofo、哈啰3个共享单车品牌提供共享单车服务市民出行。①

四、实施差别化收费政策，提高小汽车使用成本

面对强盛的小汽车出行需求，武汉市运用经济手段，实施差别化的收费政策调控机动车的使用，主要措施包括道路智慧停车收费和公共停车场收费。一方面，在2016年武汉市启用道路智慧停车收费系统，委托城投停车场公司对路边停车位实施收费，收费时间为每天7:00—21:00，每天最高收费可达25元。实施路边停车收费政策，加上停车位紧俏，在一定程度上影响了中心城区短距离的小汽车出行需求。另一方面，对公共停车场收费实施政府指导价，停车场收费呈现“主城区高于外围、商业中心区高于一般区域、地下停车高于地面停车”的特征，一般地面停车场3元/小时，全天14元封顶，地下停车场45元封顶，在一些商业中心停车场，停车收费价格将更高，有些商场停车收费上不封顶。实施差别化的停车收费政策，在不同程度上提升了小汽车的使用成本，从经济方面影响着市民出行方式，对私家小汽车的出行需求有一定抑制作用。

① 数据来源：武汉市城管委，http://www.whcg.gov.cn/html/cgdt/cgxw/201806/t20180615_208557.shtml。

五、严格道路交通管理执法，增加机动车出行成本

面对日益增长的城市交通需求带来的城市交通问题，武汉市交通管理部门多次开展交通管理集中整治，在严厉打击各类道路交通违法行为的同时，加强对机动车违章停车、机动车违法行车、危险驾驶等违法行为的查处力度。在对机动车随意变更车道、闯红灯、违法掉头等违法行为和违法占用公交专用道、占用应急车道等违法行为进行查处的基础上，在全市划定200条严管路段，违章停车处罚由3次警告上升为罚款200元。日趋严格的交管措施使得小汽车出行已经不再是最便捷、最低成本的出行方式，小汽车出行比例控制在20%左右。

武汉市交通部门还根据城市道路运行现状，不断升级道路管制措施，从2013年起，三环线及区域内道路全天禁止外埠载货货车过境；在汉口中心商贸区域、武昌水果湖行政区域以及长江大道、沿江大道、武汉大道等9条景观干道全天禁止货车通行。在二环线以内区域、光谷中心区、火车站周边以及人流密集的城市主干道，禁止本地货车在每天7:00-22:00时间段通行。在部分区域和部分时间段禁止货车和七座以上大客车通行，在长江大桥、江汉一桥实施单双号通行管理。实施管制的区域涉及两江三镇主城区，范围更为广泛，这些区域道路是城市交通的“主动脉”，生活性交通功能较强，大货车限行的管制措施极大地改善了市内交通。严格的车辆通行和道路管制提升了机动车出行成本，直接影响了武汉市15万辆本地货车和更多的外地车辆，有效抑制了中心区交通需求。

第四节　武汉市交通建设存在的问题

一、轨道交通供给相对滞后

尽管武汉市轨道交通建设投入较大、发展较快，但是，面对城市经济

社会和人口增长速度，轨道交通供给相对滞后，与建设世界地铁城市的要求还有较大差距。从运行里程来看，现有运行里程达到237km，运行里程与人口比例相对北京、上海、广州仍有较大差距；从地铁运行速度来看，2016年武汉市轨道交通平均车速达到31.69km/h，其中4号线车速最高达到32.36km/h，1号线车速最小，为30.94km/h，运行速程度相对较慢；在拥挤度上，在客流满载率较高的过江区段、汉口中心区和武昌中心区，特别是地铁2号线拥挤程度相当高；在票价方面，当前武汉轨道交通全线网采取的是里程限时分段计价票制度，其计价方法是：9km以内(含9km)2元/人次，9-14km(含14km)3元/人次，3元以上每增加1元可乘坐的里程比上一区段递增2km，依此类推;① 线网最高单程票价仍为7元，相对于武汉市居民的收入整体情况，票价偏高。总体上看，轨道交通供给相对滞后对实施交通需求管理的成效有一定影响。

二、公共交通供给水平相对不高

当前常规公共交通供给与市民出行要求还有较大差距。根据武汉市交委《武汉交通出行巨变》问卷调查显示，市民普遍认为武汉市公共交通服务还有很多需要改进的地方，市民对公共交通出行不满意的方面主要包括：部分地区公交线路少、公交换乘便捷度不高、高峰期公交运力不够、公交服务区域没有全覆盖、出租车服务质量不高等问题。在公交线路方面，尽管武汉市公交线网不断优化调整，但是在部分城郊结合区、城中村改造区域存在公交线路及发车班次较少的问题；在公交换乘方面因当前公交线路普遍缩短，长距离换乘不够方便；在公交运力上主要表现在早晚高峰期公交运力不够，乘车拥挤、乘车体验差，公交供给不充分较为突出，区域供给不平衡较为突出；在出租车方面，武汉市现有高档出租车仅占20%，呈

① 数据来源：武汉地铁集团有限公司官方网站，http://www.whrt.gov.cn/public_forward.aspx?? url=operation_public_list.aspx? tag=5 & newtype=GetTickguid & dtag=menu_motion_1。

现出出租车总量供应不足、交接班时间缺乏管理、驾驶员素质不高、乘车环境不理想等问题。这些因素从侧面诱增了市民对私家车的需求，在一定程度上影响了交通需求管理成效。

三、慢行交通出行环境相对较差

慢行空间被压缩，因为违法占道、施工隔断、设施占道、高架阻隔等原因，慢行系统存在相当多的断点、危险点，步行和自行车路权空间被侵占，慢行空间遭到进一步压缩。特别是电动自行车增速较快，当前流量为自行车的近10倍，电动自行车安全性差、管理难度大、驾驶门槛低，使用和违法成本低，近四成事故缘起电动车，且电动车交通对其他慢行交通和机动车交通造成干扰，降低了道路通行效率。另外，慢行系统安全舒适性较差，车多位少导致违章停车数量增加，违章停车侵占慢行道路空间，步行骑行环境遭到严重破坏，导致慢行质量下降，严重影响了可以选择步行或者骑行的市民的出行选择。目前，武汉市主城区过半的自行车道为机非混行道路，还有一部分自行车道被划为路边停车位，造成主城区慢行系统不够完善，缺乏系统性，其出行优势难以发挥。

四、经济调控机动车措施相对不完善

当前运用经济手段调控机动车措施过于单一且措施力度不够。一方面是措施单一，单纯地依靠停车收费措施已经难以抑制机动车的快速发展；尽管实施差别化的收费政策提高了机动车的使用成本，在一定程度上抑制了私人小汽车的出行需求，但是从整体上看，机动车无序增长态势尚未得到扭转；武汉市机动车继续呈现“三高”的特征：增长速度高、小汽车密度高、短距离使用出行分担率高。另一方面是武汉市停车收费措施差别化力度不够，在一些人流密集、私人小汽车出行需求旺盛的区域，停车收费的针对性和市场化程度不高，在一些人车密度高区域，现有收费标准相对偏低，小汽车出行需求抑制有限。

五、城市交通管理效果相对不好

城市交通管理呈现“重视执法、轻视宣传教育”的特征。严格执法、严打严管在一定程度上提高了机动车出行成本，改善了慢行环境，但却忽视了宣传教育，主要体现在武汉市交通需求管理措施的制定和宣传教育没有充分发动群众、依靠群众，没有调动全社会的力量参与交通需求管理。尽管武汉市从多方面鼓励引导市民采用公共交通出行，从而减少小汽车出行和抑制交通需求，但是相关部门对交通需求管理的宣传教育还不够，公众参与度较低，导致交通需求管理措施难以落到实处，使实施效果打折扣。

一方面是对交通需求管理的宣传广度不够，交通需求管理影响力不够，社会知晓面太小。一般市民普遍认为，交管部门严格执法是受经济利益驱动，而不是从抑制交通需求的角度出发。在社区、学校、机关企事业单位都没有做到交通管理宣传全覆盖，没有很好地向群众解释什么是交通需求管理、为什么要实施交通需求管理，很多市民根本不知道交通需求管理的概念，更谈不上认识交通需求管理的重要性。另一方面交通需求管理的深度不够，当前交通需求管理作为有效解决城市交通拥堵问题重要措施的理念还没有获得相关城市管理部门和市民的认知。他们还是片面地认为，不断加强道路设施建设是解决城市交通拥堵问题的唯一方法，没有将交通需求管理理念深入日常城市交通管理中。

第三章
城市空间结构的时空演变及问题探析

城市空间结构是城市中各空间要素的空间位置关系及相互联系。城市空间结构的好坏对城市运行的效率具有重大的影响。城市的交通、环境、地价、宏观经济等城市问题均与城市空间结构有着紧密的联系，因此，十分有必要从战略的角度重视城市空间结构研究，这对于推动武汉市和湖北省的高质量发展具有重要的理论和实践意义。通过对空间结构的研究，有助于制定适宜的城市发展战略，建立更适合人类可持续发展的物质生存环境，建立更有机的城市空间结构。城市空间结构涉及内容众多，正如《雅典宪章》所论述的，城市主要满足人们生产、生活、居住、游憩的需求，和城市空间最为密切的就是人的活动，包括社会经济、休闲娱乐、交通出行行为等，从集计角度看，包括城市土地、活力、城镇化等。因此，本书主要从对城市空间结构影响最为重要的道路交通入手，分析它与城市空间结构的演化关系，从而找出优化空间结构的最有效途径。本章综合运用遥感影像、地理信息系统技术和景观生态等方法，刻画25年来武汉城镇建设用地扩展的时空特征，解析武汉城镇空间结构和景观格局的演变过程与内在机理，以期为武汉市城市发展、政策制定提供借鉴与参考。

第一节　数据来源及测度方法

为了刻画城镇空间结构的时空动态变化，以1990—2015年武汉城镇建设用地作为研究对象。城市扩展与景观格局分析的基础数据来源于中国科学院资源环境科学数据中心(http://www.resdc.cn/)的全国土地利用数据集(1990—2015年每隔5年更新一次)。其中，选取城市建设用地作为研究对象(土地利用代码为51)。这套数据通过全国几千幅 Landsat Thematic Mapper (TM)和 Enhanced Thematic Mapper (ETM)影像目视解译而来，原始数据分辨率为30m，比例尺为1∶10万(Liu，et al.，2003，2005，2010)。通过数据制作者的实地验证，数据的历年整体准确度均大于90%，具有较高的准确率，适合进行城市尺度的土地利用与景观格局演变分析。

一、城市扩展强度

扩展强度指数(urbanization intensity index，UII)是某空间单元在研究期内的扩展面积与期初面积之比，用以比较不同时期内城市扩展的强弱与快慢，计算公式为：

$$\mathrm{UII} = \frac{U_b - U_a}{TU_a} \tag{3-1}$$

式中，UII为扩展强度指数，U_a 和 U_b 分别为研究期期初和期末的城镇建设用地面积，T 为研究时期期数。

二、梯度分析

运用梯度分析法中的圈层定量分析不同时期武汉市及其市辖区建成区的梯度分异特征。对于中心城区，以武汉市人民政府为圆心，2km为缓冲距离，由内向外建立10个梯度带；对于远城区，以各远城区人民政府为圆心，0.5km为缓冲距离，由内向外建立10个梯度带，有效覆盖武汉城镇建成区域，如图3-1所示。

三、方位分析

方位分析是以武汉市人民政府为原点，将研究区域划分为八个方位(正北、东北、正东、东南、正南、西南、正西、西北)，将其分别与各期城镇建设用地分布图进行空间叠加分析，利用 ArcGIS 的统计功能计算

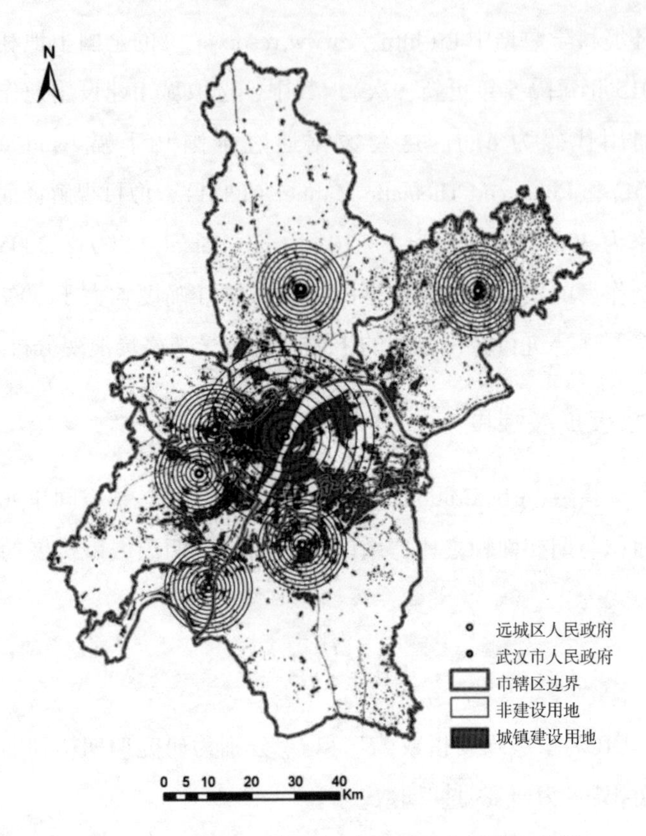

图 3-1　1990—2015 年武汉市城镇化空间梯度分析

1990—2015 年各方位内武汉城镇建设用地的扩展规模、扩展速度、扩展强度，如图 3-2 所示。

四、景观生态分析

根据城市建设用地的遥感分析，本章运用景观指数方法，通过景观指数专业软件 FRAGSTATAS 4.3 计算了 6 个时间段的城市景观指数(1990—2015 年每隔五年)。基于之前的研究(Yu & Zhou，2018)，本章选择了 8 个具体的城市景观指数(表 3-1)，涵盖景观指数的四个方面：面积指数包括总面积指数(TA)、图斑所占景观面积的比例(PLAND)和最大图斑指数(LPI)；密度与规模指数包括图斑规模中位数指数(MedPS)和图斑规模变

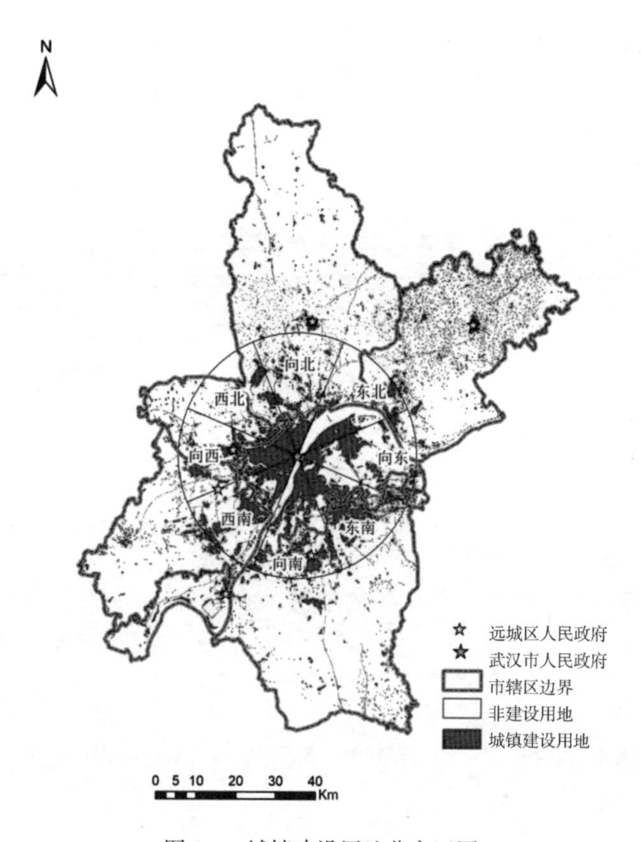

图 3-2 城镇建设用地分扇区图

异系数(PSCoV)；边缘指数包括边缘密度指数(ED)；形态指数包括面积加权平均图斑分维度(AWMPFD)和平均形态指数(MSI)。总面积指数(TA)等于城市所有图斑的面积，用于反映城市建设用地的扩张过程。图斑所占景观面积比例(PLAND)反映某一类型的图斑占整个景观面积的比例。最大图斑指数(LPI)等于一个城市的最大图斑面积占城市景观整体面积的比例，用于刻画城市图斑分布的主导性。图斑规模中位数指数(MedPS)用于测算城市图斑的总体规模水平。图斑规模变异系数(PSCoV)用于测算城市图斑的差异程度。边缘密度指数(ED)等于所有城市图斑的周长除以总面积。面积加权平均图斑分维度(AWMPFD)用来测算城市图斑的复杂度和不规则程度，往往意味着无规划的城市用地扩张。一个高的分维指数往往意味着一个更为破碎和复杂的城市形态。平均形态指数(MSI)是一个稳健的指数，用于刻画城市景观结构的复杂度，通过城市图斑的复杂度来实现。如表 3-1 所示。

表 3-1　城市景观指数介绍

分类	指数	缩写	公式	描述
面积类	总面积指数	TA	$TA = \sum_{j=1}^{n} a_{ij}(1/10000)$	a_{ij}为单个图斑面积
	图斑所占景观面积的比例	PLAND	$PLAND = \frac{\sum_{j=1}^{n} a_{ij}}{A}(100)$	a_{ij}为单个图斑面积 A 为单个城市所有图斑总面积
	最大图斑指数	LPI	$LPI = \frac{\max_{j=1}^{n}(a_{ij})}{A}(100)$	a_{ij}为单个图斑面积 A 为单个城市所有图斑总面积
密度与规模类	图斑规模中位数指数	MedPS	$MedPS = X_{50\%}$	$X_{50\%}$为单个城市中位图斑面积
	图斑规模变异系数	PSCoV	$PSCoV = \frac{SD}{MN}(100)$	SD 为单个城市图斑规模方差 MN 为单个城市图斑平均规模
边缘类	边缘密度	ED	$ED = \frac{E}{A}(10000)$	E 为单个城市景观边缘总长度 A 为单个城市总面积
形态类	面积加权平均图斑分维度	AWMPFD	$AWMPFD = \sum_{i=1}^{m}\sum_{j=1}^{n}\left[\left(\frac{2\ln(0.25p_{ij})}{\ln(a_{ij})}\right)\left(\frac{a_{ij}}{A}\right)\right]$	p_{ij}为单个图斑周长 a_{ij}为单个图斑面积 A 为单个城市总面积
	平均形态指数	MSI	$MSI = \frac{\sum_{j=1}^{n}\sum_{i=1}^{m}\frac{0.25P_{ij}}{\sqrt{a_{ij}}}}{N}$	p_{ij}为单个图斑周长 a_{ij}为单个图斑面积 N 为单个城市图斑总数量

第二节　武汉市景观格局的演变过程

城市景观指数方法是目前最常用的城市形态量化方法。因此，本节通过城市景观指数来量化城市景观形态的变化，计算结果如表 3-2、图 3-3 所示。城市形态可以影响城市的经济功能、效率以及社会经济发展。换句话说，城市形态可以影响到城市空间利用的设计和管治。本节将从整体市域和各城区的角度分析武汉市城镇景观格局的时空变化，解析城市空间形态的演变过程。

表 3-2　城市景观指数年际变化统计表

年度	TA	PLAND	LPI	MedPS	PSCoV	ED	TE	AWMPFD	MSI
1990	55848. 42	6. 5215	1. 3763	5. 22	1513. 9212	7. 5157	6436200	1. 1263	1. 2970
1995	62458. 20	7. 2934	1. 4801	5. 22	1563. 1471	7. 5456	6461850	1. 1267	1. 2935
2000	66545. 19	7. 7706	1. 5818	5. 22	1493. 7054	8. 0998	6936450	1. 1344	1. 3094
2005	79361. 64	9. 2672	1. 9583	5. 31	1604. 2023	8. 9003	7621920	1. 1482	1. 3216
2010	105339. 96	12. 3008	2. 9785	5. 40	1778. 1153	10. 9269	9357480	1. 1678	1. 3922
2015	128160. 45	14. 9656	3. 7054	5. 40	1808. 1993	13. 1158	11231970	1. 1992	1. 4318

一、整体演变过程

1990—2015 年，武汉城镇景观格局呈现较为明显的边缘扩展趋势，在扩展的整体性增强的同时，也存在复杂化、破碎化现象。在此期间，武汉城镇建设用地面积增加 129. 48%，占行政区域面积的比重从 6. 52% 上升至 14. 97%，城市扩展趋势明显。最大图斑指数逐年增加，表明城镇建设用地地块的整体性增强，城镇空间扩展呈现沿边缘蔓延的态势。图斑规模中位

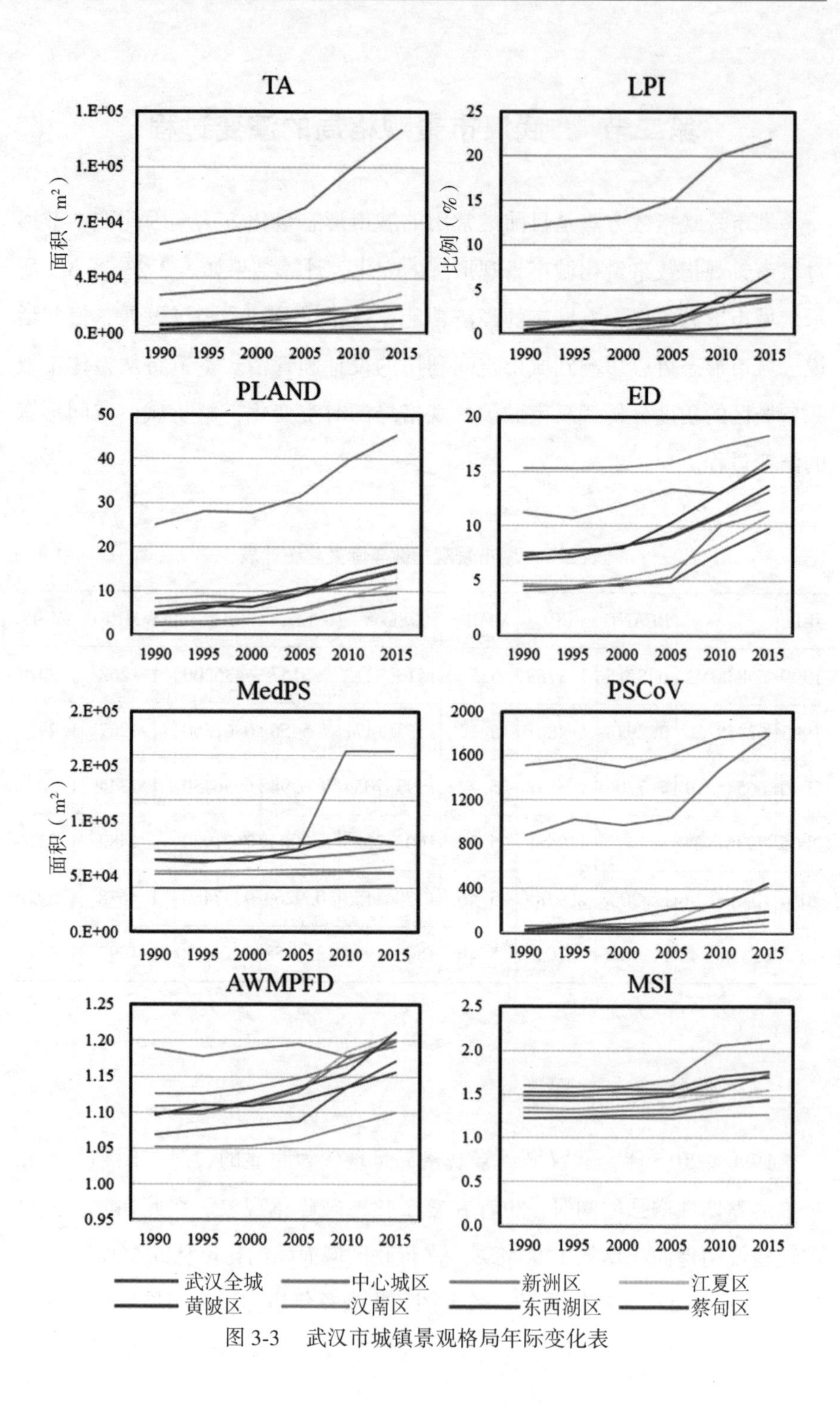

图 3-3　武汉市城镇景观格局年际变化表

数指数和图斑规模变异系数均呈现出上升的趋势，说明城镇建设用地地块的差异性越来越大，出现破碎化和复杂化的趋势。边缘密度和总边缘数的增加反映出边缘地区的建设用地扩展。面积加权平均图斑分维度保持增加，平均形态指数在1995年略有降低后回升，反映出城镇形态的整体化趋势明显，有蔓延发展的可能。

二、区际景观差异

上文简要概括了城镇景观格局的整体趋势后，进一步对各区的城镇景观指数进行分析，解析区际景观的时空差异，更深入理解武汉市城镇景观生态格局，结果如图3-3所示。

2005年是武汉市城镇建设用地增速加快的拐点。1990—2015年全市和各城区城镇建设用地总面积指数(TA)持续增长，其中，2005年之前增幅较为平缓，2005—2015年涨幅高于前期，且中心城区的增幅略缓于全市增幅。这表明在2005年之前，全市的土地城镇化节奏较缓，到2005—2015年步伐加快，且新增城镇建设用地主要由远城区贡献。在远城区中，又属黄陂区、江夏区的增幅最快，这与两区在这一时段建设经济开发区有关，如两区的发展呈飞地式发展模式。

武汉市中心城区建设用地地块的整体性增强，边缘蔓延趋势明显。中心城区的最大图斑指数(LPI)远高于全市平均水平和各远城区表明中心城区最大图斑面积占总面积的比例高于平均，中心城区的城镇空间呈现整体化与边缘蔓延的趋势。黄陂区是最大图斑指数最低的城区，城镇用地图斑最为破碎，城镇空间的变化多是自发性的，缺少规划的引导与管理。蔡甸区最大图斑指数在2010—2015年上升迅速，表明蔡甸区城镇空间得到了较好的管理，避免了破碎化和由此带来的土地资源低效应用，这与中法武汉生态示范城项目在此落地有关，城镇空间结构通过规划的实施与管理得到优化。

武汉市中心城区与远城区土地城镇化程度差距较大。中心城区城镇建设用地占行政区面积的比例(PLAND)1990年仅为25%，在2005—2015年从31%上升至45%。武汉市在2005—2015年迎来了大规模的土地城镇化，城镇空间扩展迅速，不管是飞地式的开发区建设、边缘式的外扩，还是内填式的内城改造，都在空间上实现了城镇化的迅速发展。在远城区中，黄陂区的城镇建设用地比重长期以来都是最低的，2015年仅为7.17%，这主要是由于黄陂区政府所在的城关地区与中心城区距离较远，农业在产业结构中的占比较大，山地湖泊面积大，在武汉市城镇总体规划中是发展生态农业的定位，因此在空间城镇化上表现较弱。

武汉市城镇形态呈现复杂和不规则的趋势。中心城区的边缘密度(ED)在研究时段内波动，体现出城市形态的复杂和不规则；各远城区的边缘密度在2005年前保持平缓，在2005年后上升较快，其中新洲区的边缘密度最高。中心城区既经历了内城建设用地内部填充的内涵式扩展，也经历了沿边缘地区蔓延的外延式扩展，因此边缘密度的变动波动大，城市形态变动复杂。新洲拥有长江航运枢纽之一的阳逻港，依托长江水运和岸线优势建设现代化港口新城，推动了城镇空间的扩展与复杂化。

武汉市中心城区与远城区的建设用地地块规模差异较大。图斑规模中位数指数(MedPS)在各时段各城区均保持平稳，图斑规模变异系数(PSCoV)呈现上升趋势，在武汉全域和中心城区远高于远城区，表明远城区内部城镇建设用地图斑的差异性还是较小的，但加上中心城区后，差异性就增大了。远城区非建设用地转化为建设用地的强度整体较弱，建设用地图斑的规模较小，因此远城区内部建设用地图斑的规模差异较小，但与中心城区建设用地图斑规模的差异明显。

武汉城镇形态的整体化趋势加强。面积加权平均图斑分维度(AWMPFD)和平均形态指数(MSI)在全域和各城区均呈上升趋势，仅2005—2010年中心城区的分维度下降后有回升，这反映出武汉城镇形态的整体化趋势明显；城镇空间形态不同于碎片化，城镇建设用地有蔓延发展的可能，在武汉未来城镇空间管理中要警惕这一点。

第三节 武汉市空间结构演变的时空规律

武汉市城镇空间在1990—2015年在扩展的基础上呈现出复杂的变化，

本节从整体和空间上对武汉市城镇空间结构的演变过程和特征进行了分析，重在解读武汉市的空间分异规律和方位特征。

一、基本特征

1990—2015 年，武汉市整体处于快速扩展之中。城镇建设用地面积从 1990 年的 558.48km^2 增长到 2015 年的 1281.60 km^2(表 3-3)，增幅达到年均 5.18%，但各个时间段的扩展强度不一样，2000 年以前，建设用地扩展较慢，2000—2015 年扩展较快，且主要由远城区贡献，至 2015 年，远城区建设用地面积为中心城区的两倍左右。

表 3-3　武汉城镇建设用地面积及比例①　（单位：km^2）

年份	全市		中心城区		远城区	
	面积	比例	面积	比例	面积	比例
1990	558.48	6.52%	239.12	25.03%	319.30	4.20%
1995	624.58	7.30%	268.09	28.07%	356.43	4.69%
2000	665.45	7.77%	266.10	27.86%	399.29	5.25%
2005	793.62	9.27%	299.63	31.37%	493.92	6.49%
2010	1053.40	12.30%	379.86	39.77%	673.46	8.85%
2015	1281.60	14.97%	432.94	45.33%	848.57	11.16%

武汉市中心城区与远城区的城镇空间扩展的主要时段与规模差异明显和行政区划的调整有关。武汉市从 1988 年设江夏区到 1998 年黄陂、新洲撤县设区，实现行政上的“无县化”，但实际上，这些后纳入的远城区辖区面积大，区政府所在的城关地区与中心城区距离较远，且交通不够完善，仅靠几条高速、国道、省道、市道连接，产业上以生态农业为主，发展基础较弱，纳入武汉市城市总体规划时间较晚，交通、基础设施、产业布局等

① 建设用地占行政区总面积的比例。

政策有所不同，城镇化的步伐较慢，在完成撤县设区、纳入武汉市整体发展后才有所上升。

25 年间，武汉市的空间结构发生变化，整体呈现“核心 - 放射”与圈层式发展相结合的模式。如图 3-4 所示，武汉城镇建设用地沿江和沿交通线、

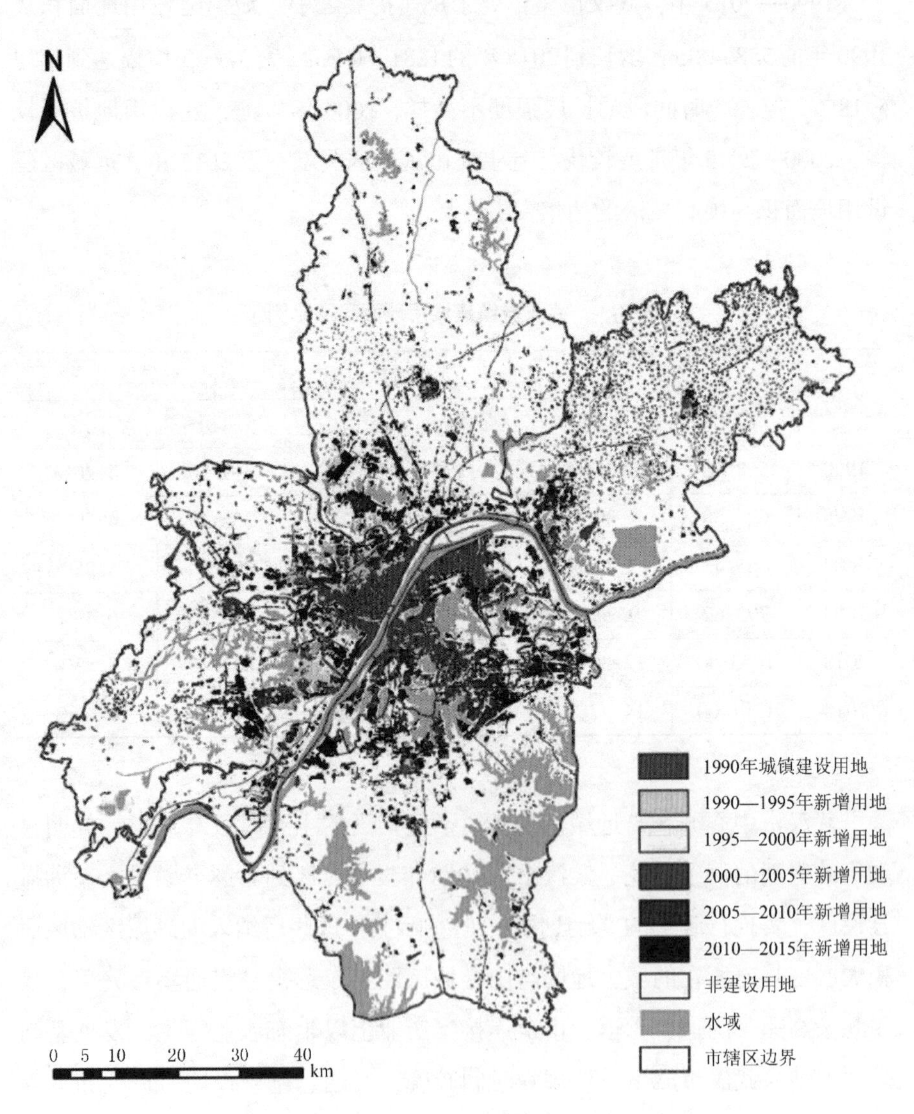

图 3-4　1990—2015 年武汉城镇建设用地分布图

圈层式发展的态势明显，这与近现代武汉的发展历史有关。在 20 世纪 50 年代以前，受两江阻隔，武汉中心城区依托“两江交汇、三镇鼎立”的自然格局，以长江、汉江及东西向山系为基础，形成汉口、武昌、汉阳相对独立完整的城市空间格局；随着多条跨江大桥建成，城市道路交通体系逐步完善，武汉内城中心圈层结构愈发明显，至 1990 年左右形成“十字”和“环线”圈层的城市骨架。在 20 世纪 90 年代之后，国家级经济开发区呈飞地式在武汉外围发展，以城市性干道为依托，同时又受制于武汉市山体、湖泊等地理要素，城市局部区域呈带状、片状向外扩展，形成目前的以主城为中心、多轴向外扩展的模式。

二、空间分异特征

1990—2015 年武汉市城镇空间扩展在数量和扩展方位上存在着空间分异。接下来根据梯度和方位分析的结果，从圈层和方位两方面分析武汉城镇空间结构的演变特征。

1. 圈层分异

武汉城镇空间圈层扩展在不同阶段的规模不同。2005—2010 年中心城区 6 ~ 18km 缓冲区内建设用地扩展面积明显高于其他时段与其他圈层(表 3-4)。结合图 3-4 可知，这一时段新增建设用地主要沿已有城市建成区的边缘分布，城镇空间呈现明显的“中心—外围”分布态势，基本形成以三环线为基础的城市圈层扩展模式。

武汉城镇空间圈层扩展在不同城区的规模不同。中心城区 6km 的圈层内，建设用地增加面积少。这主要是因为该区域地处城市中心地带，城市发展较早，可扩展空间有限，同时历史建筑与文化遗存众多，出于历史街区保护和历史文化名城建设的需要，在一定程度上限制了其向外扩展，主要以内部改建为主。而在远城区(表 3-5)，除蔡甸区外，其他城区在 5km 的圈层范围内，城镇扩展强度不足 0.4，空间城镇化进程较慢。

表 3-4 不同时期武汉市中心城区不同圈层城镇建设用地面积及比例① （单位：km^2）

距离（km）	各缓冲区面积	1990 年		1995 年		2000 年		2005 年		2010 年		2015 年	
		面积	比例	面积	比例	面积	比例	面积	比例	面积	比例	面积	比例
2	12.57	8.03	63.92%	8.03	63.93%	8.03	63.93%	8.03	63.93%	8.06	64.16%	8.06	64.16%
4	37.70	26.22	69.55%	27.58	73.15%	27.73	73.57%	29.18	77.41%	30.18	80.05%	30.18	80.05%
6	62.83	35.79	56.96%	42.59	67.79%	40.93	65.15%	45.05	71.70%	51.45	81.88%	51.82	82.48%
8	87.96	41.06	46.68%	50.63	57.56%	46.06	52.36%	49.19	55.92%	61.52	69.93%	65.04	73.94%
10	113.10	35.42	31.31%	41.96	37.10%	40.13	35.49%	44.57	39.41%	57.16	50.54%	63.30	55.97%
12	138.23	31.75	22.97%	36.14	26.14%	35.47	25.66%	43.64	31.57%	59.98	43.39%	64.91	46.96%
14	163.36	31.90	19.53%	32.86	20.11%	34.87	21.34%	44.67	27.35%	67.04	41.04%	72.37	44.30%
16	188.49	25.92	13.75%	29.27	15.53%	34.56	18.34%	47.15	25.01%	70.17	37.22%	79.09	41.96%
18	213.63	12.86	6.02%	22.37	10.47%	29.19	13.66%	44.28	20.73%	63.07	29.52%	74.47	34.86%
20	238.76	7.74	3.24%	12.44	5.21%	15.21	6.37%	26.92	11.27%	40.19	16.83%	58.61	24.55%

① 建设用地占缓冲区面积的比例。

表 3-5　1990—2015 年武汉市远城区城镇建设用地扩展面积及扩展强度

（单位：km^2）

	东西湖区		江夏区		黄陂区		蔡甸区		汉南区		新洲区	
距离(km)	面积	强度	面积	强度	面积	强度	面积	强度	面积	强度	面积	强度
0.5	0.64	0.18	0.47	0.21	0.62	0.19	0.13	5.11	0.11	0.01	0.04	0.00
1.0	1.72	0.11	0.84	0.15	1.21	0.06	0.28	11.23	0.22	0.01	0.81	0.02
1.5	2.83	0.18	1.71	0.27	1.75	0.06	0.16	0.52	0.49	0.03	1.70	0.07
2.0	2.61	0.29	2.33	0.33	0.92	0.03	0.58	0.37	0.96	0.08	1.73	0.11
2.5	3.09	0.26	3.02	0.29	0.92	0.04	0.86	0.10	1.45	0.12	0.86	0.03
3.0	3.11	0.11	3.26	0.13	0.86	0.09	0.92	0.12	1.37	0.30	0.13	0.00
3.5	2.55	0.12	4.07	0.11	0.38	0.04	1.02	0.09	1.46	0.34	0.33	0.01
4.0	3.10	0.13	4.12	0.12	0.42	0.03	0.68	0.07	1.79	0.18	0.40	0.01
4.5	2.43	0.08	3.13	0.10	0.61	0.04	1.43	0.13	1.07	0.20	0.14	0.01
5.0	2.31	0.07	3.39	0.12	0.31	0.03	2.01	0.12	0.78	0.05	0.05	0.00

远城区与中心城区城镇空间扩展最大的空间分异在于行政中心的影响。中心城区受行政中心的影响较大，以市级、区级行政中心为圆心，呈圈层状向外扩展的态势明显，而远城区的行政中心辐射能力较小，新增建设用地多集中在距离区政府4km的范围内。结合图3-4可以发现，远城区的社会经济活动主要在三大区域发展，一是行政中心的辐射范围内，主要集中在距区级行政中心2～4km的范围内；二是中心城区的边缘地带或交通干线的两侧，受城市向外扩张的影响，逐渐转化为城镇建设用地，如黄陂区的汉口北区域、东风大道沿线地带；三是产业新城，呈飞地式发展模式，与集中连片的建成区有一定距离，通过交通干道连接，如黄陂区的盘龙新城、蔡甸区的沌口开发区。

2. *方位分异*

为分析武汉市城市扩展的空间分异特征，以武汉市人民政府为原点，将研究区均分为八个方位，并与城市空间扩展图叠加(图3-5)，分别计算各个方位不同时段的城镇建设用地扩展规模、扩展速度、扩展强度(表3-6、图3-5)。

各个方位在2000—2015年的城市扩展强度明显大于2000年以前。这主要是因为武汉"1＋8"城市圈在这期间得到批准，①同时国务院明确将武汉市定义为"我国中部地区的中心城市"，②极大地刺激了武汉市的城市发展。而武黄、武石、汉孝城际铁路和武汉北铁路编组站的修建，促进了位于东南方向东湖高新技术开发区、西北方向的吴家山经济技术开发区、正北方向的盘龙新城的城市建设，使得2000—2015年北、西北、南、东南方向上城市扩展强度变化最大。

---

① 武汉"1＋8"城市圈，是指以武汉为圆心，覆盖黄石、鄂州、黄冈、孝感、咸宁、仙桃、潜江、天门周边8个大中型城市所组成的城市群。2007年国务院正式批准武汉城市圈为"全国资源节约型和环境友好型社会建设综合配套改革试验区"。

② 《武汉市城市总体规划(2010—2020年)》2010年通过国务院正式批复，武汉在全国发展布局中的功能定位由以往的"我国中部重要的中心城市"，上升为"我国中部地区的中心城市"。

表 3-6　1990—2015 年武汉市不同方位城镇用地扩展规模、速度及强度

方位	城镇用地扩展规模（km^2）		城镇用地扩展速度（km^2/年）		城镇用地扩展强度	
	1990—2000	2000—2015	1990—2000	2000—2015	1990—2000	2000—2015
北	3.90	53.67	0.39	3.58	0.14	1.64
西北	11.65	47.75	1.16	3.18	0.70	1.69
西	9.82	55.67	0.98	3.71	0.19	0.89
西南	23.56	69.77	2.36	4.65	0.56	1.06
南	7.49	88.06	0.75	5.87	0.18	1.79
东南	10.61	97.81	1.06	6.52	0.21	1.61
东	5.87	55.03	0.59	3.67	0.14	1.16
东北	2.86	37.77	0.29	2.52	0.06	0.79

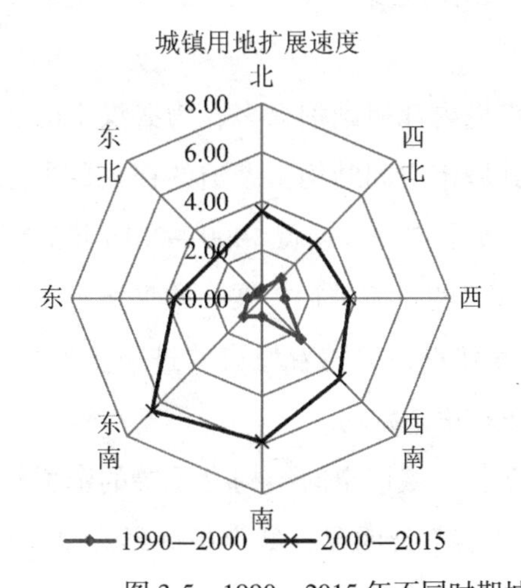

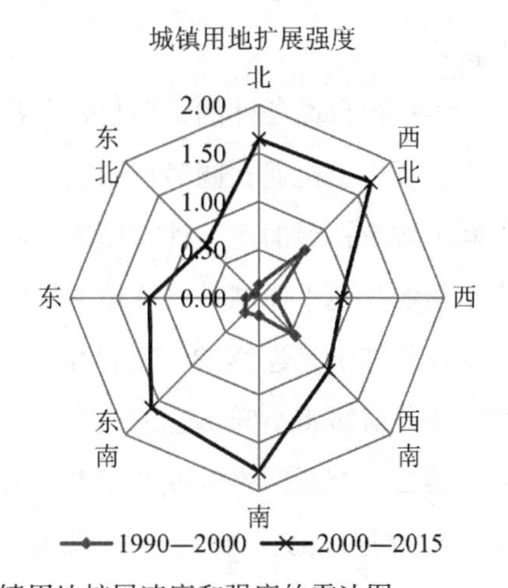

图 3-5　1990—2015 年不同时期城镇用地扩展速度和强度的雷达图

东南方位在 2000—2015 年的扩展速度最快，扩展强度也较高。这主要是因为纸坊作为江夏区的行政中心，其城市扩展强度高于其他地方，同时武咸铁路的修建和豹澥新城高新技术产业的发展，也在一定程度上促进了

该方位的城市扩展。而东湖高新区①作为光电子等高新技术产业研发制造集聚地，其建设与发展迅速使得光谷地区成长为武汉又一新的城市增长极，在这一方位的城镇建设大幅扩展。

1990—2015年东北方位的城市扩展速度和强度指数均最低。这主要是因为长江阻碍了该方位城市扩展的连续性，长江在此处由东北转向正东再转向东南，江中泥沙沉积形成天兴洲，在城市规划的定位中属于生态绿洲，且受汛期江水水位涨落的影响，不适宜进行大规模城市开发建设。

第四节 武汉市空间结构存在的问题及优化建议

一、特点总结

综观武汉市1990—2015年城市空间结构与景观格局演变特征，呈现以下特点：

第一，自然条件约束明显。武汉市境内江河湖泊众多，为武汉市的发展提供了历史机遇，同时也影响到了其城市空间结构。湖泊的存在极大地限制了城市扩展的连续性，压缩了城市扩展空间，使得1990—2015年武汉市不能像其他平原城市一样以“摊大饼式”的形态进行扩展。武汉城市的开发建设整体上是连续的，沿江沿湖开发建设，但随着城市的进一步发展，自然条件对城市空间形态演变的影响正在逐渐减弱。

第二，交通网络构成城市基本骨架，对城市空间结构有重要的牵引作用。2000年以前，自然条件对城镇空间的割裂明显，城市扩展形态呈“十字形”。随着“十一五”到“十二五”期间多条“环形加放射”的骨干道、城际铁路和过江通道的修建，武汉市的城市扩展逐渐转向圈层式，整体上呈

① 东湖新技术开发区1991年被国务院批准为首批国家级高新技术产业开发区，2001年被原国家计委、科技部批准为国家光电子产业基地，即“武汉·中国光谷”，2009年被国务院批准为国家自主创新示范区，是全国114家高新技术开发区中特批的三个国家自主创新示范区之一（北京中关村、武汉东湖、上海张江）（面积518km^2）。

“蝴蝶状”发展态势。

第三，城市规划和政策在武汉城镇空间结构的演变过程中发挥着重要的导向作用。在2000年之前，武汉城镇景观的城市化程度不高，被戏称为“全国最大的县城”，城镇发展极其缓慢；随着“中部崛起”战略的实施和国家级开发园区的建设，武汉城市发展迎来了新机遇，承接了一系列东部转移产业和高新技术产业，城镇空间结构发生剧烈变动，城市建成区扩展迅速。这一时期在《武汉市总体规划(1996—2020)》的引导下，多层次、网络状的城镇体系以及轴射圈层式的分布格局基本形成，也使得城镇整体扩展模式从核心-放射式逐渐转向圈层式。

二、存在的问题分析

针对上述对武汉城镇景观格局的分析，总结武汉城镇景观格局存在的问题，如下所示：

第一，中心城区边缘扩展趋势明显，要警惕无序蔓延。景观指数反映出武汉市中心城区土地城镇化的规模和速度明显高于远城区，中心城区的建设用地地块规模增大，整体性增强，城镇建成区沿边缘扩展的趋势明显。在这种状态下，要警惕土地城镇化的规模和速度脱离人口和经济城镇化的水平增长，造成城市的无序蔓延，从而引发交通拥堵、“职住失衡”等一系列大城市病。

第二，远城区发展势头不够强劲。上一节的分析表明远城区在建设用地总面积、地块规模、土地城镇化程度、边缘密度等指标上明显逊色于中心城区，虽然在2005年之后，建设用地的扩展速度加快，与中心城区的距离在缩小，但到2015年远城区的土地城镇化水平还是不高，且建成区主要集中在城关和与中心城区接壤的地带，城镇化的发展势头不够强有力。

第三，建成区的蔓延向河湖水岸逼近。从图3-4可以看到，新增建设用地的扩展正在向河流、湖泊的水岸逼近，尽管这为城镇扩展赢得了发展空间，但给城市生态环境带来了不利的影响，如热岛效应、生态多样性减少等，同时也是武汉低洼地带雨季易积水的重要原因之一。

三、优化建议

1990—2015年武汉城镇空间与景观格局的演变过程说明其主城区极化作用一直在增强，各种要素向武汉市集聚。由于自然条件和交通等驱动力的影响，这种扩展模式有其必然性和合理性，但随着城市空间扩展到一定程度，该扩展模式也将带来一系列的城市问题，比如交通拥挤、运输成本过高、住房紧张和环境质量恶化等。因此在武汉市圈层式城市扩展尚未走向成熟之前，应采取措施避免这一系列问题。

第一，通过城市规划和政策管理城市空间结构，延续圈层发展、组团布局的格局，引导城镇功能的集聚发展和城镇体系的分工协作。一方面，划定城市增长边界，控制新增建设用地指标，严格规范土地利用类型的转化，鼓励内城的改造和提升，增加内涵式扩展模式在整个武汉市扩展中的分量，提高建成区土地利用效率。另一方面，随着武汉市的城市扩展，盘龙城、阳逻等新城组团终会与中心城区连接在一起，这将进一步加大中心城区的极化作用，需要明确各区的职能与定位，进一步加强武汉城镇内部的分工与协作，提高区域竞争力。

第二，推行以公共交通为导向的土地开发模式(TOD)，发挥交通对城市空间的引导作用，避免蔓延式扩张。通过主干道、快速路、城市环线、放射状高速、轨道交通、城际铁路等多种交通方式引导城市空间的轴状延伸，形成“环网结合、轴向放射”的快速路系统，加强中心城区与远城区的道路联系。遏制圈层式扩展的强度和规模，警惕“摊大饼”模式带来的城市病，将扩展形态逐渐转为星状，实现城市交通与土地利用协调发展。

第三，充分利用自然因素的优势打造独特的城市形态。随着一系列跨江跨湖大桥、隧道的修建，自然因素对城镇空间结构的约束正在减弱，但在城镇化浪潮下“千城一面”的问题严重，武汉丰富的山水资源为打造有特色的城市形态提供了基础。如利用自然山体和水体打造“嵌入式”绿楔和滨江滨湖走廊，一方面提升了城市的整体景观与风貌，凸显滨水绿化特色，另一方面作为生态防护隔离带，实现引楔入城，防止城市的蔓延式扩展。

第四章
交通网络对服务业经济活动的影响分析

随着社会经济发展进步和交通运输自身条件改善，武汉市交通运输与社会经济发展的关系正在发生巨大变化，融合互动、互促共进态势明显，成为驱动高质量发展和社会新旧动能转换的重要力量。构建完备便捷的交通网络是推进湖北省各城市之间经济联合的重要切入点，也是城际、城乡、区域进行经济文化交流、合作的重要支撑。发达的交通网络是一切经济社会活动得以顺利进行的基本条件。本章运用空间设计网络分析法构建交通网络的指标体系，并对服务业的经济活动进行更为细致的划分(包括住宿业、餐饮业、金融业、批发零售业、旅游业、休闲娱乐业、医疗教育服务业和公共管理服务业等)，探讨武汉市道路交通网络特征与经济活动空间布局间的相关性，并提出政策建议，以期完善城市交通规划、优化服务业空间布局。

第一节　城市交通和商业活动互动的理论分析及研究方法

一、理论分析

城市服务业在稳增长、调结构、促就业过程中的作用与日俱增，发展改革委和市场监管总局于 2019 年 10 月 21 日印发的《关于新时代服务业高质量发展的指导意见》中再次强调了服务业对于产业转型升级和人民美好生活需要的重要支撑作用。① 推动服务业高质量发展既离不开优质高效、布局优化、竞争力强的服务产业新体系，还需要合理优化的空间格局。城市服务业的布局是城市规划的重要部分，为了实现城市产业结构的优化升级，并满足人民日益增长美好生活的需要，有必要研究服务业经济活动的空间分布及其影响因子。已有研究从交通基础设施(蒋华雄等，2017)、城市功能分布、低价租金水平、交通便捷程度和办公空间分布等角度分析了城市产业结构和生产性服务业空间布局的影响因素(张志斌等，2019)，其中以城市道路网络密度为衡量标准的交通便捷度是影响服务业企业选址布局的重要因素。

城市道路网络是城市交通的主脉络，也是经济活动的重要载体，具有明显的网络结构特征(肖扬，李志刚，宋小冬，2015)。目前学者对道路网络的形态、连通性、中心性展开了大量研究(查凯丽等，2017；银超慧等，2017)，主要的研究方法有通达性(曹小曙，阎小培，2003)、分形(Kim，et al.，2003)、网络分析方法(刘承良等，2012)、加权平均旅行时间(刘俊等，2008)、多中心评价模型(Crucitti，et al.，2006)等。近年来，从城市道路网络中心性的角度来研究经济活动的空间布局逐渐成为学者关注的焦点，比如道路网络中心性与服务业经济密度空间分布、商业网点、零售业空间布局、主要和次要经济活动分布、休闲娱乐业空间位置等。以往的研究更多关注基于多中心评价模型(MCA)和城市网络分析工具(UNA)的路网中心性，从邻近中心性、中介中心性和直线中心性三个方面测度路网特征，但是忽视了现实世界中行人对道路网络的主观判断和决策。且经济活动仅限于某一特定类型，无法全面反映服务业的社会经济活动类型，从而无法从整体上把握影响城市活力的服务业。

服务业的空间分布被视为塑造城市结构的重要驱动因素。其空间布局、区位选择偏好及影响因素受到国内外学者的广泛关注。在空间布局上，生产性服务业普遍以多中心模式为主。对欧美国家和亚洲大城市的研

① 资料来源：http://www.gov.cn/xinwen/2019-10/21/content_5442894.htm。

究表明，其生产性服务业以中央商务区(CBD)为集聚核心，多个次中心分工协力，呈现集聚与扩散并存的态势(Coffey, et al., 2002; Hermelin, 2007)。而生活性服务业主要表现为分散化模式，随着郊区购物中心和大卖场等商业综合体的兴起，零售业、餐饮业等快速向郊区蔓延集聚(Wang, et al, 2005; Kim, et al., 2014)。在区位选择偏好上，现有研究主要关注了不同类型、不同规模、不同层级的企业在集聚区域上的选择差异。如Leslie(2007)发现，不同类型企业的集聚程度差别较大，会计、律所、金融业与信息技术这4类行业的集聚程度最高，且大型企业偏好在CBD集聚，以享有规模经济；而中小型企业则偏好分布于郊区，以满足居民日常需求。但以上研究主要强调了中央商务区的可达性、郊区化集聚以及多个中心的可访问性。随着城市的建设，城市内部变得更加多元化和复杂化，中心区位对经济活动位置的影响程度逐渐减弱，影响经济活动位置的因素引起了广泛关注。

道路网络作为经济活动的空间载体，其良好的可达性和通勤性对于企业的区位选择至关重要。Hillier以中心性来表征道路网络的多重属性，并指出因道路网络中心性的差异，城市内部不同街区所能承载的人口规模和车流量大小不同，进而深刻影响着服务业的区位选择。近年来，越来越多的学者关注到道路网络对人们日常生活和经济活动的影响。从消费者角度来说，道路网络的便捷性会积极促进人们步行出行，增强社区中的社交互动和凝聚力，从而影响区域人流量大小，为餐饮业、娱乐文化活动等经济活动提供了良好的发展环境。从生产者角度来说，在不同道路特征的区域中，土地价格和运输成本都有所差异，影响着服务企业的收益状况。且多数服务业为获取规模效益，在城市的综合中心地和商业中心形成空间集聚。

多数研究指出，不同业态经济活动的空间分布差异性较大。如王士军等人以大型商业网点为研究对象，提出专业点与综合交易市场具有不同的空间分布模式。Fahui Wang等探讨了长春零售业的分布状况，指出街道中心性对于服装店、专卖店等不同零售业的位置至关重要。但是，以往研究往往聚焦于某一行业的空间分布，缺乏对城市内不同类型经济活动的对比研究。从街道尺度上看，研究不同类别经济活动具体的集聚特征，及其对于街道网络特征的偏好，这对于科学指导城市空间规划、促进社会公平公正等具有重要的理论和现实意义。

常用的道路网络特征刻画的方法有空间句法、多维中心性评价模型(MCA)、城市网络分析工具(UNA)和空间设计网络分析工具(sDNA)。其中，传统的空间句法最早用于城市街道网络分析。空间句法是通过对空间进行尺度划分和空间分割，再对空间可达性进行拓扑分析，从而揭示空间组织与人类社会之间的关系。Chiaradia 等人基于空间句法的视角，指出伦敦的商业中心多集聚在可达性和通勤性较好的区域。多维中心性评价工具应用较为广泛，其将街道表示为链接，将十字路口表示为节点，并以节点之间的距离来测度道路网络中心性。银超慧等人基于此测度了武汉市主城区多尺度道路网络的邻近中心性、中介中心性和直线中心性，并分析了其与各类社会经济活动空间分布的关系。城市网络分析工具(UNA)除了可以计算街道节点外，还可以纳入建筑等街道以外的要素，以全面反映空间要素的社会经济属性。陈晓东基于 UNA 工具，对建筑的影响范围值和商业建筑选址进行了比对，指出 UNA 工具能为传统村落旅游商业活动选址提供较为可靠的预测。

sDNA 是最近新兴的一种街道网络分析工具，它是一个更加综合的城市街道网络分析工具，其不仅可以计算中心性指标，还纳入了隔离性、效率等指标，充分考虑了人对距离、网络形状、道路弯道等街道物理形态的主观判断，从主观和客观角度科学测度街道网络的设计特征，从人本主义视角关注道路设计是否符合行人和驾驶者的认知习惯，其对于路网形态的计算更贴近实际情况。另外，在不同出行方式下，行人对道路网络特征的感知程度是有差异的。Sanwei He 等(2019)以武汉市休闲娱乐活动为例，采用 sDNA 方法，研究在步行和驾驶模式下各类休闲娱乐设施的空间分布及休闲娱乐活动与邻近性、中介性、隔离性、效率等道路网络设计特征的空间分层异质性。

综上所述，道路网络设计与社会经济活动的相关性受到广泛关注，尤其是各类服务业活动与街道网络的联系较为紧密。但现有研究多聚焦于某个单一行业的分布，或者宏观上的经济活力，较少以整个服务业经济活动为研究对象，无法从整体上把握道路网络特征与城市经济活动的空间关联特征。虽然国外有学者基于 MCA 模型，以巴塞罗那为研究对象，基于 MCA 模型考察了道路网络特征与各类经济活动之间的相关性，并指出次要经济活动与道路中心性的相关性高于主要经济活动，但是，上述研究并未将行人对道路的主观感知纳入道路网络特征分析中。人作为经济活动的主体，其对道路网络的主观判断和决策影响着经济活动的区位选择和空间布局。因此，在路网特征指标中纳入行人对道路网络的主观感知是十分必要的。鉴于此，本书以中部地区重要的经济中心武汉为例，对服务业中的经济活动进行更为细致的划分，并基于 sDNA 工具，从步行和驾车两种模式出发，对道路网络特征进行定量测度，以期探索我国城市道路网络形态、经济活动空间分布特征及不同的道路网络特征与城市不同类别经济活动位置的相关性。

二、数据来源

本书的研究对象为武汉市主城区的服务业经济活动和武汉市的街道网络特征，通过提取百度地图和高德地图上的城市兴趣点(POI)和街道网络，建立服务业经济活动的数据库。为保证数据的真实性和可用性，数据经过清理和筛查后，最终数据库中包括研究区域内 67718 个服务业的 POI 空间位置和类型。根据国家统计局公布的《国民经济行业分类》(GB/T 4754-2017)，将所有服务行业 POI 归类为八个类别：住宿业、餐饮业、金融业、批发零售业、旅游业、休闲娱乐业、医疗教育服务业和公共管理服务业，具体情况如表 4-1 所示。

表 4-1　武汉市服务业经济活动分类及数据来源

行业	图层	POI 类型
住宿业	住宿	酒店、宾馆、旅社、公寓、民宿
餐饮业	餐饮	中餐厅、西餐厅、快餐小吃、甜品站、咖啡馆
金融业	金融服务	ATM、银行、邮政局、保险公司
批发零售业	购物、汽车服务站、加油站	大型购物中心、超市、百货公司、小商店、房屋建材五金店、家居用品、市场、服装店、汽车服务站、加油站
旅游业	旅游	森林公园、动物园、博物馆、教堂庙宇、历史遗址
休闲娱乐业	休闲娱乐	体育馆、电影院、休闲中心、美容美发店、棋牌室、KTV、网吧、俱乐部、公园、彩票销售店
教育医疗	科研教育、医疗服务	幼儿园、中小学、大学、技术学校、设计院、培训辅导机构、党校、研究所、早教中心、药房、社区卫生服务中心、诊所、医院
公共管理	政府机关	安全局、工商局、国税局、地税局、技术监督局、烟草专卖局、药品监督局、海关、气象局、财政所、法院、街道办、派出所等
人口密度	人口数据	2015 年 WorldPop 栅格数据(100m 分辨率)

三、研究方法

1. 核密度估计法(kernel density estimation，KDE)

核密度估计法计算每个输出栅格像元周围点要素的密度。假设在每个点上方均覆盖着一个平滑的曲面，密度值在该点的位置处最高，并且随着与该点的距离增加而减小，该技术被广泛用于点模式分析(Bailey &

Gatrell，1995）。核密度估计是非参数估计，通过计算一定窗口范围内的离散点密度，将计算结果作为该窗口的中心值。对于落入搜索范围内的点，赋予不同的权重，越接近搜寻中心的点或线权重越大，反之亦然。同时，核密度估计能够反映距离衰减规律，作为表面插值的一种方法，核密度估计已广泛应用于点模式分析，如商业模式、建筑密度、犯罪分布情况等方面。核密度估计对点数据进行空间插值，可得到研究对象空间连续的密度变化图层，又可以显示“波峰”和“波谷”，强化空间分布模式如图 4-1 所示。

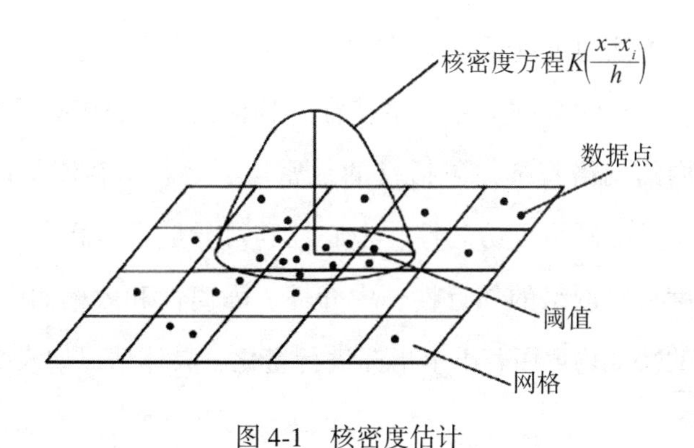

图 4-1　核密度估计

密度在点 x_i 的位置最高，向外不断降低，在距离点的搜索半径处密度为 0。核函数和带宽决定了隆起的形状，这种形状反过来决定估算中的平滑量。网格中心处的核密度为窗口范围内的密度和：

$$\hat{f}(x) = \frac{1}{nh^d}\sum_{i=1}^{n} K\left(\frac{x - x_i}{h}\right) \tag{4-1}$$

式(4-1)中：$K\left(\frac{x - x_i}{h}\right)$ 为核密度方程，h 为阈值，n 为阈值范围内的点数；d 为数据的维数。例如，当 $d = 2$ 时，一个常见的核密度方程可以定义为：

$$\hat{f}(x) = \frac{3}{nh^d\pi}\sum_{i=1}^{n}\left[1 - \frac{(x - x_i)^2 + (y - y_i)^2}{h^2}\right]^2 \tag{4-2}$$

该方法用于将离散的位置转换为相同比例的连续栅格数据，以便可以比较各种服务设施的空间布局。带宽和像元大小是影响 KDE 结果的两个重要参数(Anderson，2009)。由于每个街道到附近的平均距离约为 2000m，因此，将带宽设置为 2000m，像元大小设置为 100m×100m，由此得到研究区域的 201903 个网格像元(501 列乘 403 行)。

2. 空间设计网络分析(sDNA)

sDNA 方法是从常规空间语法演变而来的一种用于城市网络分析的复杂技术。这一方法通过重新定义图论中的节点和链接，将街道网络链接作为分析单位，以科学刻画道路网络特征。具体而言，sDNA 可以测量在一定半径范围内的网络特征，包括目的地密度、绕行、客流量以及链接结构、形状等有关的网络可访问性、中心性和可导航性等指标。使用 sDNA 工具科学测度道路网络的邻近性、中介性、隔离性和效率四个关键特征，每一个维度的特征均可用若干个指标进行量化，具体情况如表 2-2(第二章第二节)所示。

邻近性反映了局部空间和系统中其他空间之间的联系和可达性，该值越大，表示该节点在整个网络中的相对可达性较高，这也决定了人们更可能选择靠近目的地的路径。这一指标可用平均欧氏距离(MED)和受欧氏距离制约的网络数量(NQPED)来衡量，其中 MED 代表给定半径范围内起点和终点之间的平均欧几里得长度，MED 值越大，邻近性越差；NQPED 可以通过一定网络半径范围内的链接数量除以沿网络的欧氏距离长度来计算，该值越高，表明终点的可访问性越大。该指标背后有一定的假设：邻近性越高表明建成环境中分布有较多的服务业经济活动设施，居民出行的物理障碍较小。

中介性估计实体在整个系统中移动时如何填充每个网络单元，也就是说，中介性评估通过网络链接的所有可能的行程。BTA 和 TPB 是衡量该特征的两个子指标，BTA 表示不超过网络半径的最短角距离的流量预测，TPB 表示搜索半径内路网被交通流通过的概率，衡量目的地的“受欢迎程度”，该值越高，表示路网具备较好的通达性。因此，道路网的中介性越显著，表示经过该点的流量比例越多，其转换作用越明显，相应地可以允许更多的人流和车流通过。该指标隐含的假设是经济活动设施的人流量可达到最佳水平。

隔离性反映了连通性的反面，即路网之间更多的障碍和更低的通达性，可以通过测量本地网络的弯曲程度来表示人在街道网络中导航的认知困难，本章选取 MCF(平均乌鸦飞行距离)和 DIVA(分流比)两个子指标来测算道路网络的隔离性。MCF 表示网络半径内两个链接中心之间的平均乌鸦飞行距离，可用起点和终点两个链接中心之间的平均直线长度来衡量；DIVA 的计算方式为每条路径的网络长度除以乌鸦飞行距离的平均值，量化了最短网络距离到直线距离的长度。

效率表示覆盖局部空间或距离的连接性网络的可导航性(Cooper, Fone, & Chiaradia, 2014)，本章选取 HULLR(凸包最大半径)和 HULLSI(凸包形状指数)作为测算效率的子指标。较高的 HULLR 值表示附近的网络更有效地覆盖了欧式距离，测量的结果类似于物理隔离的倒数(Cooper, et al., 2014)。HULLSI 表示凸包与形成圆形的“距离”，该值越高，说明越难以形成圆形，而圆形路网的效率相对较高，因此不利于路网高效率的实现。路网的效率特征假设步行导航的效率越高，行人互动的机会就越多。

3. 空间分层相关性分析

关于道路网络与经济活动的关联强度，相关系数法被广泛应用，大多数采用相关或者回归统计方法。然而传统的空间分析方法难以准确地量化路网特征对经济活动空间位置的作用，而地理探测器可以通过探测经济活动的空间分层异质性来揭示其背后的驱动力。该方法在社会科学(李佳洺等，2017)、自然科学(Luo，et al.，2015)和环境科学(王欢等，2018)等方面均有广泛的应用。与其他技术相比，地理检测器工具的约束条件更少，该工具主要包括四个功能：风险探测器、因子探测器、生态探测器和交互探测器。因子探测器的 q 统计量测量因变量的空间分层异质性(指各种服务设施的核密度)。自变量 X 对服务设施的空间布局的解释力或 q 统计量定义如下：

$$q = 1 - \frac{1}{N\partial^2}\sum_{h=1}^{L} N_h \partial_h^2 \tag{4-3}$$

其中，N 和 ∂^2 代表研究区域内的单元数和因变量 Y 的方差，L 为因变量 Y 的分层数量，N_h 和 ∂_h^2 分别代表图层 h 中单元数和 Y 的方差，q 为自变量 X 对因变量 Y 的解释力，$q \in [0, 1]$。$q=0$ 时，表示 Y 和 X 之间不存在相关性，$q=1$ 时，表示 Y 完全由 X 决定。总之 q 值越大，表示关联度越强，X 对 Y 的解释力度越强。

第二节　武汉市服务业经济活动的空间布局特征

根据经济活动的性质差异，将服务业分为住宿业、餐饮业、金融业、批发零售业、旅游业、休闲娱乐业、教育医疗服务业以及公共管理机构等八类。整体上，不同类型的服务业分布格局均呈现出“大集中—小分散”的规律，即整体分布较为集中，但是局部范围内分散有多个集聚区。分布形态可分为“点-轴状”“环状”和“点状”模式。

武汉市的金融业、批发零售业和公共管理机构大多呈现出“环形”分布。“环形”分布指的是经济活动分布较为集聚，由中心出发，随着距离的增加，集聚程度不断减弱。此类经济活动与人们日常生活息息相关，但是由于服务区域较广，因此一般集中在人口集聚的区域，如长江以西的汉口核心区，包含江岸区、硚口区及江汉区。其中，由于汉口是武汉的繁华商业区，包括大型购物中心、百货公司、服装店在内的批发零售业在江汉区集聚。在这三个行业中，金融业的密度更高，且高密度分布区域更广，从江岸区、江汉区跨至武昌区。金融业包括银行、邮政局及 ATM 机等，一般随人口的分布状况而变动，武昌区常住人口有 119 万之多，因此金融业在武昌区也呈现出高值集聚。

多数经济活动呈现出“点-轴状”分布，如住宿业、餐饮业、休闲娱乐业和教育医疗服务业。“点-轴状”指的是有多个集聚中心，并以中心带动周边发展，最终呈现轴状集聚。整体上，主要以长江以西的硚口区、江岸区、江汉区至长江以东的武昌区为中心，连接成轴，最终呈现“西北—东南”向分布。其中，住宿业和餐饮业的分布与人口流量紧密相关，旅游景区、机场、车站、商业区、高校是城市人流的汇集地。休闲娱乐业不仅分布在人口聚集区，大部分还会选址在商业区，更有利于推动居民消费。因此，休闲娱乐业空间布局主要以长江以西的汉口为核心区。武昌一直是武汉的科教中心，辖区内有 20 多所高校，武汉的医院主要分布于武昌区、江汉区、江岸区。中小学、教育机构及医疗服务机构也多集中在人口密集的区域，因此，教育医疗服务业形成以武昌区、江岸区、江汉区等多中心连轴的空间布局。

旅游业呈现出“点状”分布，即有多个集聚中心，但是并未连接成片。武汉市的景点在行政区内分布不均，大部分景点分布在武汉市的武昌区、硚口区、洪山区等中心城区，还有少量分布在黄陂区北部。旅游业中森林公园、历史遗址等是基于历史和自然环境因素形成的，难以形成带状连片的发展。博物馆作为城市的公共文化设施，通常会基于便捷的交通及与规模相适应的标准选址，位于城市中心区域，且数量较少，难以形成空间集聚。由此，武汉市旅游业呈现出以黄鹤楼区域、东湖生态旅游风景区、汉口江滩一带为中心的点状分布，如图 4-2 所示。

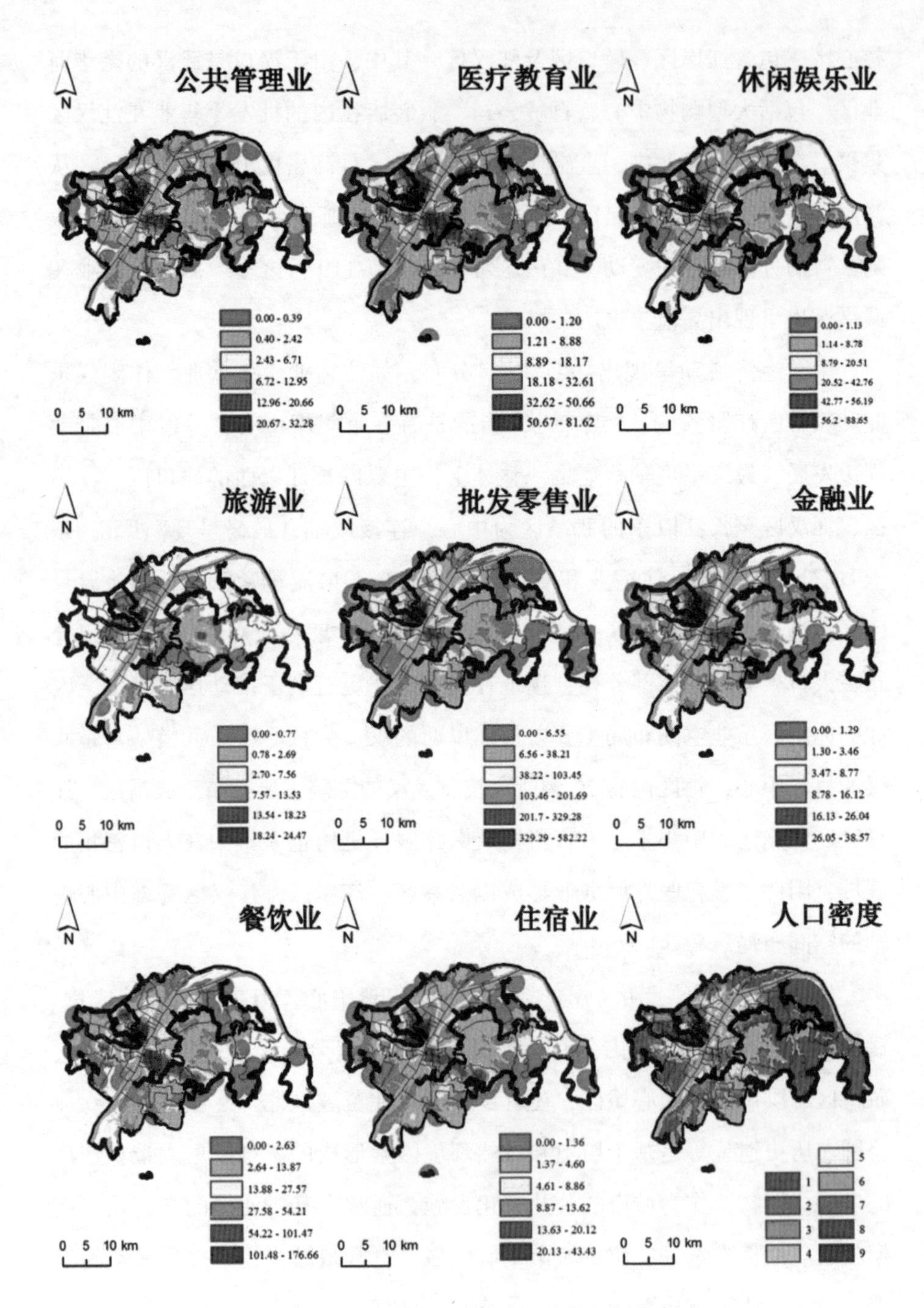

图 4-2　武汉市各行业经济活动的空间分布

第三节　武汉市交通网络对服务业经济活动密度的影响分析

一、主要结果分析

利用因子探测器的 q 统计量刻画城市服务业的空间分异性，并阐明道路网络特征能在多大程度上解释城市活力的空间分异。首先构建渔网(fishnet)，将单元格大小设置为500m×500m，在武汉市主城区中每个单元格的中心添加3828个采样点，提取上文中计算得到的路网指标值和不同类型服务设施的核密度。由于地理探测器要求自变量为分类变量，在计量软件中通过K-means聚类将8个道路网指标从连续值转换为分类值，这里将其分为6类。

表4-2显示了街道配置和服务业的空间分布间 q 统计量的结果，揭示在步行和驾驶模式下每个道路特征对服务业空间分布的影响程度。整体上，医疗教育服务业与路网配置特征的空间相关性最高。其中在驾驶模式下，路网邻近性对医疗教育服务业空间分布具有高达81%的贡献，在步行模式下，路网中介性对其具有81%的解释度。路网特征对旅游业分布的贡献最小。由此说明，医疗和教育服务设施由于公益性和公平性，更多地分布在道路通畅、易于访问的地方，而景点和游览胜地等更趋向于避开路网密集区。这是因为旅游业的分布更多地受历史文化因素的影响，且不会随着现代交通网络的进步而变化。

在不同模式下，路网特征对不同类型服务业的空间分布的解释力度有所差别。除旅游服务业外，邻近性在两种模式下的贡献均显著，中介性在步行模式下的贡献度大于驾驶模式，这说明服务业经济活动的区位分布更偏好于人流量高的位置，穿行频率高的街道拥有更多的商业机会，会吸引服务业经济活动的发生。隔离性的两个子指标在两种模式下不尽相同，平均乌鸦飞行距离(MCF)在步行模式下更重要，反映了行人更加偏好导航难

表 4-2 不同模式下交通网络特征对服务业经济活动密度的解释力度

类型	邻近性				中介性				隔离性				效率			
	MED		NQPED		BTA		TPB		MCF		DIVA		HULLR		HULLSI	
	步行	驾驶	步行	驾驶	步行	驾驶	步行	驾驶	步行	驾驶	步行	驾驶	步行	驾驶	步行	驾驶
公共管理业	0. 52	0. 42	0. 58	0. 62	0. 58	0. 58	0. 52	0. 55	0. 54	0. 44	0. 42	0. 49	0. 52	0. 50	0. 33	0. 37
医疗教育业	0. 76	0. 67	0. 80	0. 81	0. 81	0. 66	0. 77	0. 64	0. 77	0. 70	0. 68	0. 74	0. 76	0. 75	0. 53	0. 58
休闲娱乐业	0. 72	0. 64	0. 77	0. 77	0. 77	0. 63	0. 72	0. 60	0. 75	0. 66	0. 62	0. 69	0. 72	0. 71	0. 49	0. 54
旅游业	0. 03	0. 02	0. 05	0. 07	0. 05	0. 23	0. 04	0. 22	0. 04	0. 02	0. 03	0. 03	0. 03	0. 03	0. 02	0. 02
批发零售业	0. 61	0. 52	0. 65	0. 67	0. 65	0. 55	0. 59	0. 52	0. 63	0. 54	0. 51	0. 58	0. 61	0. 59	0. 42	0. 46
金融业	0. 70	0. 60	0. 77	0. 79	0. 77	0. 64	0. 71	0. 61	0. 72	0. 62	0. 59	0. 67	0. 70	0. 68	0. 46	0. 51
餐饮业	0. 61	0. 52	0. 67	0. 66	0. 67	0. 57	0. 61	0. 55	0. 62	0. 54	0. 51	0. 59	0. 61	0. 59	0. 40	0. 44
住宿业	0. 55	0. 45	0. 56	0. 60	0. 57	0. 54	0. 53	0. 52	0. 56	0. 47	0. 46	0. 52	0. 53	0. 53	0. 35	0. 40
平均值	0. 56	0. 48	0. 61	0. 62	0. 61	0. 55	0. 56	0. 53	0. 58	0. 50	0. 48	0. 54	0. 56	0. 55	0. 38	0. 42

度低的直线道路；而分流比(DIVA)在驾驶模式下更显著，隔离性高的道路设计往往弯道多，会增加驾车难度。效率指标也是相同的情况，即凸包最大半径(HULLR)在步行模式下的作用大于驾驶模式，而凸包形状指数(HULLSI)的效果则相反。首先这两个指标都能反映人们在弯曲的道路网络行走时的物理障碍和导航困难，其次，较高的凸包最大半径(HULLR)对于行走有着积极的影响，而当距离过远时，这种影响不再强烈。凸包形状指数(HULLSI)值越高，对其他区域的可访问性就越低，从而选择驾车外出。

不同的路网特征对这 8 种服务业经济活动位置的影响如下：总体而言，路网特征对于医疗教育服务业、休闲娱乐业和金融业的解释度最高，对于旅游业的解释度最低。医院、学校等公共服务设施，酒吧、KTV 等娱乐服务设施以及银行网点等金融服务设施的空间分布受到街道配置特征的影响更为显著，可达性越好、中枢功能越强大、道路越通畅的街道设计，会促使经济活动的空间分布越密集，这有利于提高人们生活的便利程度和居住空间质量。而旅游景点、公园等服务设施的地理位置几乎不能反映道路特征，资源因素、历史文化因素可能对旅游景点的空间布局有更好的解释。

具体而言，医疗教育服务业在两种模式下均与路网的邻近性呈现出较高的空间一致性，说明学校和医院等公共服务设施倾向于分布在可达性较高的街道，更能节约交通成本和时间成本，便于人们高效访问公共资源。

对于休闲娱乐服务设施的分布，路网邻近性的贡献最大，而效率的贡献最小。邻近性反映了街道的可达性，其高值区往往集中在路网的质心位置(Crucitti, Latora, & Porta, 2006; Porta, Crucitti, & Latora, 2006)。这说明娱乐设施往往分布在密度高、休闲功能齐全的商业街道，因此人们更容易选择市中心的电影院、KTV、咖啡馆等，从而享受“一条龙服务”。路网越复杂，娱乐设施的分布就越稀疏，人们往往不会前往这些效率低、可导航性差的休闲娱乐场所。

邻近性、隔离性和效率对于旅游产业空间布局的影响普遍不显著，而中介性起到一定的作用。旅游业不仅是一种经济事业，而且具有强烈的文化性质，随着人民生活水平的提高，人们对文化生活需求提出新要求。道路的中介性越高，代表着前往旅游景点的人流量越高，两者具有较高的空间一致性。

对于零售业，邻近性的解释力度最强，说明人们偏向可达性高的专卖店、超市等分布广泛的服务区域。零售业偏好分布在可达性较强的街道，基础交通设施越完善，零售业的分布越密集，从而缩短消费者的道路旅行时间，提升消费者的购物体验。

餐饮业和住宿业在不同模式下的行为选择不同，在步行情况下更偏向于邻近性和中介性，在驾车情况下更容易受到隔离性和效率的影响。这说明在步行模式下，人们更偏向选择距离近、可短时间到达和人流量大的餐馆和酒店。在驾驶模式下，效率代表更希望能快速到达(可导航性高)的餐馆和酒店，隔离性则代表通达性较低和距离较远，说明在驾驶模式下人们偏好选择远离市中心，但是环境优美、具有特色的餐馆和酒店。

对于金融服务业，在步行模式下更偏向于路网的邻近性和隔离性，在驾驶模式下则更偏向于路网的中介性和效率。说明当银行网点分布在密度高和道路通畅(认知难度低)的路网上，即当金融服务设施位于具有较高可达性的街道上时，人们倾向于选择步行到达；而当银行网点位于人流量大、较多停车场的地区时，人们倾向于驾车到达。

对于以政府机关为代表的公共管理服务业，步行模式和驾驶模式下道路配置与公共管理服务业的空间分布具有较高的一致性。由于公共管理服务业具有较大的服务半径，通常位于人流量和车流量较大的核心路段，设置有自行车道、人行步道等连续的慢行系统与交通设施，具有较高的步行可达性和机动车可达性。

二、政策启示及结论

本章基于POI数据和路网数据，借助空间设计网络分析(sDNA)和核密度估计法(KDE)，展现了道路网络在步行和驾驶两种模式下的配置情况及不同类别服务业经济活动的空间分布，如表4-2所示。在此基础上，使用因子探测器工具分析了服务设施和路网配置之间的空间分层相关性。研究道路网络和服务设施之间的关联性，一方面有利于优化道路设计、改善交通管理模式，另一方面能促进经济活动的空间布局优化、减少能源消耗。研究发现，街道布局的多个特征对不同行业服务设施的位置分布有一定的解释力，主要结论如下：

第一，街道配置不仅可以由道路的客观特征(邻近性和中介性)反映，还可以通过人的主观心理特征(隔离性和效率)来反映。在步行和驾驶模式下，邻近性、中介性、隔离性和效率等街道配置具有不同的空间特征。邻近性在两种模式下均呈现出显著的“中间高—边缘低”的态势。步行模式下中介性集中于市中心，驾驶模式下的中介性范围更广；隔离性在两种模式下效果相反，效率相对一致。

第二，服务业经济活动的分布格局具有空间集聚的特点，但是不同类型服务设施的集聚中心和辐射方向都有所不同。金融业、批发零售业和公共管理机构大多呈现出“环形”分布；住宿业、餐饮业、休闲娱乐业和教育医疗服务业为“点-轴”状；旅游业呈现出“点状”分布。

第三，在步行和驾驶模式下，道路配置特征与服务业经济活动布局的空间相关性有所差别。在步行模式下，中介性与各类经济活动位置之间的相关性更高；而在驾驶模式下，经济活动区位选择更注重邻近性、隔离性和效率。

第四，不同类型的服务业经济活动对道路网络特征的偏好具有显著差别。其中，医疗教育等公共服务业与道路网路的相关性最强，休闲娱乐业其次，旅游业最弱。不同类型的服务业经济活动对人性化道路网络设计提出了不同的要求。

综上所述，路网设计与城市发展密不可分，既影响城市交通发展战略，又影响居民出行的生活质量。现实生活中，路网结构由道路网密度、路网功能和路网通达性决定，为了促进城市内道路配置和经济活动的协调优化发展，应从两方面开展工作：一是在城市交通规划中，应优化城市边缘的道路网络设计，增强路网的邻近性、中介性和可导航性，也要注重路网的人性化设计，塑造步行友好和完全的人居环境空间。二是在经济活动空间布局上，应当注重各类服务业的空间公平性。积极引导社会经济活动的空间布局，使之与路网结构、人口密度相适应。根据道路在城市中的地位、交通特征和功能，合理定位和划分城市地域经济和功能区，适度满足多样化的城市公共活动空间需求，为构建宜居、宜行的城市环境奠定良好的基础。

第五章
交通网络导向下城市休闲娱乐活动的空间模式

随着经济发展、人们生活水平的提高，休闲娱乐已成为人们重要的生活需求和衡量居民生活质量的重要指标。交通路网因素是影响休闲娱乐空间场所的重要结构性制约因素。由于国家和地域不同，休闲娱乐等商业设施的形式、规模和内容存在差异，但商业空间追求“安全、舒适、愉悦”却是共通的。传统的道路体系中商业活动被安排在大街道上，交通对商业空间布局起到决定性作用。但现代汽车的产生让交通更加高速化，商业活动的空间设计策略需要重新考虑，这对于提高居民生活质量和促进居民健康具有重要的现实意义。本章基于地理大数据，将武汉市休闲娱乐活动划分为酒吧、棋牌室、网吧、剧院、KTV、公园和体育场等不同类别，将休闲娱乐活动和人口分布总结为点状、环形和带状布局，探讨不同模式下交通网络特征与休闲娱乐活动的空间关联性，从交通需求管理和空间正义等角度提出针对性的政策建议。

第一节　交通网络和休闲娱乐业的相关理论分析和数据来源

一、理论分析

新经济崛起从根本上改变了城市和地区建立和保持竞争优势的方式。在新经济中，区域优势表现在能够迅速调动人才、资源和能力，并将创新转化为商业产品的能力(Florida，2000)。作为新经济的重要组成部分，休闲产业对于吸引人才和发展高科技产业做出了积极贡献，并促进了经济和社会的可持续发展。

休闲娱乐业是城市生活充满活力并向社会和文化多样性开放的基础(Portney，2013)。休闲产业有助于形成“场所质量”，被誉为公民满意度最重要的来源。休闲娱乐业的重要性已被广泛认可，可促进公民的幸福感和福祉(Yang，Chen，Hsueh，Tan，& Chang，2012)，提高居民的生活质量和自豪感(Yang & Kim，2016)，创造宜居和可持续的居住环境(Chiesura，2004)，缓解城市生活的压力，并促进社会凝聚力和减少社会不平等(McCarthy，2002；Ryder，2004)。

描述空间特征有助于更好地理解城市形态。休闲娱乐业的地理位置具有多重空间特征，如空间可达性、空间优化和空间梯度(Devine & Mobily，2017；Jing，Liu，Cai，Yi，& Zhang，2018；Son & Janke，2015)。休闲娱乐场所的合理布局可以极大地提升城市活力和城市竞争力(Chen，Lin，Wang，Yu，& Tang，2014)，并通过改善弱势人群对特定类型休闲场所的利用，从而促进环境、社会和健康公平(Jing，et al.，2018)。地理空间分析被广泛用于分析某些类型休闲娱乐活动的空间特征，如公园、花园、博物馆、KTV和电影院。然而，除了研究休闲娱乐业在空间上如何分布之外，更重要的是要了解建成环境的哪些因素影响休闲娱乐业的空间模式，以及自然环境和休闲功能的特征如何相互依赖。

建成环境的许多方面会影响休闲娱乐活动的区位。人们经常关注的一个问题是街道在路网和行人网络中的配置问题。以往的研究强调了街道形态在塑造城市经济或社会动态和结构中的作用(Ni，Qian，Xi，Rui，& Wang，2016；Wang，Chen，Xiu，& Zhang，2014)。大量文献研究了街道中心性与零售店分布(Sevtsuk，2010)、KTV场所分布(Cui，Wang，Wu，Ni，& Qian，2016)、医疗设施分布(Ni，et al.，2016)和公园分布(Wolch，Byrne，& Newell，2014)之间的关联。Sevtsuk (2010)分析了剑桥零售商店的内生集聚，这种集聚受到外部因素的高度影响，如土地使用和交通网络。Cui、Wang、Wu、Ni、Qian (2016)认为，人口、道路网络和商业中心是影响中国南京 KTV 场所空间分布的三个主要因素。尽管有上述研究，但很少有研究试图量化休闲娱乐活动和交通网络之间的关系。

随着网络科学的发展，如何刻画网络结构对于研究现实世界中的一些现象具有重要意义，如群体灾难、疾病传播和人类合作(Helbing, et al., 2015; Perc, et al., 2017; Wang, et al., 2016)。根据网络的定性和定量特征，网络模型可分为随机图、小世界网络、无标度网络、加权网络和空间网络等(Wang, et al., 2016)。这些网络理论和网络模型为理解社会和交通领域中复杂和异构的连接模式提供了有效的途径。图论采用数学公式表达网络形式，由节点和边组成。可通过图论表达的复杂特征包括度、连通性、度相关性、中心性和中间性、聚类和群落结构(Wang, et al., 2016)。

交通网络作为一种典型的空间网络，在日常生活中被广泛应用，并提供了人类活动空间动态等信息。空间句法分析提出的中心性指数(Porta, Crucitti, & Latora, 2006, 2012)，主要用于量化街道网络上的空间位置。研究指出，城市活动与各种中心性指数密切相关(Rui & Ban, 2014)。商业活动往往倾向于分布在高度连通性的街道(Nes, 2005; Scoppa & Peponis, 2015)；专卖店多存在于邻近度高的街道；百货商店或超市更多地存在于中介性高的街道(Wang, et al., 2014)。尽管中心性指数的广泛使用为解释经济或社会活动的空间位置提供了有价值的见解，但这种方法的有效性最近遭受质疑(Stangl & Guinn, 2011)。这种方法不能捕捉交叉点之间边的形状或交叉点本身的形状(Cooper, Fone, & Chiaradia, 2014)。许多研究建议更详细地测度网络特征，譬如物理分离特征(Cooper, et al., 2014)。空间设计网络分析(sDNA)应运而生，为更有效地测度网络特征提供了测度方法，该方法计算了 16 个不同的局部网络变量，这些变量均会影响研究区域内休闲娱乐活动的空间分布。

同时，为了检测两个变量之间的关联强度，相关系数被广泛应用。传统的相关分析未能捕捉到空间分层异质性，即层内方差小于层间方差的现象，这种现象在空间数据中普遍存在(Wang, et al., 2010)。在评估交通网络的定量特征时，本书假设存在空间分层异质性，这进而影响到各种休闲娱乐活动的空间模式。如果某一要素强度与休闲娱乐活动之间存在显著的空间一致性，则该要素被认为是休闲娱乐活动区位偏好的决定性因素。地理探测器是测量空间分层异质性和测试两个变量之间空间关联的新工具。该工具已广泛应用于地震风险评估、作物栽培和环境健康研究(Hu, Wang, Li, Ren, & Zhu, 2011; Luo, et al., 2016; Wang, et al., 2010)。这种新技术的应用为揭示交通网络和休闲娱乐业之间的空间关联提供了新思路。

二、数据来源

截至2016年，第三产业增加值占中国国内生产总值的51.6%，对中国经济增长贡献最大。此外，中国的可支配收入从1978年的343元大幅增长至2016年的36396元，居民对于休闲娱乐业的内生需求不断增长(CSB, 2017)。作为一个中等收入国家，中国消费者正在减少住房和食品支出，更多消费产生在如何改善生活方式上，如医疗保健、旅游和娱乐等项目。根据第十三个五年计划，“健康中国”提议作为一项国家战略，习近平总书记已经将“健康”放在优先发展的战略地位。休闲娱乐业对于促进“健康中国”提议具有重要的现实意义，作为新兴产业，休闲娱乐业的蓬勃发展将带来巨大的经济增长潜力。尽管休闲娱乐业对国家经济增长和人类身心健康十分重要，但其背后的作用机制仍有待充分探索。

为了建立休闲娱乐设施的数据库，从百度地图和高德地图中提取了兴趣点(POIs)和街道网络，最终数据集包括研究区域的2914个休闲娱乐场所。根据中国统计局发布的文化及相关产业分类，将所有休闲娱乐设施分为酒吧、棋牌室、网吧、剧院、KTV、公园和体育场(包括体育馆)。

酒吧：作为一种个性化的消费方式，酒吧已经成为年轻人放松的热门场所。最初，酒吧往往分布在外国大使馆、外国社区和外语学校周围。本章所研究的区域共有246个酒吧。

棋牌室：这些场所提供麻将、扑克和所有类型的棋类活动。它们是当地居民喜爱的娱乐场所。随着棋牌游戏的流行，棋牌室开始在年轻人中流行起来。本书所研究的区域内共有838间棋牌室。

网吧：曾经电脑和互联网使用成本较高，网吧是大多数人上网的主要场所。然而，在互联网时代，网吧被视为“夕阳产业”，并不像以前那样吸引人，而是成为电子竞技的场所。许多网吧正在升级它们的计算机硬件，创造一个优雅的环境，并提供餐饮服务。本书所研究的区域内共有811家网吧。

剧院：作为一种相对古老和有影响力的休闲活动场所，在中国，大多数影院规模小、功能单一。由于生活水平的显著提高，剧院对城市居民来说必不可少。本书所研究的区域内共有93个剧院。

KTV：作为人们可以用麦克风唱歌的休闲场所，最早出现在20世纪末的中国。KTV作为一种深受喜爱的休闲娱乐场所，在中国大陆迅速发展起来。本书所研究的区域内共有431所KTV。

公园：包括市政公园、动物园、水族馆和游乐园，鼓励体育锻炼，支持社会互动，增强公共健康。本书所研究的区域内共有226个公园。

体育场：包括专门的体育场、综合性体育场和体育馆，它们主要针对户外活动而设计。本书所研究的区域内共有269个体育场。

所有交通网络都是由一组通过链路连接的节点组成。节点具有物理位置，链接具有物理形状(Cooper, et al., 2014)。sDNA的一个关键组成部分是将网络链接标准化为一个分析单元，以避免可变面元问题。链接密度与工作和居住密度的关联度高达99%(Chiaradia, Hillier, Schwander, & Barnes, 2013)。

根据Cooper等(2014)的研究，sDNA的另一个关键组成部分是选择感兴趣的尺度。这个尺度定义了链路的网络半径和环境范围，这个尺度常常与合理的步行或驱车距离相对应。不同网络半径下交通网络的统计特征是不同的，因此，网络半径的确定对于正确衡量休闲娱乐业的区位特点具有十分重要的理论意义。

第二节 武汉市休闲娱乐业密度的空间模式

图5-1显示了各种休闲娱乐设施的空间布局和人口密度，根据空间布

局的不同特点，可以分为点状布局、环形布局和带状布局。

一、整体布局特征

武汉市休闲娱乐场所的空间分布整体呈中心集聚与带状集聚并存的态势。图 5-1 显示，各种类型的休闲娱乐场所集中分布在城市综合性中心地、商业中心，并形成沿老城区主干道带状集聚区。在武汉市中心城区，长江和汉江交汇处的沿江区域和武昌区的徐东片区休闲娱乐场所密度最高，这里商圈众多，有江汉路、汉正街、徐东、钟家村、司门口等，同时也成为休闲娱乐活动高度集中的区域。而次一级的高密度区则位于建设大道、中南、街道口、光谷等商业中心，最后连接形成“东北—西南”和“西北—东南”两条带状集聚区。武汉因水而兴，优越的航运条件为武汉历史上的兴盛创造了良好的条件，为了充分利用长江航运优势，武汉三镇在较长的历史时期沿江发展，长江也成为武汉天然地理轴心。休闲娱乐场所带状高密度区正是沿长江和汉江的方向延展，体现城市发展的惯性与路径依赖。

武汉中心城区休闲娱乐场所分布的内部差异较为明显。汉口的整体密度较高，汉阳和武昌内部差异较大，仅在部分商业中心形成集聚。长江、汉江将武汉天然分割，形成三镇鼎立的独特城市格局，长期以来交通的阻碍使得三镇发展各具特色，形成各自的经济社会生活中心，因此休闲娱乐场所也在三镇有各自的集聚区。汉口城区主要承担经济功能，老城区人口稠密；武昌城区高校和科研机构集中、年轻人多；汉阳重点发展先进制造业。因此，汉口城区的休闲娱乐场所整体密度高于其他两区，汉阳和武昌的休闲娱乐场所集中在沿江老城区的商业中心，其他新建设的休闲娱乐场所分布较少。除了受长期形成的商业中心和人口聚居点的影响，休闲娱乐活动的分布还受到自然条件的制约。武汉城内湖泊众多，水域面积占全市面积的近 1/4，大型湖泊和低缓山地使得城市非均质发展，也让休闲娱乐场所的空间分布在城内有较大的差异性。

二、点状模式

点状布局出现在酒吧、KTV 和剧院的空间布局中。这些活动区往往集中在一个区域(通常是市中心)，由于选址决策的成本最小化，活动区扩展范围的半径较小，具有人口流量大、交通便利等优点。酒吧更多集中在二环内，而KTV和剧院的分布更为广泛，从市中心向周边新开发的三环区域扩散。

KTV在武昌区徐东地区核密度值最高，集聚最为显著，而其他类型的休闲娱乐活动密度较低，该区域的休闲娱乐方式较为单一。电影院、歌剧院在江汉路、司门口、街道口等城市中心和次中心形成各自的点状集聚，表现出对商业中心的亲近。人们对娱乐场所历史的认知惯性导致某类娱乐场所较长时间内布局于城市中的某类地域，酒吧在江汉路和光谷呈现出的点状集聚体现了这一点，前者是城市传统综合商业娱乐中心，后者是城市新建设区形成的综合商业娱乐中心。点状模式的核密度高值区域内娱乐设施数量大、区域面积小、人流量大、交通便捷，具备形成休闲娱乐集聚区的优势。

三、环形模式

环形布局是指休闲娱乐设施的集聚强度随着缓冲区内距离的增加而减小。棋牌室、网吧、体育馆和公园呈环形布局。这些休闲娱乐设施大多沿着街道分布，与人口的空间格局密切相关，主要服务于当地居民。其中，棋牌室和网吧等娱乐活动区的密度要高于公园和体育馆等休闲设施。棋牌室的选址更适合在汉口老城区，因为该地区居民的人口老龄化现象严重，打牌、下棋或打麻将是老年人进行交流和娱乐的重要方式。相比之下，武汉的网吧分布更为均匀，与其他休闲娱乐设施相比，网吧的分布在武珞路沿线形成了一个轴状集群，这与沿线高校和企业的集聚高度相关。

从休闲角度来看，汉口老城区公园较多，而武昌新城区则有更多的体育馆，这可能与住房改革和武汉的人口结构有关。由于历史原因，大多数单位型社区位于汉口老城区。单位作为国家(或集体)的代表，包括国有企业、事业单位和政府机关，直接负责职工公共住房的开发、分配和管理(Wang & Chai，2009；Zhu，2000)。但是，这种类型的单位福利房缺乏社区内的绿地规划，于是，政府规划在附近配备公园，供居民在闲暇时间进行体育活动。然而，在新开发的武昌区，由于住房改革，住房的供应大多由市场承担，市场住房的发展被认为是增加政府收入和促进经济增长的有效方法。为了吸引消费者，这种商品房通常会为居民提供专享的绿色空间，为区内居民休闲放松提供高质量的绿化空间。此外，武昌新城区大学集聚，当地年轻人和学生对体育活动的需求较大，同时大学内体育场馆等设施配备齐全。

该模式是从城市中心向外呈现圈层递减分布。棋牌室、网吧、体育场馆和公园的密度从城市中心向外呈现出圈层递减的分布，在城市中心核密度值最高，随着到城市中心距离的增加，核密度值不断降低，与道路密度的距离递减分布具有较高的一致性。高密度区集中在江汉区、硚口区和武昌区，这些区域是武汉老城区，人口密度大，相较于全市平均水平来说人口结构偏向老龄化。这里的居民文化程度相对较低，各种牌类活动是他们重要的娱乐选择，可以在增加愉悦感的同时，加强与邻居的交流，形成友谊和良好的邻里氛围。密集的居民区也配套有数量较多的公园，以满足居民的休憩需求。网吧和体育场馆在武珞路到雄楚大道之间也形成了高密度区，这一区域高校与私营企业众多，学生与白领阶层数量大，是网吧和体育场馆的主要客源。

四、轴状/带状模式

带状分布在武汉市较为显著，沿长江、汉江或主干道分布着多种休闲娱乐设施，酒吧、网吧、体育馆和 KTV 主要分布在与长江平行或垂直的地方。根据以上分析，增长点(包括那些具有代表性和影响力的休闲娱乐设施)和发展轴(包括道路和水系)在休闲娱乐活动的空间优化中起着重要作用。在中国的许多城市中，点-轴结构对休闲娱乐设施的空间布局具有显著影响，如图 5-1 所示。

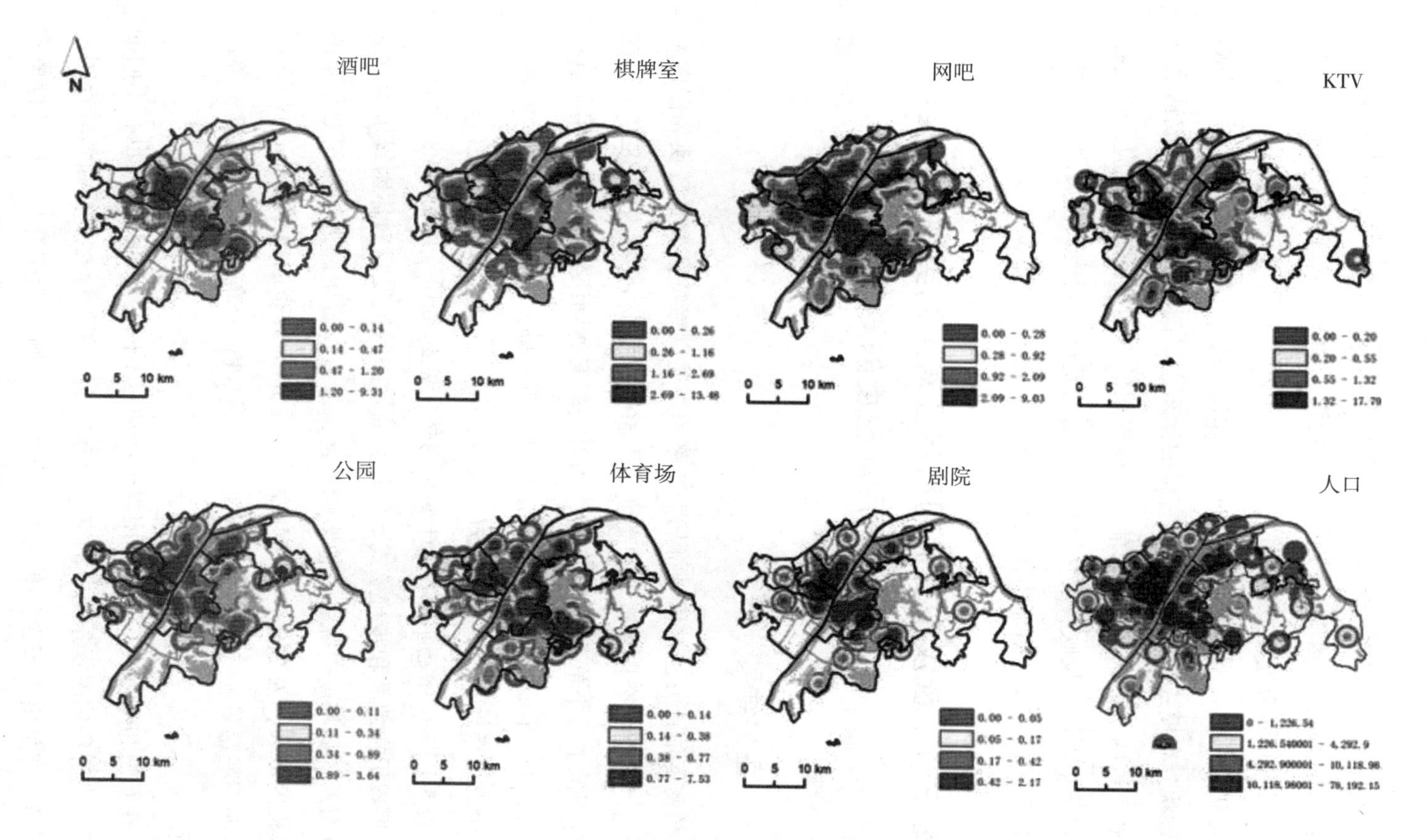

图5-1 不同休闲娱乐设施的空间分布

该模式主要依托城市交通干线和城市河流等形成带状或轴状分布。从图 5-1 中可以看出，酒吧、网吧、体育场馆、KTV 形成了以江汉路主中心为核心，沿东西方向在武珞路的司门口、中南、街道口多个垂江商务中心形成带状分布模式，沿南北方向的长江左岸二七、江汉路、钟家村、鹦鹉形成轴状分布模式，以及沿长江右岸的徐东、司门口、紫阳路形成轴状分布模式，这两个带状方向也与前述休闲娱乐的空间方向性相照应，连接各区的点状集聚区，反映各类休闲娱乐活动的整体空间模式，展现了老城区主干道和长江、汉江对城市休闲娱乐空间的塑造和引导。

第三节　武汉市交通网络特征对不同类型休闲娱乐活动密度的影响

一、主要结果分析

核密度估计方法被用于将基于链路的交通网络特征变量转换为栅格系统。通过构建一个格网宽度和高度均为 500m 的网格，共设置 3828 个采样点(分别位于每个单元格的中心)，用以提取交通网络特征变量的相应值和各种休闲娱乐设施的核密度。根据地理探测器的要求，通过 K-means 聚类将 6 个街道指标由连续值转化为分类值。

表 5-1 揭示了交通网络特征变量与休闲娱乐场所空间分布的 q 统计结果，展现了在驾驶和步行模式下每种交通网络特征变量对休闲娱乐场所空间分布的解释程度。除去其他影响因素，街道配置中邻近性对网吧分布的解释程度最大，为 66%；而中介性对解释 KTV 分布的贡献最小，仅 16%。这说明网吧最好位于邻近性高的地方，而 KTV 分布最好避开人流密集的场所。

在驾驶和步行模式下，休闲娱乐活动对不同交通网络特征也有不同的偏好。在解释休闲娱乐场所的空间分布方面，邻近性对步行和驾驶都很重要，但也许是出于安全感的考虑，步行则更倾向于中介性。在步行模式下，隔离性和效率都稍微重要一些，因为这两个指标可以反映人们在弯曲的道路网络中行走时的物理障碍和导航复杂性。

不同的交通网络特征变量对各种休闲娱乐场所的空间分布具有不同的影响。总体而言，交通网络特征变量对网吧、棋牌室分布的解释程度最高，对 KTV 的解释程度最低。网吧、棋牌室的空间分布与街道网络的配置联系更为紧密，而 KTV 的位置几乎不能反映于交通网络，商业中心的吸引力和内部集聚等其他因素可能对 KTV 的分布更具解释力。

具体来说，棋牌室在两种模式下都倾向于位于邻近度高的地方，因为大多数人喜欢与朋友或熟悉的邻居下棋或打牌。邻近性对网吧分布的影响最大，而隔离度影响最小。由此可见，访问便捷性是网吧选址的重要因素，而导航的心理障碍对其分布几乎没有影响。酒吧和体育场馆更倾向于驾驶模式下的邻近性和步行模式下的中介性。当人们开车去酒吧或体育场时，交通可达性是他们最关心的问题。然而，当他们选择走路时，他们更喜欢中介性较高的酒吧或体育场。同时，中介性也是两种模式下影响公园和剧院空间分布的最主要因素。

二、政策启示

城市的结构较为复杂，好的城市往往可以平衡合理有序的城市形态和众多会议及交易的场所(Montgomery，1998；Sung & Lee，2015)。从交通网络配置的角度考察城市，我们发现一个好的街道网络设计不能仅仅用邻近度和中介度来衡量。隔离性和效率是两个非常有潜力的指标变量，它们可以反映出人们在街道上行走或驾驶时的物理障碍和心理障碍。在上述分析中，我们发现城市中心并没有提供一个适合会面或令人放松的步行环境，且连接市中心和城市边缘的主要道路的驾驶效率很低，这种现象在中国大城市中普遍存在。根据研究结果，相关部门应制定相关政策，优化街道网络设计并加强交通需求管理。应围绕市中心提出更多与休闲相关的城市再开发策略，为城市居民创造一个宜居的环境。

休闲娱乐场所的空间特征，如位置、密度和邻里环境等，对于城市的

表 5-1　驱车或步行模式下休闲娱乐活动与交通网络特征变量之间的 q 统计值

	邻近性				中介性		隔离性				效率	
	MED		NQPED		BTA		MCF		DIVA		HULLR	
	驱车/步行		驱车/步行		驱车/步行		驱车/步行		驱车/步行		驱车/步行	
酒吧	0.29	0.26	0.37	0.4	0.36	0.42	0.26	0.33	0.28	0.28	0.3	0.31
棋牌室	0.47	0.45	0.58	0.58	0.45	0.54	0.51	0.54	0.49	0.48	0.52	0.53
网吧	0.6	0.57	0.66	0.66	0.59	0.65	0.58	0.64	0.59	0.57	0.62	0.62
体育馆	0.37	0.41	0.38	0.42	0.33	0.47	0.32	0.37	0.35	0.35	0.35	0.36
KTVs	0.19	0.18	0.19	0.24	0.16	0.22	0.2	0.21	0.2	0.17	0.21	0.2
公园	0.32	0.33	0.44	0.43	0.49	0.44	0.33	0.38	0.34	0.32	0.36	0.36
剧院	0.31	0.28	0.43	0.36	0.47	0.38	0.3	0.34	0.29	0.28	0.32	0.32
平均值	0.36	0.35	0.44	0.44	0.41	0.45	0.36	0.40	0.36	0.35	0.38	0.39

备注：本章选用的交通网络特征变量包括 MED、NQPED、BTA、MCF、DIVA、HULLR；这些变量的含义见第二章第二节。

科学规划至关重要。例如，不同类型的休闲娱乐场所具有不同的区位偏好，休闲娱乐场所与人口分布高度吻合，导致郊区休闲设施分布稀疏。此外，由于住房政策的改革和发展，城市公园在老城区规划得更好。因此，城市规划者应该强调商业服务和公园的空间公平性，以改善新城区和郊区的城市生活，也可以根据地理空间分析技术找到休闲活动场所需求和供给不匹配的地方。

三、结论与讨论

本章使用 sDNA 方法研究了典型内陆城市——武汉市交通网络的地理特征。除了被广泛认可的邻近性和中介性外，sDNA 方法还能够同时捕获隔离性和效率两个指标，这对于正确反映人们步行/驾驶时所接触的街道物理环境非常重要。核密度评估方法用于测量每个地方交通网络的特征变量和各种类型休闲娱乐设施的空间密度。然后基于这两组密度，采用地理探测器确定是否存在空间分层相关性，并提出有关政策建议。

休闲娱乐场所的空间分布与城市的可持续发展和市民生活质量等高度相关。以休闲娱乐为导向的空间规划有助于促进健康正义和减少社会不平等。研究街道网络与休闲娱乐场所之间的关系有助于优化道路设计、加强交通需求管理，实施更多与休闲相关的城市再开发策略。本章采用核密度评估、sDNA、地理探测器等技术，得出以下结论：首先，从交通网络的视角设计一个合理的城市形态，不仅要考虑交通网络的邻近性和中介性特征，更要考虑隔离性和效率特征；其次，休闲娱乐活动呈现出显著的空间集聚特征，不同类型的休闲娱乐活动的集聚模式存在差异性；最后，休闲娱乐场所的空间分布与交通网络特征之间存在显著的空间分层相关性，不同类型的休闲娱乐场所具有不同的街道区位偏好，人们在步行和驾车模式下选择休闲娱乐场所的偏好也会呈现差异。

根据研究结果，本章提出了一些政策启示：未来的政策应着力于优化街道网络设计，并加强交通需求管理；围绕城市中心提出更多与休闲有关的城市再开发策略，为城市居民创造宜居的生活环境。此外，城市规划者应强调休闲娱乐场所的空间平衡，加强新城区和郊区的休闲娱乐场所建设，为郊区居民提供愉悦的居住环境。

本书也存在一定的局限性：首先，没有考虑道路车流量，这也是交通网络的重要特征之一；其次，娱乐设施区位偏好与所测量的交通网络指标之间的成因机制还需进一步探讨；最后，由于使用的是横截面数据而不是面板数据，对于交通网络特征与娱乐设施空间分布之间的动态关系认识不透彻。

第六章 交通网络和城市土地利用强度的空间耦合性

城市土地利用与城市交通运输是形成城市空间结构的两种基本活动，二者互相影响、相互促进。城市土地利用活动刺激了人和货物交通需求的产生，并不断增加交通系统的负荷，从而导致城市交通功能和效率的下降。而城市交通系统不仅用以实现人和物的流动，同时会影响用地的可达性，从而改变和调整城市空间布局结构。因此，在城市规划和土地利用开发中，不可能单纯以土地利用或交通系统为本位主义，而需要注重二者的互动关系和整合效应，协调二者的空间和时序关系，促进城市良性循环的发展。本章从建筑密度和容积率两方面衡量武汉市土地利用强度，科学表征城市内部的土地空间结构，基于回归分析探讨城市交通路网布局对土地利用强度的影响效应，并从城市空间规划和旧城区改造等方面提出政策建议，为优化武汉市主城区功能布局提供科学依据。

第一节　城市交通与土地利用的文献梳理和数据来源

一、文献梳理

中国特色社会主义进入新时代，我国城镇化将迈入后期成熟阶段，需要增强城市的有机更新，追求高质量、多层次的城市发展（方创琳，2018）。根据国家“十三五”规划纲要中提出的创新、协调、绿色、开放、共享发展理念，《武汉市城市总体规划(2010—2020年)》提出要进行“多规合一”的规划体系建设，构建协同发展的城市空间布局。土地作为综合自然地理要素，是人类生产生活行为的基本载体和城市经济社会发展的基础(毕宝德等，2001)，交通路网使得城市各种资源能够在空间内进行承接和转运，这两者均对城市空间布局结构有着巨大影响，它们的关系一直是新经济地理学、区域经济学等学科交叉领域的研究重点。

武汉市通过城市环线、过江通道桥梁连接城市空间，沿线土地资源利用促进城市商务区、服务区等功能区的发展，基本形成中心城区加上新城区组群的“1+6”空间利用格局，城市经济活动的运行以及城市居民的基本生活离不开土地资源的开发利用以及城市交通路网的建设。受到TOD模式影响，我国交通路网被视作促进土地节约集约利用这一适应经济新常态方法的重要途径，《武汉市城市总体规划(2010—2020年)》中已经对交通与空间的关系进行了重点评估。① 包括城市快速路对于居民就业密度、居住密度分布情况的影响，轨道交通与城市功能节点的配套情况，需要优化路网来更加科学合理地配置土地资源，从而达到区域协调发展水平和促进城市空间优化。《武汉市土地利用总体规划(2006—2020年)》指出了现阶段土地发展问题：② 处于快速发展阶段的实际用地、部分规划交通与现行规划建设不完全相符；城市中心城区内部、中心城区与远城区的土地集约利用水平差异明显；自然地理环境对土地利用空间布局具有限制性，风景名胜与周边土地开发利用的规划没有形成系统，也没有贯彻绿色发展理念。结合2019年开始施行的《城市综合交通体系规划标准》(中华人民共和国住房和城乡建设部，2018)，武汉市需要重视综合交通网络布局与城市空间的协同规划、城市慢行交通与个人机动化交通的功能定位上的差异，从多尺度空间评估并提升交通路网的通勤效率，并满足交通出行需求。

城市空间需要土地开发利用与交通建设的共同塑造。早期的区位理论

① 资料来源：武汉市规划研究院，http://www.wpdi.cn/project-1-i_11604.htm。

② 资料来源：中华人民共和国自然资源部，http://g.mnr.gov.cn/201807/t20180731_2156881.html。

就已经将交通运输作为影响土地利用的重要影响因素。Thünen(1826)的农业区位论从经济学角度引入了地租的形成机制，认为交通运输成本会影响农业区位。Christaller(1933)的中心地理论强调交通“中心介质”的作用，交通运输使得物质的空间得以交换，影响着城市空间结构(毕宝德等，2001)。Thünen 等经济地理学家将空间概念引入到经济学研究中，特别重视土地使用模式、地租模式，为空间经济学的发展做出贡献(Fujita，2010)。在针对城市功能区的理论研究中，土地利用结构模型被提出，芝加哥学派的同心圆土地利用模式(1925)认为，区位地租是影响功能区布局的唯一因素。Hoyt(1939)提出了扇形土地利用模式，考虑到城市中交通可达性的作用，交通条件被视作影响土地利用结构的基础。交通可达性、居民行为活动与地价的关系被重视，Lowdon(1826)建立分析居民日常工作通勤行为的经济学模型，他认为居民会综合考虑交通费用与居住房屋类型来决定个人的通勤行为。Alonso(1964)对传统区位理论进行改进，提出了经典地租理论，建立了城市土地价值的单中心模型，其后学者对模型进行一般化，假设城市空间内任意出发点都有接近直线的最短路径到达城市的唯一中心商务区，地块的土地价值会随着交通成本增加而降低(William，1964)。

但随着城市不断扩张，城市边缘远距离出行的居民交通成本会不断上升，城市内也会造成拥堵，此时人口密度、就业密度在城市空间内的分布出现离散化，城市副中心形成，城市空间与土地利用发生改变。城市单中心模式逐渐向多中心模式发展，在演变中交通条件起到重要影响作用。Wegener 等(2004)细化了交通与土地利用的相互作用过程。Walter(1959)基于可达性构建土地利用模型，探究城市土地利用模式的时空演变，解释了交通可达性对城市土地利用的影响。赵鹏军和万婕(2020)总结了 1960—2000 年城市交通与土地利用一体化模型的演变，在 1964 年 Lowry(劳瑞)模型就以交通小区为研究单元对居民出行行为进行研究，探索人口、就业与土地利用在空间上的相互作用，之后又出现了数学规划模型、空间投入产出方法、社会经济学理论、基于行为的微观模型等相关研究模型。Hunt 等(2005)从模型系统、决策者及决策过程时多个方面对六种土地利用与交通互动模型(ITLUP，MEPLAN，TRANUS，MUSSA，NYMTC-LUM，UrbanSim)进行了描述、比较和评估，认为城市系统模型的构建应具有处理土地、交通及土地-交通相互作用的连贯框架和多式联运网络分析能力。

随着城市不断发展，城市规划理念也在不断更新，TOD（transit-oriented development）发展模式理论（Mattias & Bengtsson，2015）、精明增长（smart growth）理论（Behan et al.，2008）是其中的重要指导理论。以交通为导向的城市空间规划利用受到我国重视，这些通过城市交通调整优化城市空间利用的发展理念与我国新时期的可持续发展理念不谋而合，我国的城市规划乃至于空间规划需要将交通规划与土地利用规划结合（Li et al.，2019）。

交通网络中心性是测度交通节点的中心性（包括邻近性、中介性和直达性）程度，是定量衡量各节点可达性的有效手段（Crucitti et al.，2006），在经济地理和城市规划领域已被广泛使用，Wong 等（2011）通过建立 O-D 交通网络，证实了城市交通网络的可达性是影响城市空间内土地利用情况的重要因素。交通网络中心性被认为是影响城市空间形态的关键因素，决定了城市商业活动、服务业经济活动、经济社会发展的空间布局。Porta 等（2010）总结了多中心评价模式（multiple centrality assessment）在城市规划设计和复杂网络物理学领域研究中的经验，并且将其运用于帕尔马的路网中心性与城市经济活动的相关性研究中，强调城市空间的质量和交通的可达性。Wang 等（2011）进一步将多中心评价模式运用于街道路网中心性与城市土地利用强度的研究中。目前已存在部分研究运用网络多中心模型探讨交通路网与城市经济活动的关系（陈晨等，2013）交通路网与城市空间规划利用的关系（吕永强等，2017）。

二、数据来源

武汉市主城区路网数据来源于高德地图，武汉市主城区街道尺度地图下载于地理空间数据云网站（http://www.gscloud.cn/），共获取了 61400 条路网数据记录，涵盖 96 个街道空间单元，如图 6-1 所示。

土地利用强度指土地资源利用的集约程度，与人口分布、建筑物使用情况等密切相关。本章采用 API 接口在安居客官网上爬取住房数据，共获取 4085 条矢量数据记录，每一条记录包含住房类型、房龄、房价、建筑密

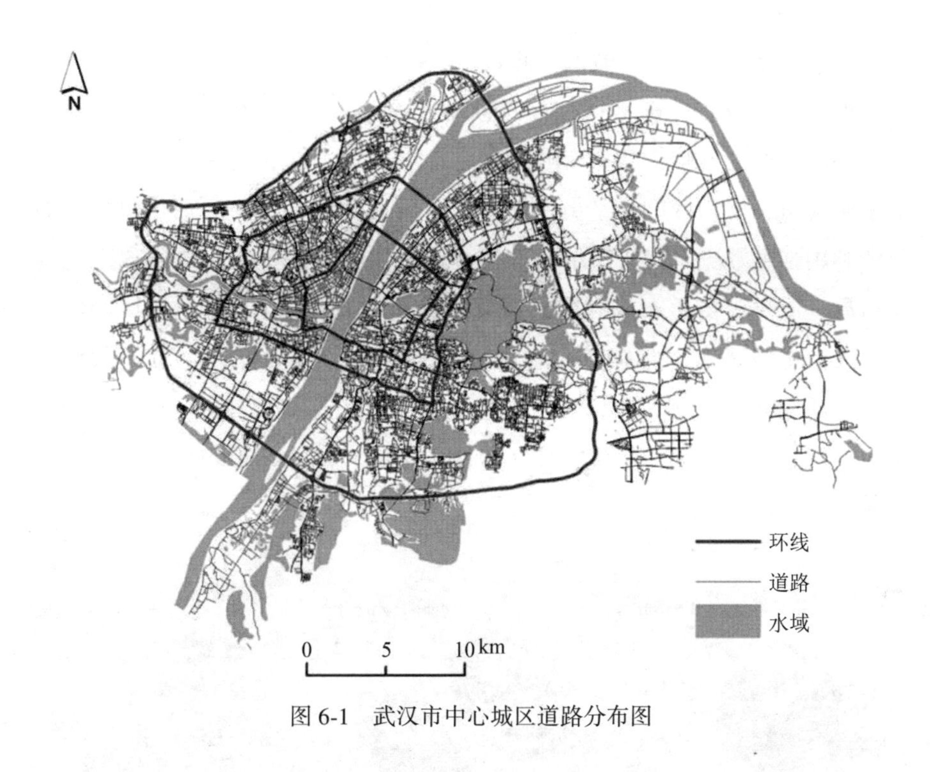

图 6-1 武汉市中心城区道路分布图

度、容积率、绿地覆盖率等属性信息。本章采用建筑密度和容积率两个指标来表征土地利用强度，其中建筑密度是指居住小区内建筑物的基底面积总和与占地总面积的比例，而容积率是指居住小区内地上总建筑面积与占地总面积的比例。两个指标均能反映土地集约利用程度。由于所获取的数据为包含地理位置的点数据，采用核密度估计法计算武汉市中心城区的建筑密度和容积率。

第二节 武汉市土地利用强度的空间布局特征

一、武汉市建筑密度和容积率的空间布局特征

用于研究土地利用强度的基础数据共有 57771 个地块：覆盖汉阳区 13 个街道、洪山区 16 个街道、江岸区 17 个街道、江汉区 13 个街道、硚口区

11 个街道、青山区 12 个街道、武昌区 14 个街道，共 96 个街道，其中洪山区地块面积最大。由于汉阳区的永丰街道，洪山区的天兴乡、青菱街道、洪山街道、九峰街道、左岭街道、花山街道、八吉府街道，江岸区的谌家矶街道，青山区的和平街道、白玉山街道及北湖管委会街道收集到的土地利用强度数据不足，不纳入分析范围。本书依据武汉市现阶段土地利用布局、武汉市街道布局和武汉市现阶段行政规划等(毛帅永等，2019)，将武汉市主城区划分为 14 个区域的城市组团(如图 6-2 所示)：二环线内城市中央活动区、二环三环间 12 个居住区域组团及东湖风景区。武汉市居住组团的规划主要是为了优化主城区居住用地的布局，建设职住平衡的城市单元。

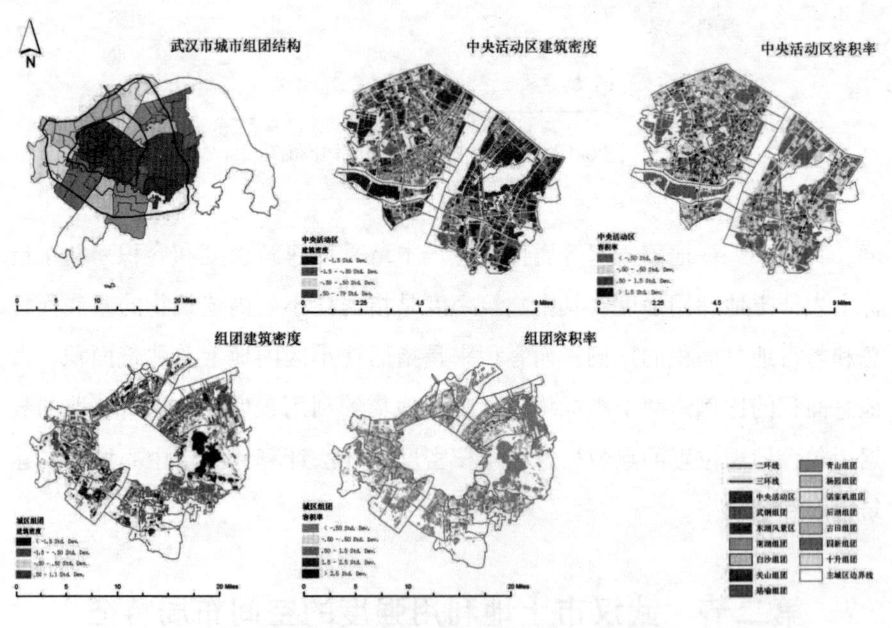

图 6-2　武汉市主城区城市组团的土地利用情况

图 6-2 使用标准差方式进行分层渲染，利于比较城市单元间的指标情况，显示指标值与平均值间的差异。由图中可以看出，中央活动区基本与城市二环线内区域重合，并且包含了武汉市的滨江活动区，尤其是江汉、

江岸区域，建筑密度与容积率的指标值均高于中央活动区的对岸区域。众多商圈分布于建筑密度与容积率较高的区域，例如：武汉天地、菱角湖、武胜路、汉正街、武广、江汉路、钟家村等。位于二环与三环间的城区组团中，大部分组团区域的建筑密度与容积率指标均处在平均值附近，各区域容积率指标值间的差异更加明显。青山组团、四新组团、武钢组团的土地利用强度要显著低于其他组团区域。而杨园组团、珞喻组团、古田组团、后湖组团、谌家矶组团与二环相接，容积率水平较高，这些城市单元内多拥有商圈，如街道口商圈、徐东商圈、南湖商圈等，其中后湖组团、谌家矶组团是武汉市目前土地规划利用项目中非常重视的开发片区。

建筑密度主要反映了城市空间的建筑密集程度和空地情况，建筑容积率则反映了空间使用情况。根据武汉市相关规划，武汉市的建筑密度最大值不应超过55%，基准容积率不应超过4.5。根据《武汉市主城区用地建设强度管理规定》，容积率可以分为四个等级：强度一区的容积率为3.2，二区为2.9，三区为2.5，四区为1.5。① 而当前武汉市容积率指标的平均值为1.87，中位数为1.68，总体来看，主城区内容积率建设强度有待提高，但也存在超高值区域，主城区内差异明显。图6-3为容积率和建筑密度的空间格局及核密度分布。当前武汉市建筑密度的平均值在67%，中位数为82%，均高于标准值。建筑密度过高会影响相应绿化及公共服务设施的建设，进而降低城市居民的居住舒适度。

如图6-3所示，从街道层面分析研究区域内的建筑密度，其中高于标准值的地块有39453块，为主城区总面积的9%，深颜色区域代表建筑密度较高地区，这些地块比较细碎，其中建筑密度极高地区密集分布在汉江与长江交汇处的硚口区，如汉中街道、汉正街道，江汉区民族街道、民权街道、前进街道等，建筑密度较高地区主要位于汉阳区的翠微街道、武昌区的中华路街道、黄鹤楼街道等。容积率超过4.5的地块有3106块，占主

① 资料来源：《武汉市主城区用地建设强度管理规定》公示，http://gtghj.wuhan.gov.cn/pc-114-68576.html。

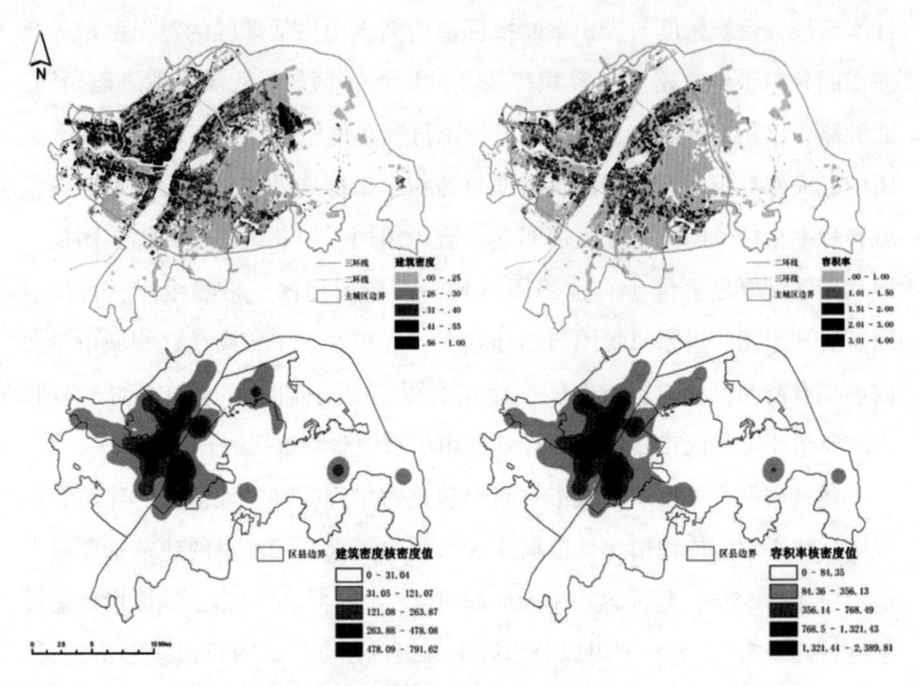

图 6-3　武汉市土地利用强度及其核密度分布图

城区面积的1%，主要分布在汉江长江交汇的硚口区、江汉区及对岸的武珞路、珞瑜路沿线老城区，这些区域容积率过高，与武汉市路网结构中的主干道路分布非常相似。

二、武汉市建筑密度和容积率的核密度分布

基于核密度估计方法获得武汉市土地利用强度和交通路网的分布数据。核密度估计设置像元值为100m×100m，搜索路径为2000m。

从图6-3可以观察到，由于点数据的经纬度相同，建筑密度与容积率的核密度分布差别不大，核密度分布呈现出环状、点状、带状等空间分布形态。建筑密度和容积率符合环状分布，核密度值随距离的增加从主城区二环线内到三环线逐渐减少，高密度区域与城市路网密度集中区域的空间分布一致，与中介性、邻近性良好的区域重合。高密度区域包括武昌区黄鹤楼街道、中华路街道、紫阳路街道，硚口区六角亭街道、荣华街道、汉

正街道，江汉区满春街道、民意街道、前进街道及水塔街道，其中武昌汉口仍然是武汉市土地利用强度最高的市辖区。三环线外核密度值偏低，但在青山区出现了点状高密度分布区域，该区域位于三环线边缘，靠近武汉站。洪山区青山镇街道与武钢毗邻，靠近东湖高新技术区，其核密度也呈现出点状模式。值得注意的是，核密度在武汉长江大桥衔接的两岸主干道路沿线和长江两岸呈现出带状分布，这与自2005年以来构建的房地产沿江开发模式有关。

第三节　武汉市交通网络特征和土地利用强度的空间耦合分析

一、不同市辖区的交通网络特征分析

《武汉市城市总体规划(2010—2020年)》与《城市综合交通体系规划标准》明确提出，武汉市要依托综合交通体系，建成以主城区为核心的多轴、多中心、开放式的紧凑城市空间布局(张尚武等，2018)。目前，针对TOD模式下沿线交通枢纽对城市空间开发、各轨道交通站点沿线土地利用强度影响的定性分析较多，这类文献更多地给出轨道交通建设规划上的宏观建议(彭艳丽，2016)。陈小鸿等(2018)肯定了城市交通系统对城市空间的影响，对武汉市多模式网络进行了评估，其强调交通网络需要重视交通需求分布，即用地布局、人口分布、岗位分布等城市居民需求，要重视时间、空间对于交通系统的约束性，其进一步总结了武汉市交通路网框架结构在城市空间塑造中的重要作用：高密度城市节点与交通枢纽相适应，城市开发走廊与主干交通轴线相吻合，城市路网布局维系着“点与轴”的衔接，方便三环线内居民的出行。

现有研究更加重视路网中心性特征。詹璇等(2016)认为武汉市城市路网建设处于良性发展中，银行网点分布与路网的位置分布具有空间正相关性，尤其在汉口及武昌等沿江繁华区域。银超慧等(2017)进行了路网特征

的多尺度中心性分析，发现搜索半径在1000m、5000m、8000m、15000m时路网中心性特征更具代表性；路网的邻近性会随着搜索半径的增加呈现出明显的圈层结构，而中心直线性特征基本不发生变化；社会经济活动空间的分布与路网中介性基本不相关，与邻近性分布相关性最强。这些研究的侧重点在网络中心性模型的使用上，而运用核密度估计方法分析社会经济活动的空间分布格局，探讨交通网络中心性与经济活动分布的关系，关注城市土地利用强度的研究不多。

Wang等(2011)以路易斯安那州巴吞鲁日地区为例，研究交通路网中心性与土地利用强度的关系，他以人口密度代替住宅密度，以就业分布密度反映商业用地分布，并将两者结合以表示土地利用强度，研究发现路网中心性对城市空间的土地利用强度具有重要作用，其中路网邻近性与土地利用强度的相关性最高。郭亮等(2019)基于更加精确的手机信号大数据，在武汉市三环线内构建了五个通勤圈，研究得出通勤圈内核心空间有着高可达性，容积率、建筑密度、路网密度随通勤圈的扩大而降低，但缺少土地使用与交通环境的互动关系的相关研究。

基于对路网特征的多维分析，本书发现随着搜索半径增大，路网特征差异越明显，在个人驾车出行可达的距离范围(15000m)内，不同路网半径下的建成环境会呈现出不同特征，尤其是路网中心性差异显著。具体来看，武汉市城市路网建设仍然集中在武汉二环线以内，青山区、洪山区两个城区的路网中心性特征并不突出；老城区如武昌区、江汉区、江岸区、硚口区、汉阳区的路网密度大，地区可达性与中介性相对较好，其拥有的主干道路多，但路网结构更加复杂；跨江桥梁在城市路网结构中是非常重要的组成部分，天兴乡的路网自成系统，与其他路网联系不强，东湖生态风景区与九峰森林动物园地区的路网中心性、隔离性和路网结构等指标均较差。随着搜索半径的不断增加，NQPDA、BTE、DIVA、HULLR等指标呈现出较大差别，路网特征对研究尺度较为敏感，选择合适的研究尺度对于准确把握建成环境特征和交通路网特征具有十分重要的意义。对比2000m、15000m半径下7个主城区的指标值，步行模式与驾驶模式下二环线内城区的中心性指标优于二环线外的青山区和洪山区，但二环线内汉阳区的邻近性、中介性指标落后于其他城区。路网隔离性与路网形态指标在二环、三环内区域之间的差异不大，驾驶模式下武昌区的 HULLR 值更高，反映出武昌区的道路网络设计相对更符合人的驾驶习惯和导航认知，具有更高的网络效率。

二、交通网络特征与土地利用强度的耦合性分析

建立 500m×500m 渔网，提取 3832 个样本点，通过 SPSS(Statistical Product and Service Solutions)中的聚类分析算法对路网特征的核密度值进行聚类分析。利用地理探测器的分异和因子探测器来探讨不同维度的交通路网指标与土地利用强度的空间分层相关性，结果如表 6-1 所示。表 6-2 为地理探测器的 q 统计量结果，q 统计量反映了路网特征对土地利用强度的解释力度。由表中可知，q 统计量的 p 值均为 0.00，说明路网特征与土地利用强度间具有统计显著的空间一致性，路网特征对土地利用强度的解释力度介于 19%~42%，交通路网的中心性、隔离性和结构性指标对建筑密度和容积率的贡献具有显著差异。

不同路网指标对土地利用强度空间分异的解释力度。首先，交通路网设计指标与容积率的空间耦合性更强，路网的中心性、隔离性和路网结构对容积率的影响程度大于对建筑密度的影响。可达性高、隔离性差、路网结构优良的路段往往是区位优势较为明显的城市中心，地价总体水平偏高，因而加强调城市土地的集约利用，导致更高的土地开发程度。具体来看，路网中心性指标 MAD、NQPDA、BTBA 对容积率的解释力度分别为 25.2%、36.4%和 34.4%；路网隔离性指标 MCF、DIVA 对容积率的解释力度分别为 29.5%和 25.2%；路网结构指标 HULLR 对容积率的解释力度为 28.4%。其次，各交通路网指标对土地利用强度的解释力度均在 19%以上，其中路网中心性指标 NQPDA 和 BTBA 对建筑密度和容积率的贡献最高，这说明路网密度和中介性高的街道网络设计更利于土地的集约利用和土地整体效益的提升。但城市规划和道路设计中往往忽视了道路形态设计对人

表 6-1　武汉市主城区道路网络指标值

主城区	江岸区				江汉区				汉阳区				洪山区	
2000m	最小值	最大值	平均值	中位数	最小值	最大值	平均值	中位数	最小值	最大值	平均值	中位数	最小值	最大值
NQPDA	0	3	1	1	0	3	2	2	0	2	1	1	0	3
BTBA	0	51704	4599	1789	0	77653	6392	2961	0	23696	2240	822	0	57018
DIVA	0	17	2	2	0	7	2	1	0	11	2	2	0	8
HULLR	264	2000	1904	1941	78	2000	1909	1940	16	2000	1880	1925	13	2000
15000m	最小值	最大值	平均值	中位数	最小值	最大值	平均值	中位数	最小值	最大值	平均值	中位数	最小值	最大值
NQPDA	0	32	21	22	0	31	23	23	0	29	17	17	0	31
BTBA	0	34080976	961020	86358	0	17786492	115671	104900	0	18530340	797122	64871	0	26286632
DIVA	0	3	1	1	0	2	1	1	0	3	2	1	0	4
HULLR	264	14779	13871	13926	78	14412	13804	13895	16	14542	13773	13888	13	14766

续表

主城区	硚口区				武昌区				青山区				洪山区	
2000m	最小值	最大值	平均值	中位数	最小值	最大值	平均值	中位数	最小值	最大值	平均值	中位数	平均值	中位数
NQPDA	0	3	1	1	0	3	1	1	0	3	1	1	1	1
BTBA	0	76069	5020	2108	1	61633	6050	2557	0	66571	3676	1134	2971	731
DIVA	0	10	2	2	0	6	2	2	0	10	2	1	2	2
HULLR	1	2000	1885	1935	575	2000	1882	1917	927	2000	1883	1909	1837	1879
15000m	最小值	最大值	平均值	中位数	最小值	最大值	平均值	中位数	最小值	最大值	平均值	中位数	平均值	中位数
NQPDA	0	31	19	18	0	33	24	25	2	27	14	14	12	12
BTBA	0	18533984	882848	86267	5	34081816	128467	137398	209	11156364	377609	49652	563119	32825
DIVA	0	2	1	1	0	2	1	1	0	2	2	1	2	2
HULLR	1	14548	13549	13716	575	14715	13937	14019	11400	14739	13883	13906	13326	13715

在路网中步行或驾驶时的主观认知的影响。根据路网隔离性指标和路网结构指标(MCF、DIVA、HULLR)对土地利用强度的解释度，本研究证实了道路隔离性和路网结构对于土地的合理开发利用的显著影响，这说明道路弯道设计、路网形态等会影响人使用街道空间的主观意愿，从而影响城市空间的开发利用。

不同网络尺度下各交通网络指标对土地利用强度的解释力度也存在较大差异。首先，MAD、MCF、DIVA、HULLR 等指标对建筑密度和容积率的影响程度随着搜索半径的扩大其变化并不明显，这说明这些指标对建成环境的测度范围不敏感，尤其是路网邻近性、隔离性和路网结构等指标。其次，NQPDA 和 BTBA 指标对建筑密度和容积率的解释力度随着网络半径的增加而增加，这说明驾驶模式下网络密度和中介性对土地开发强度具有更强的解释力度。易于停车、道路交叉口多、道路易于穿行等对驾车有利的建成环境设计更容易吸引商业活动的集聚，从而提高该区域的建筑密度。

本研究也具有一定的局限性。首先，该模型仅选取了土地利用强度中的建筑密度和容积率两个指标，并未对武汉市城区用地强度进行分区，且交通路网特征并不是影响土地利用强度的唯一因素；其次，sDNA 与 Geodetector 软件中的算法确定也有一定的局限性，在使用 K 均值聚类算法(K-means clustering algorithm)时，没有选择更加合适的初始聚类中心。未来的研究中可对这些问题进行改进，以获取更加准确和全面的测度结果。

表 6-2　地理探测器 *q* 统计量表

搜索半径(米)	土地利用强度	路网中心性			路网隔离性		路网结构
		MAD	NQPDA	BTBA	MCF	DIVA	HULLR
800	建筑密度	0.200	0.226	0.210	0.221	0.197	0.214
	容积率	0.249	0.300	0.268	0.289	0.257	0.281
2000	建筑密度	0.193	0.243	0.233	0.230	0.184	0.214
	容积率	0.240	0.327	0.301	0.301	0.237	0.279

续表

搜索半径(米)	土地利用强度	路网中心性			路网隔离性		路网结构
		MAD	NQPDA	BTBA	MCF	DIVA	HULLR
8000	建筑密度	0. 216	0. 304	0. 294	0. 249	0. 194	0. 224
	容积率	0. 273	0. 407	0. 372	0. 326	0. 255	0. 290
15000	建筑密度	0. 194	0. 330	0. 363	0. 204	0. 199	0. 221
	容积率	0. 247	0. 420	0. 433	0. 262	0. 260	0. 285
平均	建筑密度	0. 201	0. 276	0. 275	0. 226	0. 194	0. 218
水平	容积率	0. 252	0. 364	0. 344	0. 295	0. 252	0. 284

三、政策启示

武汉市路网结构与土地利用强度在二环、三环、三环线外存在显著的发展不均衡问题。基于不同区域路网结构存在的问题，我们需要因地制宜制定差异化的路网结构和土地利用改进措施。老城区紧密细碎的路网结构有待改善，以缓解道路网络的隔离性；旧城区的城市更新需要降低过高的容积率与建筑密度，以增强居民居住舒适度；二环线、三环线之间城市呈组团发展，但城市交通建设、土地利用强度高值区域仍位于中央活动区，尚未形成多中心发展模式；武汉市各个城区、发展圈层、发展组团之间衔接不足，青山区与其他城区的连通性有待加强。跨江桥梁、隧道在区域联系和路网体系构建方面具有重要作用，目前仅有武汉长江大桥体现出较强的区域衔接作用，其余跨江桥梁还有待发展；主城区东部地区、南部地区的城市空间开发与路网建设有待完善，既要进一步缩小这些区域与三环内城区之间的差距，同时也要重视这些地区与远城区的衔接。

自 2010 年起，武汉市政府非常重视城市空间规划问题。在“十二五”“十三五”期间发布了城市总体规划，针对城市空间形态设计提出了一系列要求：重视空间管制体系的建立，完成黄鹤楼视线保护控制规划等项目；重视新型城镇化建设，构建主城区和远城区的空间发展框架，调整城市空间布局；重视中心城区功能片区的构建，致力于构建完善的城市空间与现代服务体系；重视城市交通系统对于城市空间发展的作用，推进城市快速道路与轨道交通系统的衔接；重视居民工作与生活的职住平衡问题，推进"武汉市15分钟生活圈"规划指引等。武汉市现阶段规划的重点放在开发构建远城区新城组团与生态环境管控等问题上，交通建设上更加重视"地铁城市"的建设。本书针对主城区交通与土地的城市空间布局及其空间耦合性展开了定量研究，并提出以下政策建议：

第一，针对主城区的交通路网建设，需要重视方格路网的构建，减少区域的隔离性。首先，要重视青山组团、武钢组团的更新改造，提升其与其他城区的关联程度；其次，要重视主城区的主干道路与环线的衔接与联通，提高交通节点的疏散功能，加强区域之间的有效联通；再次，桥梁建设仍然是武汉市道路网络构建的关键，政府部门不仅仅需要组织修建桥梁隧道，完善道路网络体系，还需要进一步发挥桥梁联通区域路网的重要作用；最后，要改善东湖风景区的交通条件，提升风景区路网与其他区域的衔接。

第二，针对土地利用强度控制，重点在于调控建筑密度，改变全市建筑密度普遍偏高的局面。武汉市的商业中心已经转移到王家墩片区，但滨江活动区内某些街道建筑密度以及容积率仍过高，需要调整至1.5~2.5区间范围内，而二环线、三环线之间的城市组团则需要加强开发力度，提高建筑密度；城市建成区需要降低居住密度、增加区域内的公共服务基础设施以及提升老旧小区的社区管理水平，优化容积率与建筑密度，进而提升居民的居住环境。

第三，针对主城区功能布局，需要进一步建设武汉城市副中心。现有规划中被设定为城市副中心的四新组团内，土地还存在大量未开发利用空间，路网中心性有待提升；要进一步细化对城市居住组团的空间规划，吸引二环内居民流入周边居住组团，形成城市多中心发展的空间结构。

四、结论与讨论

本章重点研究了武汉市主城区的交通路网特征及其对于土地利用强度

的影响机制，运用 **sDNA** 方法从路网中心性、路网隔离性、路网结构 3 个指标出发，并基于地理探测器研究交通路网特征与土地利用强度的空间一致性，以评价路网结构设计的合理性，并为以后的城市空间利用规划提供政策建议。

从武汉市主城区路网分布特征看，地理环境极大地影响了武汉市交通路网的发展，使其主干道路沿长江、汉江呈现出"十字"型的结构特征，并且对跨江桥梁具有较强的依赖性。地理环境和城市发展历程还使得城市路网建设集中在汉口、武昌两地，城市二环线以内的主城区占用了城市重要的交通资源，汉口区域内江岸区、硚口区、江汉区路网之间联系紧密，各路网特征指标相近，武昌区的整体路网结构要优于相邻的青山区、洪山区。

武汉市主城区内的建筑密度、容积率最高值区域均分布在长江两岸及长江汉江交汇处，而三环线以外的土地利用强度普遍偏低，武汉主城区的土地利用强度在空间上分布并不均衡。值得注意的是，自然资源对于土地利用强度也有极大影响。汉口区和武昌区地块面积较小，但是地块平整、土地利用强度大，汉阳区与洪山区由于区域内湖泊、绿地等自然资源密布，导致地区基础地块较为破碎，土地利用强度不大，给土地规划工作增加了难度。

影响土地利用强度的因素很多，包括经济社会因素、政策因素、自然环境因素和区位因素等，单独使用交通因素不能完全了解其对土地利用强度的影响机制。在研究路网结构特征对于土地利用强度的影响机制时，本书在多个搜索半径下测度武汉市交通网络的中心性、隔离性和结构特征。交通路网指标对于容积率的解释力明显强于对建筑密度。步行和驾驶两种模式下，邻近性和中介性对土地利用强度的决定力最强。搜索半径较小时，也就是步行模式下，建筑密度与容积率的空间分布情况受交通路网指标影响小，随着搜索半径的增大，路网对于土地利用强度的影响才渐渐体现。除了传统的街道中心性指标外，复杂的路网结构、隔离性强的交通路网设计也是影响土地利用强度的重要因素。构建以人为本的交通路网对于促进城市空间的合理规划、加强土地的集约利用等具有重要的理论和现实意义。

本研究存在一些局限性，由于数据的限制，无法划分居住用地、服务设施用地、公共服务设施用地等进行分类研究。在处理交通路网的指标上，并没有使用面板数据，使得对于路网的研究不具有动态性；本研究并没有涉及目前政府规划最为重视的轨道交通路线等公共交通模式，对于公共出行的研究有待完善。

本研究对武汉城市土地规划以及空间规划工作具有重要的参考价值。在重视城市轨道交通系统的开发与完善时，现有交通网络的有序更新工作也非常重要。老城区更新与主城区土地利用强度控制需要以人性化的道路设计为基础，不仅要提升交通路网的邻近性、中介性，更要从以人为本的角度构建步行友好型的路网结构，从而促进土地集约利用和土地效益提升。通过地理空间分析技术，对交通路网设计不合理的地方进行了空间定位，有助于政府部门和城市规划者有针对性地提升整体的交通路网设计水平，加强交通路网与土地利用强度的空间耦合性。

第七章
交通网络多尺度特征及其对城市活力的影响分析

城市街道作为城市公共空间的重要组成部分，是人们生活、交往、活动的重要场所。街道空间的合理设计直接影响着整个城市的活力，本章基于“以人为本”的街道设计理念，明晰交通网络和城市活力的概念和内涵，利用大数据从集中度、可达性、宜居性和多样性等方面科学测度武汉市社区尺度的城市活力，从多个空间尺度探讨不同邻域范围内交通网络的特征，并基于地理探测器模型测算多尺度视角下交通网络的不同指标对城市活力的影响，分析背后的作用机制，从城市健康和城市设计等角度提出政策建议。

第一节　交通网络与城市活力交互的理论基础和数据来源

一、理论基础

全世界，尤其是发展中国家，正在经历快速的城市化进程（Cobbinah, et al., 2015）。至2050年，全球将有2/3的人口居住在城市。城市化在明显地改善人们生活水平的同时，也带来了收缩城市或者“鬼城”现象等诸多问题，这些问题反映的是城市活力水平过低的现象（Großmann, et al., 2013；He, et al., 2017；Long & Wu, 2016；Schilling & Logan, 2008）。城市活力是衡量城市可持续增长的重要指标（Freire & Stren, 2001），作为表征城市竞争力的新因素，城市活力与经济发展、区域创新、人类福祉紧密相关（Barton，2009；Lopes & Camanho，2013）。因此，理解城市活力的概念对于城市健康监测、城市紧凑发展、城市创新增长以及推进以人为本的城镇化至关重要。

城市活力的科学测度对于实现空间规划和城市设计的可持续性至关重要（Anderson，et al.，2005；Montgomery，1998）。基于 Jacobs（1961）和 Gehl（1971）建立的理论框架，许多学者从不同研究内容（如密度、可达性与多样性）、不同空间尺度（如街道单位、社区单位与街区单位）与多个时间段（如夜晚、凌晨与清晨）等方面对城市活力进行了定义与量化（Delclòs -Alió & Miralles -Guasch，2018；Xia，et al.，2020）。微观尺度的分析能够细致而全面地观测城市活力的时空动态变化（Kim，2019）。而随着互联网技术的发展，地理大数据大量涌现，如带有位置信息的社交媒体兴趣点（POIs）、移动互联网数据与其他网络爬虫数据，为更精细准确地捕获城市活力空间动态变化提供了契机。

已有文献对城市设计与城市活力之间的关系展开了不同程度的探索（Wang，et al.，2020）。有学者分别针对发达国家和发展中国家的不同文化背景，试图刻画城市或区域活力的内涵，并从不同角度提出了城市活力的概念。Jacobs 指出土地使用混合度、街区大小、建筑年龄、密度、可达性以及边界真空性等 6 个指标是衡量美国城市活力的重要组成部分。Delclòs -Alió 与 Miralles -Guasch（2018）将 Jacobs 的理论框架运用到西班牙的具体情境下，基于大数据对巴塞罗那的城市活力进行量化与可视化。Sung 等（2013）在研究首尔的街道特征时，发现多样化的建成环境与步行活动之间存在紧密联系。依据中国 286 个大城市的经验数据，Long 和 Huang（2019）指出一些城市设计变量，诸如土地混合使用、道路节点密度以及到不同设施的可达性等能够对城市经济活力产生显著的正向影响。Yue 等（2019）以中国上海为案例进行研究发现，城市活力衡量与城市建成环境（如建筑、街区与土地类型）、人类活动（如居民、雇员与游客的聚集）和人地关系（如基础设施道路网络、自然交界带）紧密相关。然而，到目前为止，不同城市形态指标对城市活力的影响尚无定论，中国背景下的相关研究结论也不够完善。

已有研究发现，交通网络形态对街头的体育活动具有重要影响，并进而能够对城市活力产生影响（Mitra & Buliung, 2012）。Jalaladdini 和 Oktay (2012)着眼于塞浦路斯的城市街道设计，指出街道的连接性和吸引人流的重要场所对于理解城市公共空间活力至关重要。在荷兰城镇和中国新城镇之间进行的一项比较研究发现，街道网络在拓扑、几何和特征距离方面的空间形态直接决定着经济活力和街道生活的活力(Ye & Van Nes, 2013)。Kang (2017)使用网络中心度指标，以韩国首尔为案例研究街道网络形态对人们步行移动性的影响。既有文献从拓扑学、几何学和网络连通性角度衡量了街道形态的不同方面，但是鲜有研究考虑了交通网络特征的不确定性情景问题(the uncertain contextual effect)。当设置交通网络的测量范围时，所设定的缓冲区宽度不同，其所处邻域环境也不同，街道形态量化的结果则可能不同（Oliver, et al., 2007）。因此，从多尺度的角度衡量街道形态指标，比较不同地理尺度下城市活力与街道形态的相关性尤为重要。

除了街道布局的拓扑、几何和距离特征外，网络特征也一直是城市规划和交通领域非常关心的议题(Lyu, et al., 2016; Porta, et al., 2006)。目前，中心性模型和空间句法分析已被广泛用于评估城市系统中街道网络的结构特性。街道中心性往往由邻近度、中介度与直达性等指标表达，中心性模型不仅清楚地描绘了城市系统的骨架脉络，而且还影响着社会经济活动和土地利用强度(Porta, et al., 2012; Wang, et al., 2011)。空间句法更关注网络内的拓扑距离，逐渐成为衡量街道连通度的有效工具(Koohsari, et al., 2019)。然而，这些方法难以衡量街道网络中的物理隔断和网络效率，难以反映行人在街道网络中步行或驱车的物理障碍和心理感知过程(Cooper, et al., 2014; He, et al., 2019)。而空间设计网络分析(sDNA)能够填补这一空缺，它从密度、连通度、接近度、穿行度、分隔度和效率 6 个方面对交通网络的特征进行更加全面和有效的测度。

作为典型的发展中国家，中国正在经历着高速的城市化和经济增长。在工业化和城市化的共同推动下，城市的边缘逐渐出现了许多卫星城镇、工业区、商业中心和居民区，这对城市的可持续发展提出了巨大挑战(Yang, et al., 2013)。同时，基于中国“收缩城市”等问题，《国家新型城镇化计划(2014—2020)》提出城镇化需要以人为本，关注人类福祉（Chen, et al., 2018)。城市活力的研究最初兴起于北美地区，被视为推进新型城镇化的重要途径。直到最近，一些发展中国家的实证经验表明，由于城市形态与空间规划不同，发展中国家的城市活力变化情况和影响因素可能与美国或者欧洲的案例研究并不相同（Chen, et al., 2016; He, et al., 2018; Zeng, et al., 2018)。因此，本书旨在以中国的内陆城市武汉为例，提出能够增强城市活力和促进城市健康的政策建议，来丰富现有的研究经验。

本章通过以下三种方式对既有文献进行补充：首先，由于相关研究经验缺失，本研究旨在使用地理大数据来研究中国内陆城市邻里社区的内在活力。其次，由于现有研究在衡量街道形态时很少考虑研究情境的多尺度变化，本研究从多个地理尺度测度交通网络的特征，研究不同地理尺度下城市活力与城市交通网络布局的相关关系。最后，本研究应用了新开发的空间设计网络分析(sDNA)工具来捕获行人在街道上行走或驱车时的物理障碍和心理感知，这些因素会在一定程度上影响居民出行活动的发生，进而影响城市活力。

武汉市中心城区坐落着几个历史悠久的居民区。作为旧居民区，这些街区面临着市政公共基础设施老化、公共服务缺失等困难。2016年以来，当地政府将中心城区改造作为重点，出台了一些政策，对这些小区进行改造提升。同时，由于市中心的交通拥堵、居住条件差等问题，更多的人选择到住房宽敞、社区环境较好的郊区居住。因此，如何提升老城区居住环境并增强城市郊区的活力成了地方政府面临的重要课题。本研究试图刻画街道网络设计与城市活力之间的定量关系，探讨哪种街道网络设计能够打造活力城市。

二、数据来源

1. 人口数据

2010年第六次全国人口普查提供了按行政区域(省—市—区/县—乡

镇/街道)汇总的人口统计数据。由于公开的人口统计数据具体到乡镇/街道尺度，社区尺度的人口数据出现了缺失。而 WorldPop 数据集为每个国家提供了空间分辨率为 100m 的网格化人口地图，填补了这一空白（Kim，2019）。然而，Ye 等（2019）近期发现 WorldPop 数据集低估了中国大陆城市地区的人口，高估了中国大陆农村地区的人口。因此，本章采用 Ye 等(2019)改进后的人口网格化图像，综合运用遥感数据、POI 数据及随机森林模型，对 WorldPop 提供的中国人口网格化图像进行了改进，显著提高了精度。

2. 兴趣点数据(POIs)

POI 是指所有可以被抽象为点的地理实体。每个 POI 观测点都包含了经纬度、名称和地址等信息。本研究中的 POI 数据来自于百度地图。研究区域内共有 66161 个 POI 点，包括商场、加油站、餐厅、旅游景点、银行、公园、棋牌室、影剧院、KTV、体育馆、酒吧、医院、酒店、公交站、大学、ATM 机、政府机关等。这些 POI 数据可分为九类：金融服务设施、科研教育设施、文化设施、医疗卫生服务设施、休闲娱乐设施、通勤设施、政府机构、餐饮服务、住宿服务等。POI 数据反映了社会活动的场所，刻画出城市核心区的功能多样性。

3. 其他地理大数据

采用有关房价与房龄的地理信息来衡量社区环境的宜居性。这些信息来源于中国最大的房地产交易平台——房天下网站。通过 Kriging 插值法对平台信息进行处理，得到 100m 空间分辨率下武汉市房价和房龄的空间分布情况。建筑密度是反映城市活力集中度的重要指标。利用空间分辨率高达 0.6m 的 WorldView-2 图像，绘制出了研究区域内的建筑基底，并将其与各居民区的边界叠加，得到空间单元的建筑密度。可达性通过使用 ArcGIS 10.2 软件计算每个居民区与所有公交车站和地铁站之间的网络距离获得。

第二节　武汉市城市活力的空间分布及圈层特征

一、城市活力的测度

城市活力的测度主要包括四个部分：集中度、可达性、宜居性和多样性。人群、建筑和社会活动的密集是保证区域具有城市活力最基本的条件。因而集中度由三个变量来评价：人口密度、建筑密度与 POI 密度。根据 Jacob (1961) 的观点，与关注汽车出行的传统城市规划相反，步行可达性与公共交通可达性对塑造城市活力也至关重要。因此，可达性由到公交车站和地铁站的距离来量化。新老建筑比例的平衡能够使土地得到充分使用与加强社会多样性（Sung, et al., 2013），而不稳定的住房市场和高房价则很可能造成居住隔离和社会两极分化，因此，可依据房价和房龄的数据值来评估宜居性。高度多样化的社区与街道能够通过增加社会交往的机会而激发城市活力，本研究依据土地利用多样性评价城市活力。集中度、可达性、宜居性以及多样性的计算公式如下：

$$\mathrm{Con}_i = f(\mathrm{popd}_i,\ \mathrm{bd}_i,\ \mathrm{POId}_i)$$

$$\mathrm{Acc}_i = f(\mathrm{dis\_\ bs}_i,\ \mathrm{dis\_\ sw}_i)$$

$$\mathrm{Livv}_i = f(\mathrm{hage}_i,\ \mathrm{hpr}_i)$$

$$\mathrm{Div}_i = f(\mathrm{landuse}_i),\ \text{where}\ \mathrm{landuse}_i = -\sum_{i=1}^{n}(p_i \times \ln p_i)$$

其中，p_i 为第 i^{th} 种类型 POI 数量在 POI 总数中所占比例，n 为 POI 类型总数。所有变量的权重由熵值法确定。

为了观测集中度、可达性、宜居性和多样性从中心到外围的变化，采用圈层分析法来描述城市活力的空间分布特征。使用 ArcGIS 软件，以 1km 作为缓冲间隔，对武汉市主城区建立缓冲区。以武汉市政府为中心向外建立了 27 个同心圆，并分别计算出每个同心圆内的集中度、可达性、宜居性和多样性的平均值，以显示城市活力的四大要素随着距城市中心的距离的增加而变化的情况。

二、城市活力的空间分布和圈层特征

图 7-1 呈现的是城市活力的空间分布与持有最高城市活力值的居民区分布。城市活力值较高的区域主要集中在市中心，而外围居住区的城市活力值则较低。城市活力值最高的街区位于武汉市政府附近的江汉路步行街，这是一条以购物、娱乐、旅游、文化为特色的百年商业街。根据计算得出的城市活力数值，城市活力被分为四个等级：高活力、中活力、低活力和非活力区(如图 7-1 所示)。其中高活力区占武汉市所有居民区的 7%，这些社区主要对应于传统的城市中心，往往人口密集、街道网络密度高以及建筑环境非常多样化。中度活力社区约占研究区域内所有社区的 38%，这些社区被认为是高活力和低活力地区之间的缓冲区，保持着较高的街道活力。研究区域分别有 43%和 12%的社区被归类为低活力区和非活力区，这些地区大多位于城市边缘区域，靠近耕地、自然地或工业用地。

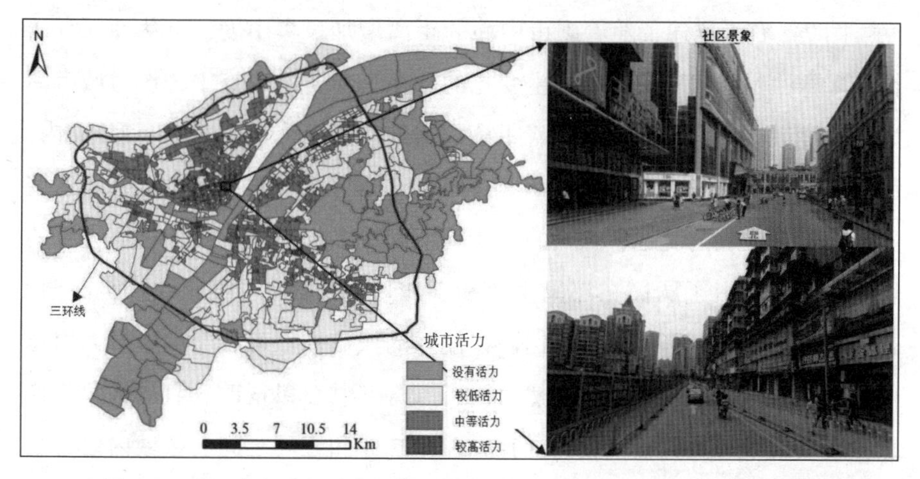

图 7-1　武汉市主城区城市活力和最高城市活力居民区的空间分布图①
(红色代表高活力区，橙色代表中度活力区，黄色代表低活力区，绿色代表非活力区)

① Fang C, He S, Wang L. Spatial characterization of urban vitality and the association with various street network metrics from the multi-scalar perspective[J]. Public Health, 2021, 9: 677910.

图 7-2 左列分别显示了集中度、可达性、宜居性和多样性的空间分布模式。总的来说，随着到市中心的距离增加，集中度和可达性呈现出下降趋势，而宜居性和多样性则呈现出不同的空间变化模式。城市集中度的圈层变化表现为核心—外延模式，高值主要集中在历史街区。这些街区符合 Jacobs(1961)的要求，即人、建筑、街道的密集分布。可达性的圈层变化主要呈现为中心—外围变化模式，表示市中心有良好的交通基础设施。购物中心、大城市医院、市政府、办公大楼、学校附近的地区具有良好的可达性。房价低、居住环境好的城市郊区表现出较好的宜居性，而市中心的老旧住宅楼大多没有电梯、体育设施，也没有足够的开放空间，呈现出较差的宜居性。不过，随着近期市中心一些城市更新项目的成功实施，城市内部的宜居性将会有所改善。多样性模式的圈层变化没有明显的模式可循，其中最具特点的是，受城市规划和水环境保护等因素的制约，长江、汉江附近的小区多样化程度较低。

图 7-2 右栏描述了随着到市中心的距离增加，集中度、可达性、宜居性和多样性是如何随着距离发生变化的。在 Jacobs 的观点中，作为城市活力的关键组成部分，集中度随着距离的增加迅速下降，但在 18～21km 内，因为一些“高新区”或“生态城市”等新市镇的建设集中度有轻微上升。这些新市镇拥有便利的交通、宜人的居住环境和更多的就业机会，正成为新的城市中心，吸引了居民在那里生活和工作。当距离市中心不足 15km 时，交通可达性逐渐下降，尽管可达性在偏远的城市新城有轻微的上升，但总体依然呈现迅速下降的趋势。然而，当距离市中心 9km 时，宜居性急剧增加，表明市中心的宜居性较低，宜居性在二环和三环之间的区域内略有波动。城市郊区的宜居性急剧上升，随后迅速下降，这说明城市边缘区宜居空间具有显著的异质性。在 4. 5km 的缓冲区内，多样性呈上升趋势，随后在三环内趋于稳定。虽然新市镇的多样性略有上升，但在离市中心 15km 外，多样性依然急剧下降。

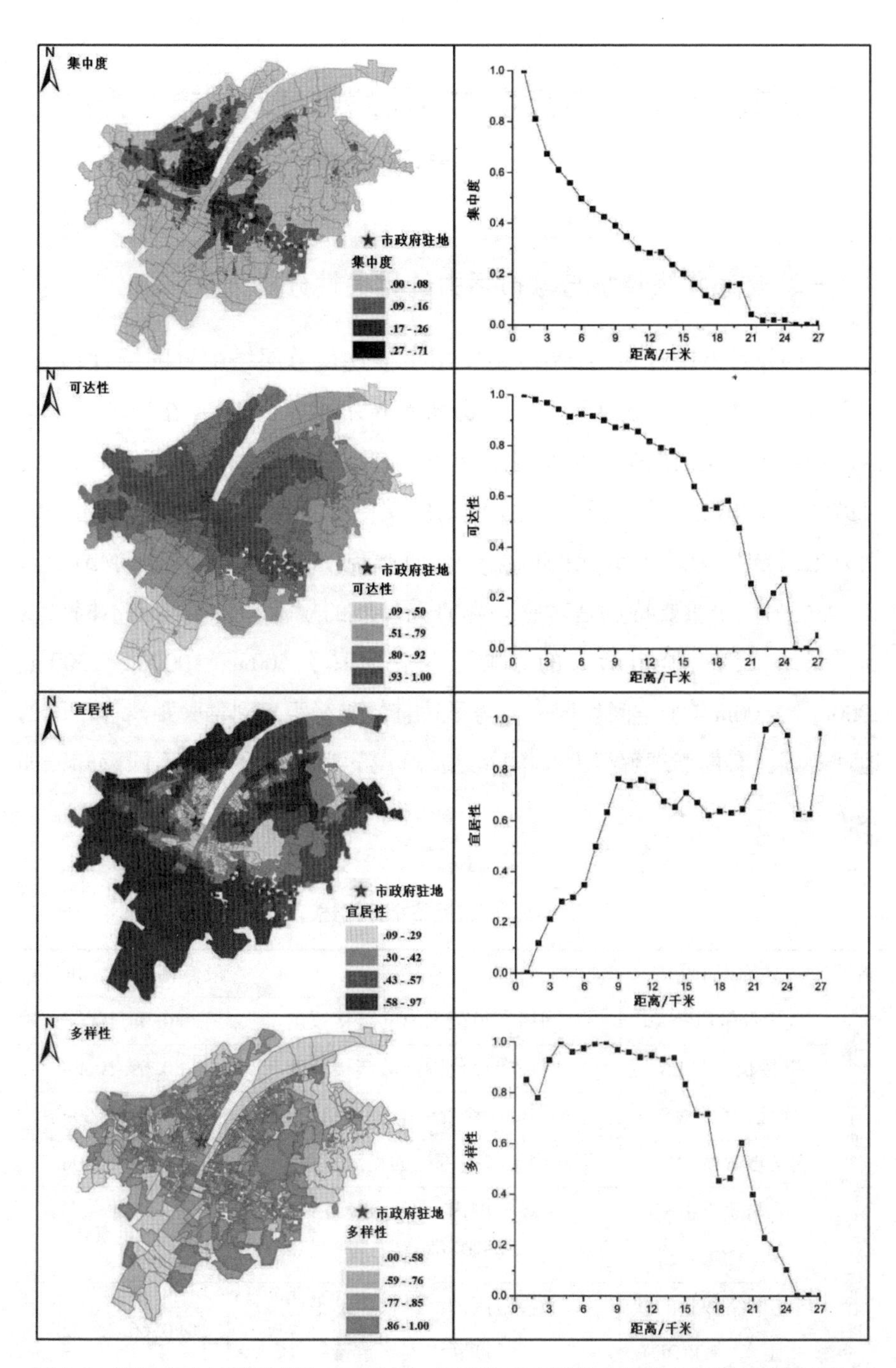

图 7-2　武汉市主城区聚集性、可达性、宜居性和多样性空间分布格局与圈层变化图

第三节　武汉市多尺度交通网络特征对城市活力的影响分析

一、交通网络特征与城市活力的相关性分析

空间设计网络分析(sDNA)主要用于描述街道网络配置的统计信息。与街道中心性、空间句法和可达性分析等技术相比，sDNA在用户自定义的网络半径内全面刻画了交通网络特征，包括中心性、网络形状和区域的可航性。sDNA的一个重要特点是网络链接的标准化，它将整个交通网络划分为以链接为基本单元的网络，从而避免了可变面元问题(MAUP)。sDNA的另一个重要特点是对感兴趣研究尺度的规范。为了检测不同尺度街道网络特征对城市活力的影响，本节选取了500m、1000m、1500m、2000m、2500m 5个空间尺度，覆盖了适宜的步行距离到驾驶距离等不同的地理范围，有助于理解行人在不同交通模式下对街道网络的不同感知，如表7-1所示。

表7-1　街道网络指标描述

指标	名称(简写)	描述	最佳相关系数和半径
密度	链接数量(LINK)	网络半径范围内的链接数量	+0. 68, 1000m
	链接长度(LEN)	网络半径范围内的链接长度	+0. 69, 1000m
连通性	连接性(CONN)	连接在同一个交叉点上的链路数量	+0. 65, 1500m
	交叉点数量(JNC)	网络半径范围内的交叉点数量	+0. 65, 1500m
邻近性	平均欧氏距离(MED)	半径范围内一个起点到所有终点的平均长度	+0. 28, 500m
	考虑网络数量的欧式距离(NQPDE)	半径范围内网络权值的平均长度除以网络数量	+0. 66, 2500m
	角度距离(ANGD)	半径范围内所有链接的角度曲率	+0. 51, 2500m

续表

指标	名称(简写)	描述	最佳相关系数和半径
中介性	欧氏中介性(BTE)	通过同一个结点测地线路径的数量	+0. 60, 1500m
	两阶段欧式中介性(TPBTE)	通过同一个链路的测地线数量，并根据网络数量的比例进行加权	+0. 53, 1000m
	两阶段欧氏终点(TPD)	在两阶段欧式中介性模型中，考虑每个终点和起始点权重的比例	+0. 29, 1500m
隔离性	平均乌鸦飞行距离(MCF)	半径范围内每个起始点与所有链接之间的平均乌鸦飞行距离	+0. 23, 2500m
	分离率(DIVE)	半径范围内测地线长度与乌鸦飞行距离的平均比率	-0. 34, 2500m
	平均测地线长度(MGLE)	半径范围内所有测地线的平均长度	+0. 29, 500m
效率	凸包面积(HULLA)	半径范围内被网络覆盖的凸包面积	+0. 61, 500m
	凸包周长(HULLP)	半径范围内被网络覆盖的凸包周长	+0. 53, 1000m
	凸包形状的最大半径(HULLR)	从起始点到凸包半径最大点的距离	+0. 26, 2500m
	最大半径凸包方向(HULLB)	HULLR 投影网格的方向	+0. 05, 1000m
	凸包形状指数(HULLSI)	凸包的周长除以凸包的面积	+0. 07, 1500m

使用卡迪夫大学开发的 sDNA 软件计算了代表密度、连通性、邻近性、中介性、隔离性和效率等方面的 18 个变量，如表 7-1 所示。假设这 18 个局部网络变量会影响武汉的城市活力分布，分别计算 5 个空间尺度上这些网络变量与城市活力之间的皮尔森相关系数，从而确定交通网络与城市活

力之间的关系在哪个尺度上更为显著。

密度捕捉了特定的建筑环境特征，如工作和家庭所在地的密度。密度由链接数量(LINK)和链接长度(LEN)表示。这两个变量表征了城市活力发生的最佳建筑环境密度。在1000m空间尺度下，LINK和LEN所表征的建设环境密度与城市活力的相关系数分别为0.68和0.69。

连通性衡量的是街道单元之间的连接程度以及十字路口的密度。具有高连通性的街区往往道路较短，有许多十字路口，并且很少有死胡同，这为步行和骑自行车等体育活动提供了便利。连通性由两个变量度量：连接性(CONN)和交叉点数量(JNC)。在1500m空间尺度下，连通性变量与城市活力的最佳相关系数高达0.65。

邻近性反映了起点和终点之间的可达性。它由三个变量表示：平均欧氏距离(MED)、考虑网络数量的欧氏距离(NQPDE)和角度距离(ANGD)。以往的研究强调测量邻近度的最短欧氏路径，然而，sDNA利用角度分析来反映导航的认知困难，最短的角度路径可以反映网络布局的微妙之处。根据最佳相关系数，NQPDE和ANGD在2500m空间尺度下与城市活力的相关性大于其他尺度。

中介性度量了街道网络在用户指定半径范围内从起点到终点的遍历程度。它包括了半径范围内所有可能通过链路的行程，能有效反映步行或使用交通工具到终点的人/车流量。与普通的中介模型相比，两阶段中介模型根据每个链接的访问量来考虑每个起点或目的地的固定权重。中介度由三个变量表示：欧氏中介性(BTE)、两阶段欧氏中介性(TPBTE)和两阶段欧氏终点(TPD)。这三个变量与城市活力的最佳相关系数分别为：BTE在半径为1500m时相关系数最高为0.60，TPBTE在半径为1000m时相关系数最高为0.53，TPD在半径为1500m时相关系数最高为0.29。能反映到终点的流量的TPD变量，与BTE和TPBET相比，其与城市活力的相关性更低，并不能充分反映街道网络上的实际车流量或人流量。

隔离性是网络迂回分析中跟连通性相反的一个指标，主要反映街道网络如何偏离最直接的路径。它由三个变量描述：平均乌鸦飞行距离（MCF）、分离率（DIVE）和平均测地线长度（MGLE），这些变量通过测量局部网络的弯曲程度来反映行人或车辆的导航困难程度。DIVE 与城市活力呈负相关，在 2500m 空间尺度下，DIVE 与城市活力的相关系数最高为 -0.34。

效率衡量的是在考虑链路形状、链路排列和链接数量的情况下，网络形状的航行效率。它是由与凸包相关的 5 个变量来测量的：凸包面积（HULLA）、凸包周长（HULLP）、凸包形状的最大半径（HULLR）、最大半径凸包方向（HULLB）和凸包形状指数（HULLSI）。与其他变量相比，HULLA 和 HULLP 与城市活力的相关性更强，在 500m 空间尺度下，HULLA 的相关系数为 0.61，在 1000m 空间尺度下，HULLP 的相关系数为 0.53。

二、多尺度交通网络特征对城市活力的影响分析

表 7-2 展示了城市活力与空间网络指标在多个尺度上的 q 统计量。总体而言，密度指标对城市活力在各个尺度上的分布具有最大的解释力（约 46%），表明了密度建成环境对提升城市活力的重要作用。密集的街道网络可以增加人们的接触机会，促进经济和社会活动。在中国，闹市区的特点是街道狭窄、网络密集、城市活力高。连通性是影响城市活力空间异质性的第二重要因素。四通八达的街道网络为居民在社区内的体育活动提供了便利，并增强了街道上人们之间的视觉接触，这解释了 44%的城市活力。中介性与邻近性对城市活力的分布具有相似的解释力，约 28%的城市活力可以用实际的行人、车辆流量以及邻近社区的可达性来解释。超市、购物中心和大学通常位于交通和行人流量大的街道上。商业活动和教育可以提高城市的多样性和城市的宜居性。效率可以解释城市活力变化的 22%，街道网络形状较合理的社区往往更有活力。隔离性反映了行人或车辆的通行困难，仅能解释 10%的城市活力空间异质性。

表 7-2　城市活力与多尺度空间网络指标的 q 统计量

特征	变量	500m	1000m	1500m	2000m	2500m	趋势	平均
密度	LINK	0.453	0.485	0.485	0.454	0.426		0.461
	LEN	0.462	0.492	0.481	0.454	0.431		0.464
连通性	CONN	0.428	0.465	0.467	0.447	0.420		0.445
	JNC	0.427	0.465	0.469	0.444	0.415		0.444
邻近性	MED	0.148	0.110	0.098	0.074	0.117		0.109
	NQPDE	0.329	0.435	0.468	0.459	0.471		0.432
	ANGD	0.122	0.259	0.312	0.329	0.337		0.272
中介性	BTE	0.382	0.453	0.467	0.434	0.428		0.433
	TPBTE	0.307	0.317	0.322	0.269	0.288		0.301
	TPD	0.057	0.089	0.109	0.109	0.111		0.095
隔离性	MCF	0.057	0.101	0.105	0.081	0.095		0.088
	DIVE	0.082	0.064	0.054	0.077	0.166		0.089
	MGLE	0.140	0.113	0.096	0.073	0.118		0.108
效率	HULLA	0.382	0.388	0.367	0.365	0.350		0.371
	HULLP	0.306	0.329	0.325	0.335	0.340		0.327
	HULLR	0.073	0.079	0.095	0.109	0.121		0.095
	HULLB	0.022	0.034	0.036	0.041	0.027		0.032
	HULLSI	0.256	0.326	0.311	0.298	0.280		0.294

根据表 7-2，两个密度指标 LINK 和 LEN 在所有空间尺度上都解释了46%的城市活力。随着距离的增加，LINK 和 LEN 对城市活力的影响增大，在 1000m 空间尺度上达到峰值，然后单调递减。

在连通性方面，CONN 和 JNC 的平均 q 统计量分别达到 0.445 和 0.444，说明大约44%的城市活力来自街道的数量和路口的数量。这两个变量对城市活力的解释力有轻微的上升趋势，在 1500m 空间尺度上，随着距离的推移，解释力随着空间尺度的增大而减小。

在邻近性指标中，反映网络数量和可达性的 NQPDE 对城市活力格局的贡献最大，平均 q 统计量高达 0.432。平均而言，ANGD 解释了城市活力的 27.2%，说明了角度分析的重要性和导航过程中角度对人的航行具有较大影响。MED 解释了城市活力的最小变化，平均 q 统计值为 0.109。与传统的欧氏距离中心度指标相比，角度分析更能反映网络布局的细微之处和人性化设计。NQPDE 和 ANGD 的解释能力均随着距离的增大而增大。

在 1500m 空间尺度下，中介度对城市活力的解释能力最大，为 46.7%。TPBTE 反映了每条街道的访问量，也不容忽视，对城市活力格局的平均贡献为 30.1%。总体而言，BTE 的解释能力随空间尺度的增大呈倒 U 形，而 TPBTE 呈 N 形。TPD 反映了流向目的地的总流量，平均只解释了城市活力的 9.5%，随着空间尺度的增大，TPD 呈现略微上升的趋势。

三个隔离性指标对城市活力空间异质性的解释度在 10%左右，这证实了网络的弯曲程度对创建一个充满活力的社区和城市具有一定的负面影响。随着空间尺度的增大，DIVE 和 MGLE 的贡献均呈 U 形，在 2000m 尺度下达到最大值。隔离性指标对城市活力的解释能力有快速增长的趋势，可能是因为居民在选择开车时更喜欢简单的路线。

HULLA 作为反映网络效率的代表性指标，可以解释约 40%的城市活力，但解释力度随着空间尺度的增加而轻微降低。HULLP 的解释力从 500m 空间尺度的 30.6%上升到 2500m 空间尺度的 34.0%，而 HULLSI 对城市活力异质性的贡献为 29.4%，在 1000m 空间尺度达到高峰。因此，网络形状和网络空间足迹的形式影响了行人和车辆的出行效率。具有规则和直线形状的凸包可以使建筑环境多样化，从而增强城市活力。

三、可能的作用机制分析

道路网络的几何特征和城市活力之间的关系一直是个有趣的研究课题。除了传统的可达性外，空间设计网络分析提供了丰富的街道网络形状和拓扑信息。多空间尺度视角下不同交通网络特征变量与城市活力之间的相关系数有助于揭示两者精确因果机制的细节。

密度、连通性和中介性等指标并不是最新的交通网络测度指标，在以前的研究中也被广泛应用。这些传统的街道配置指标从客观的视角揭示了不同地方的区位优势。具有高密集性、高连通性和高中介性街道网络的社区往往会吸引更多的商业和服务活动，从而创造更多的就业机会。从消费者的角度来看，这些基于网络的中心度指标反映了访问各种服务或设施的便利程度。从供应商的角度来看，拥有大量行人或车辆的街道可以提供更大的市场潜力和更多的经济机会。因此，集中度、可达性、宜居性和多样性与这些基于密度的网络测度指标密切相关。

空间设计网络分析方法提供了一种新的视角来看待街道网络的几何特征，包括弯曲程度、网络形状和角度曲率，这些特征与人们的主观认知密切相关，在一定程度上反映了居民在步行或开车时的认知困难。空间设计网络分析提供了一种新的测量邻近性的方法，即 ANGD，它根据角度变化来计算距离，比如链接上的转角和连接处的弯道。居住在高 ANGD 地区的居民在前往目的地的途中会遇到更多的航行困难，包括十字路口的红绿灯和转弯较多。隔离性和效率指标是新的概念。在高隔离度的街道网络中穿行时，弯曲的街道会让行人或司机产生心理上的不安全感，减少交通流量，最终削弱该街区的活力。考虑网络形状的效率指标直接反映了系统的内在可航性。有效的街道网络很容易步行航行，增加了居民之间的接触机会，从而使当地社区更加活跃。效率指标对城市活力的另一种可能的因果机制是，在 HULLA、HULLP 和 HULLSI 处于高值时，表明在当地社区可能有一条长而直的步行路线，这样的道路设计为小区居民提供了便利，也增加了人们相互交流的机会，最终使社区更有活力。

多尺度视角对于理解不同出行场景下的街道空间构型特征具有重要意义。确定感兴趣的网络半径是空间设计网络分析的关键部分。在城市活力分析中，该空间尺度可以用于匹配不同的生活场景，从步行距离(不超过 1.5km)到驾车距离。从表 7-2 可以看出，步行模式下的密度、连通性、中介性、效率等指标对城市活力的解释力更强。较高的密度、良好的连接和高效的街道为居民提供了一个友好的步行环境，有助于加强居民互动，并提升社区活力。同时，角度和隔离性等指标对于理解汽车出行更为重要。当人们必须在有更多角度变化和更多转向的街道上出行时，他们更倾向于驱车。在中国背景下，城市中心区的街道网络空间设计更方便人们的步行出行，这也解释了中心城区的高活力。

第四节　政策启示及结论

一、政策启示

如何建设一个健康、充满活力、互动的社区一直是政府部门和城市规划者关心的重要议题。健康的社区往往有理想的建成环境，鼓励步行和骑行，并提倡社区意识，使社区更具活力和宜居性(Gehl, 1971)。研究发现，传统的街道中心性指标如可达性、中介性等，并不能有效地指导房地产开发进行道路网络的设计。隔离性和效率为街道提供了一些新的设计元素。道路网络的几何特征，如弯道、网络形状、曲率等，对人们驾车或步行时的主观认知会产生重要影响。街道的不规则和复杂的设计会增加居民的出行困难，威胁居民的心理安全，导致人们待在室内，让社区变得死气沉沉。因此，城市规划者和房地产开发商应该设计出有益于儿童和老年人出行以及真正安全、健康的街道。

同时，应鼓励更多与活力相关的城市设计和开发策略，以激活城市中心的传统街区和郊区的新型街区。这些设计元素对于引导居民步行或骑行非常重要。街道之间的良好连接为居民提供了更多的步行路线；如果街道不是那么弯曲、无规则的形状，会让人们感觉到心理上的安全，从而鼓励户外活动、增强居民互动。社区内至少应设计一条直线形状的主干道，供行人聚会、交友、分享信息等，从而增强社区凝聚力。房地产开发商应在居住小区的主要街道上配置娱乐设施和儿童游乐场，为居民提供互动场所。十字路口设计应注意转弯半径，使驾驶者低速行驶。城市规划者、房地产开发商、政策制定者和非营利组织代表应协同合作，制定出街道设计指南，以创建一个健康、充满活力的社区。

城市规划者可以通过空间显式评估来确定城市活力的空间位置。研究表明，中国背景下城市中心更具活力。市中心的街道设计让居民在步行时感到安全和舒适，创造了一个健康、互动的社区。活力较差的社区主要位于城市郊区，郊区的街道设计鼓励人们开车，街区宽度往往超过600米，不利于步行。街道网络设计是增强城市活力的重要途径，地理空间分析方法可以帮助城市规划者和房地产开发商找到街道设计中有待改进的地方。

二、结论与讨论

以往的研究已经广泛证实了街道中心性与土地使用强度、经济活动位置和社会凝聚力之间的联系。然而，空间设计网络分析可以更好地度量网络几何特征的细节，如网络形状、弯曲程度和角度变化。这些街道网络设计的几何细节与行人或司机所经历的认知困难以及他们的心理是否感到舒适或安全有关。因此，隔离性和效率是两个极具参考价值的参数，为全面刻画交通网络特征提供了一个视角。空间设计网络分析的另一个优点是街道网络特征的多尺度度量，它允许从步行到驾驶等不同的导航场景建模。多尺度视角能有效帮助城市规划者和决策者设计出面向城市活力提升的步行街道或车道。

本章的一个局限性是没有考虑到运输能力和铁路、地铁、公路等多种运输方式。虽然长而直的道路可能会带来更大的交通流量，但将更多的交通变量纳入空间设计网络分析往往会增强街道网络形态与城市活力之间的关系。另一个限制是缺乏清晰的因果机制，将每个街道网络特征变量与城市活力联系起来。虽然这项研究提供了有关街道网络设计和城市活力之间因果机制的深刻见解，但需要进一步探讨如何设计出适宜步行和驾驶的街道，以增加社区活力。

本章以中国内陆城市武汉为例，利用地理大数据探讨了交通网络布局对城市活力的影响。集中度、可达性、宜居性和多样性是构成武汉城市活力的四大要素。本章使用 sDNA 技术从多尺度测量街道网络的多维特征，包括密度、连通性、邻近性、中介性、隔离性和效率。在此基础上，利用地理探测器工具研究交通网络特征与城市活力之间的空间分层异质性。得出以下结论：

首先，城市活力最高的区域集中在城市中心，而郊区则是城市活力较低的区域。集中度、可达性和宜居性等维度的城市活力随着离市中心距离的增加呈下降趋势，而宜居性则呈波动上升的趋势。其次，空间设计网络分析方法共计算了18个变量，分别表示密度、连通性、邻近性、中介性、隔离性和效率。这些交通网络特征与城市活力之间的相关性对不同的空间尺度非常敏感。最后，交通网络特征对城市活力的影响程度随着空间尺度发生变化。总体而言，密度和连通性对城市活力的解释力最大，达40%以上，而中介性和邻近性对城市活力的解释力相近，约为28%。效率和隔离性对城市活力空间异质性的贡献分别为22%和10%。

这些结论从多尺度的角度揭示了交通网络设计与城市活力之间的作用机理。应鼓励更多以活力为基础的城市设计和开发策略，以振兴传统的市中心社区和建设郊区的新社区。城市规划者、房地产开发商、政策制定者和非营利组织代表等多方利益相关者应共同合作，制定出街道设计指南，以创造健康、充满活力的社区。

第八章
武汉市交通发展与城镇化的耦合协调及问题诊断

城镇系统与交通系统的发展相互影响、相互作用。城镇系统发展过程中，交通因素始终起着基础性作用，城镇人口流动、货物流动、文化传播等均受到交通因素的制约。同时，城镇的不断发展又影响到交通系统的规模及运行效率。城镇系统与交通系统的协调发展是二者相互促进的基础，如何测度两者的协调关系是目前研究的核心问题。本章基于关键要素筛选和时空演变分析，运用耗散结构理论解析城镇化与交通的耦合机理，采用非线性方法量化二者的交互耦合关系，并采用耦合协调性模型评判城镇化与交通的耦合过程、耦合阶段和耦合类型，进行问题诊断，以期为城市空间可持续发展提供理论支持和技术支撑，为政府进行城市空间优化和综合规划决策提供理论和实践指导。

第一节　交通发展与城镇化的内涵解析

一、城镇化的内涵

城镇化是中国现代化进程中的一个基本科学问题，也是一个重大区域经济发展命题，其内涵丰富，人口学、地理学、社会学、经济学、城市规划学等不同学科对城镇化的丰富内涵具有不同的认识和理解(王桂新，2013)。城镇化本义以人口城镇化为基础，逐渐向经济城镇化、土地城镇化、社会城镇化等方面外延拓展(方创琳，王德利，2011)。李克强(2012)

指出人的城镇化是城镇化的核心内容，应以人为本，积极推进新型城镇化，促进城乡共生发展和城乡居民社会福祉的共同提高。中国城镇化过程具有双轨制特征，兼具自主性和政府导向性(Shen，2006)，受到外商投资的影响，城镇化逐步具备外生驱动性特征(Sit & Yang，1997)。城乡空间边界的划分是城镇化统计的基础，也是城镇边界和城镇扩展进行管理的重要手段。按照不同的功能，城镇空间具有不同的空间范围，通常分为行政范围、经济范围和景观范围三个方面(侯云春等，2010)。受到统计数据口径的影响，中国城镇化水平和速度的量测通常以行政范围为主，广泛采用城市人口占总人口比重来衡量城镇化水平，忽略了城镇化的经济功能和景观功能。“城市化水平发展模型”“城市化空间发展模型”等国外学者提出的理论模型(Bourne，1996)，并不能正确解释我国城镇化所处水平、发展速度及未来趋势等问题，许多学者对此存在意见分歧，分为“滞后论”“适度论”及“超前论”等几派观点(周一星，2006)。诸多学者已经认识到，我国城镇化应该由传统速度扩张向质量提升转型(赵玉红，陈玉梅，2013)，方创琳等(2011)从人口城镇化、土地城镇化、经济城镇化、社会城镇化等维度提出了一套衡量城市质量的指标体系。这些研究均为正确解析城镇化内涵提供了良好的科学依据。

基于这种认识和过程，城镇化的内涵可以概括为三个方面：人口城镇化、经济城镇化、土地城镇化。(1)人口城镇化，即农业人口向城镇的转移集聚引起的城镇人口增加及经济水平的提高和生活方式的转变。人口作为城镇化的核心，其实质是人口、经济活动的转移和人口素质、生活质量共同提升的过程(李秋颖等，2015)。(2)经济城镇化，主要指经济总量的提高和经济结构的非农化，其中工业化是直接推动因素，而第三产业的发展则是城镇化进程加快的必然要求。(3)土地城镇化，土地和房地产是城镇化的重要载体，其实质为城镇建成区的规模增加，以及大规模农用地或者未利用地转变成建设用地的过程，从而促进城市空间集约利用和土地结构优化(范进，赵定涛，2012)。其中，土地规模表现为城镇建成区面积变化，土地投入表现为城镇单位土地面积上资金、人员及资源的增加，土地产出表现为城镇单位土地面积上二、三产业产值及地均财政收入增加水平(吕添贵等，2016)。

二、交通发展的内涵

城市群和都市圈是推动城镇化的主体形态，而交通一体化建设作为城市群区域一体化发展的重要基础，其内涵、发展模式、发展阶段、规划政策等受到学者和政府部门的广泛关注。英国大城市官方协会将交通一体化概括为各级管理部门权限的一体化、不同运输方式发展策略的一体化、交通设施及价格策略的一体化、交通规划与土地利用的一体化(Hull，2005)。陆化普等(2014)将一体化交通的核心内容分为交通系统与土地使用的一体化(区域层面)、交通方式的一体化(通道层面)、交通枢纽的一体化(节点层面)、机制体制的一体化(管理层面)等。欧国立(2008)基于三重维度方法分析交通一体化的形式维度、功能维度和运作维度。交通一体化发展模式因各国人口密度、资源环境、发展策略等不同而呈现差别化，应根据城市群不同圈层的交通需求特点及功能需要，与城市群发展阶段、资源环境和人口密度相适应(余柳等，2015)。根据不同运输方式间的衔接程度和运作协调度，基于运输化理论和时空维度可将交通一体化划分为初级阶段、中级阶段和高级阶段。为了实现交通一体化的高级阶段，与环境保护、能源利用率、土地资源利用率等实现高度协调，城乡二元经济结构和行政体制障碍是目前亟待解决的问题。加权灰色关联法、数据包络分析、网络分析法等定量方法被广泛用来客观评价交通一体化的实际水平和效率(单飞等，2011；陆大道，2002)，并被用来诊断交通系统内部间的协调性和交通子系统与外部子系统的协调性，为交通一体化实施提供具体的研究方案和措施。

考虑到数据的可获取性和可比性，本章采用游细斌等(2017)构建的城镇交通系统评价指标体系，从交通设施建设水平、交通运输保障能力以及交通行业管理水平三个维度评价交通发展水平，而不涉及微观的交通流特性。交通系统内部各要素之间相互作用、相互影响。(1)交通设施建设是国民经济和社会发展的基础性、先导性产业。构建畅通、安全、便捷、高效的现代化综合交通体系，不仅是经济一体化的动脉，也是经济可持续发展的基础，更是城市化进程的重要保障，对于提高广大人民的生活水平具有重要的影响。(2)虽然近年来我国的交通运输能力不断提高，但是仍然存在运输效率低下等问题，尤其是公路运输效率呈现急剧下降的态势，公路运输的低效率已成为物流业整体运营水平低下的关键原因。这不仅对国家的财政资金造成了浪费，也对人们出行和货物运输造成了影响。我国城市化进程的不断加快对交通运输业的发展提出了新要求，提高运输效率才是保证人民生活正常运行的根本。(3)交通设施建设水平越高，对交通行业的管理水平要求也越高，从而交通运输保障能力会加强，这就需要建设高水平的交通基础设施和现代化交通行业管理体系。

总之，国内外学者从不同学科视角对中国城镇化和交通一体化的内涵、发展水平、发展阶段和模式等进行了深入的讨论，为本研究提供了良好的研究基础。但必须意识到：第一，由于学科细化和不同研究视角的存在，导致对城镇化和交通一体化的解析无法实现整体性和综合性。城镇化研究更多的是基于地理学和经济学的框架和思路，交通一体化研究更多的是属于交通运输学的范畴。这在一方面有助于更深刻地理解不同层面和不同领域的城镇空间，但同时一定程度上忽略了城镇系统与交通系统之间的相互影响和相互依赖的重要特性。第二，城镇化和交通一体化的组合和配置可能在不同尺度产生不同效应，需要坚持整体性和系统性的观点，对两者的均衡协调性进行深入理解。

三、城镇化与交通发展耦合协调的必要性

交通区位一直是城镇地域结构变化和城镇化的重要驱动因素。陆大道(2002)提出了“点轴空间结构系统理论”，论述了重点开发轴线即交通线的选择与产业带的建立问题(梁留科，牛智慧，2007)。韩增林等(2005)、张文尝(2011)认为交通经济带是“点轴开发理论”的重要体现形式。交通职能是交通经济带城市化的初始动力(Antrop，2004)，交通职能的强化会促进

城市职能多样化(张复明，2001)。张复明(2001)以山西省部分城市为例，总结了交通枢纽城市的四阶段动态演进模式，即城市节点出现、城市迅速扩展、城市经济区格局渐具雏形、城市—区域经济一体化等。王荣成等(2004)以东北地区哈大交通经济带为例，在现状特征分析基础上论述了其时空演变过程与城市化响应机制。张文尝(2011)指出交通轴线是工业波在空间扩散的主要依托基础，依据不同工业部门的交通需求分析了工业波沿交通经济带的扩散模式。李忠民等(2011)、Li 等(2015)基于新经济增长及新经济地理视角，运用多维要素空间计量方法，探讨了"新丝绸之路"经济带交通基础设施的空间溢出效应及对经济的促进作用。陆大道(2014)指出依托超大运输通道的海岸经济带和长江经济带，将是今后几十年中国国土开发和经济布局的一级轴线和长期战略。这些研究从经济地理角度论证了交通优势是促进经济带形成和区域联动发展的重要条件，大大促进了人口和产业聚集，为城镇化奠定了坚实的基础。

城镇化的快速推进促进了交通基础设施的建设和交通道路的网状化，并产生了新的交通需求特征(孔令斌，2004；石小法，喻军皓，2010)。城市的空间扩展导致人类出行方式结构的改变，政府和城市规划者应针对城市交通特征，提出具有针对性的交通发展策略，以适应城镇化过程。交通特征成为城镇化测度的重要基础性指标。Kim 等(2002)依据空间机会可达性模拟多中心城市的城镇化过程。Kotavaara(2011)借助统计分析和 GIS 工具，分析了 1880—1970 年铁路发展对人口迁移和城市形态影响的动态过程。邓羽等(2015)基于综合交通可达性构建城市扩展模型，并提出城市扩展调控模式的优化方案。李振幅(2003)依据牛顿第二定律，从城市发展的交通潜在力、交通经济力、交通装备力来构建城市化综合测度模型。Li 等(2004)、刘辉等(2013)将交通可达性作为城市空间蔓延模拟的重要指标。反过来，城市空间格局的变化客观上影响着城市交通系统的有关特征。马清裕等(2004)根据社会生产力水平和城市自然社会经济特征，将城市空间结构分为单中心、多中心和网络型三种类型，通过理论分析指出，不同类型城市空间结构对城市交通出行的影响具有差异性。阎小培等(2004)指出，城市空间格局影响城市交通路网格局的选择、公共交通模式的选择及交通系统的建设。由此可见，交通与城镇化两者的关系并非单向的，而是存在着双向反馈影响效应(Hayashi & Roy，2013)。

交通通达性与经济发展存在着较高的耦合协同关系(陈博文等，2015)，对城镇化存在直接的影响，同时又具有复杂的交互关系(Condeco，et al.，2011)，存在着线性与非线性的争议。梁留科等(2007)以中原城市群为例，认为公路网络建设与城市化水平存在显著的线性相关性，两者是同步发展、相互促进的。陈彦光(2004)基于时间序列和空间序列，认为受外界因素的影响，城市化与交通网络连接度表现为分段线性、互为因果。然而，赵晶晶等(2010)采用计量分析手段，指出两者的动态关系并非线性的，存在长期稳定的促进关系，具有维持不变比率的特征。杨忍(2016)采用空间滞后回归模型和耦合协调度模型等，发现交通优势度与城镇化率耦合协调度为偏正态分布，呈双向耦合性。

目前对于两者关系的研究尚且缺乏，研究方法、研究区域、研究时段等的不同造成了无法得出统一的研究结论，两者关系的研究仅依赖于数值模型计算，缺乏理论指导依据。纵观国内外学者针对城镇化与交通发展之间关系的研究，交通与城镇化的内涵具有多重维度，目前的研究主要关注交通的物理形态特征和城镇化的人口内涵，未顾及交通与城镇化的本质内涵及其作用机理，并不能全面揭示两个系统多对多要素之间的交互关系，缺乏对交互过程的科学诠释和理论指导，需要借助地理空间技术和计量手段来综合研究城镇化与交通一体化的演化过程和动态耦合机理及关系，为城市规划提供基础支撑，为城市可持续发展提供政策建议。

第二节　交通发展与城镇化的耦合理论分析

一、耗散结构理论分析

推动武汉城市圈协同发展既是一项国家重大战略，又是一个复杂的长期博弈过程，需要遵循科学理论和科学规律，推动城市群实现共同繁荣昌盛、共享蓝天白云、共担发展风险、共建世界都会的战略目标(方创琳，2017)。耗散结构理论认为，远离平衡状态的开放系统，在外界条件变化达到某一“临界限制”时，通过涨落发生非平衡相变，在不断与外界交换能量、物质和信息的同时，由原来的无序混乱状态变为时空、结构与功能上新的有序稳定态，并以时间的不可逆性为基础。从这一观点出发，加入时间的箭头，完全有理由把地理系统作为耗散结构加以研究(方创琳，2017)。

根据耗散结构理论(黄润荣，任光耀，1988；沈小峰等，1987)，城市群可看做一个开放的动态涨落系统，城市群演变的机制就在于偶然性的随机涨落过程(图 8-1)。随机涨落产生与放大过程取决于城市群系统熵的二阶超量的贡献，即城市群系统的超熵产生：

$$\delta xp = \frac{d}{dt}\left(\frac{1}{2}\delta^2 S\right) \qquad 式(8\text{-}1)$$

式中：$\delta^2 S$ 可看做是描述城市群系统微分方程的李雅普诺夫函数。

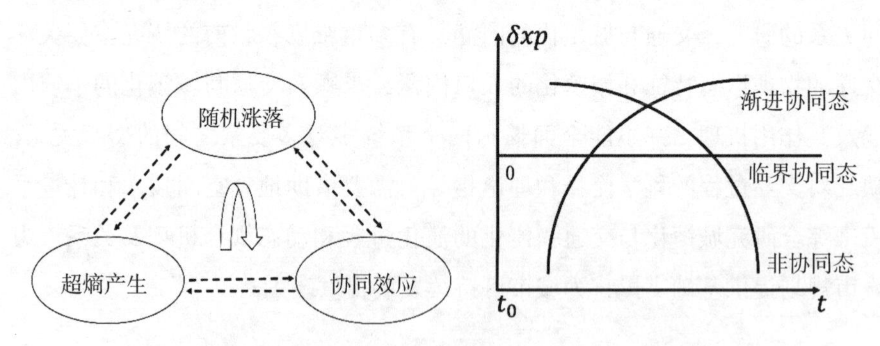

图 8-1 城镇化与交通协同发展的超熵过程与随机涨落过程示意图

城市群城镇化与交通协同发展过程是一个随机涨落过程。当李雅普诺夫函数 $\delta^2 S>0$ 时，城市群城镇化与交通系统处于接近平衡的发展状态，系统内产生的小涨落无法被放大，因而无法对城市群的演化造成影响；当李

雅普诺夫函数 $\delta^2 S=0$ 时，城市群城镇化与交通系统处于临界稳定的发展状态，即临界耦合态；当李雅普诺夫函数 $\delta^2 S<0$ 时，城市群城镇化与交通系统处于不平衡的稳定发展状态，系统内产生的微涨落将迅速放大成“巨涨落”，城市群发展状态就会由一种不稳定的(低级协同态)跃变为另一种新的(高级协同有序态)，出现耗散结构分支。城市群城镇化与交通系统的这种内涨落与外涨落互相叠加、相互同步和近远程共振，加剧了城市群城镇化与交通系统演化规律的复杂性。

城市群城镇化与交通协同进化过程是一个非线性协同过程。按照耗散结构理论，城市群城镇化与交通系统是各城市之间以及各城市内部城镇和交通要素间非线性相互作用的系统。在城市群协同发展中，作为“营养源”的生态环境系统和作为“营养汇”的城市系统之间存在着极复杂的反馈、自催化、自组织、自我复制等非线性相互作用，这种非线性相互作用使无数个微观行为得到“协同”和“合作”，产生出宏观的“序”，促使城市群城镇化与交通系统形成了错综复杂的层次结构体系。良性的耗散结构具有极强的自调节能力和抗干扰能力，其结果降低了城市群系统的熵值，创造了城市群系统耗散结构的新形式。恶性的非耗散结构则使城市群系统的不稳定性增大，熵值升高，从而遏制了功能的良好发挥，其结果加速了城市群系统耗散结构的消亡，不利于城市群的健康发展。

城市群城镇化与交通协同发展过程是众多涨落并存最终由环境选择的过程。城市群城镇化与交通协同发展状态的形成，并非协同过程中的某一个涨落过程放大而来。实际上能真正成为一次具体协同推力要素的，是众多涨落中的某一个或很少的几个要素，其余的要素只能被淘汰。具体哪个涨落被放大或淘汰，归根到底由生态环境选择来决定。环境在众多同时并存的涨落中选择某一个或少数几个与自身产生的“外涨落”步调一致的涨落，将其放大并稳定下来形成新的有序结构，即新的高级协同态，从而决定了城市群协同发展的主要方向。

涨落形成过程的随机性决定了城市群城镇化与交通系统协同发展的偶

然性。由于城市群系统内每一个城市或每一个要素的运动本质上都是随机过程，城市群系统在所有形成的无数个涨落类型中，在特定时刻恰好形成这种或那种特定类型涨落是一种概率事件，这种偶然性的随机涨落决定了城市群城镇化与交通系统协同演化的方向带有很大程度的偶然性。正如普利高津指出的"系统进化的最终状态决定于微小涨落产生的几率，在这种意义上，协同演变变成一个随机的过程"(方创琳，1989)。

几个涨落的合作与竞争，加剧了城市群城镇化与交通系统协同进化过程的复杂性。推动城市群系统协同进化的涨落不只是一个，往往是一个以上被放大的涨落，多个被放大的涨落通过合作和竞争决定城市群协同演化的方向。在合作与竞争过程中，随着某一参量达到新的临界值，合作基础不复存在，竞争机制不断加强，具有旺盛生命力的涨落在竞争中获胜，单独主宰城市群系统的有序结构和耦合方向，这无疑加大了城市群城镇化与交通系统协同进化的复杂性。

二、交通发展与城镇化综合评价指标体系构建

根据城镇化和交通的多维内涵，按照科学性、系统性、层次性和可行性的原则进行城镇化和交通评价指标初选，采用相关分析等方法剔除冗余度较高的指标，最后形成了由人口城镇化、经济城镇化和土地城镇化 3 个一级指标，非农人口比重、人均固定资产投资等 12 个二级指标所构成的城镇化水平综合评价指标体系(表 8-1)；交通发展由交通运输水平、交通建设水平、交通管理水平 3 个一级指标构成，具体包括道路铺装长度、公路客运量等 9 个二级指标构成的交通发展水平综合评价指标体系(表 8-2)。

在处理指标权重时，为了避免仅使用主观或客观方法的局限性，降低赋权法所带来的差异，本章将主观与客观方法相结合，采用特尔斐法和熵值法，然后求其权重的均值得到最终权重(表 8-1、表 8-2)。

表 8-1　城镇化综合评价指标体系

一级指标	权重	二级指标	权重
人口城镇化	0.413	非农人口比重(%)	0.125
		从业人员比重(%)	0.067
		每万人高校在校生人数(人)	0.142
		每万人床位数(张)	0.079
经济城镇化	0.324	人均居民储蓄(元)	0.077
		人均财政收入(元)	0.060
		人均固定资产投资(元)	0.090
		人均社会品消费额(元)	0.079
		二、三产业比重(%)	0.018
土地城镇化	0.263	人均建成区面积(平方米/人)	0.106
		人均绿化面积(平方米/人)	0.070
		建成区面积比例(%)	0.086

表 8-2　交通综合评价指标体系

一级指标	权重	二级指标	权重
交通运输水平	0.483	公路客运量(万人)	0.069
		公路货运量(万吨)	0.055
		铁路客运量(万人)	0.077
		铁路货运量(万吨)	0.164
		每万人拥有公交车数量(辆)	0.121
交通建设水平	0.435	铺装道路长度(km)	0.179
		铺装道路密度(km/km^2)	0.158
		铺装道路面积(10^4m^2)	0.098
交通管理水平	0.078	邮电业务总量(万元)	0.078

城镇化评价指标体系中，人口城镇化(0.413)的权重最大，充分反映

了人口城镇化是城镇化科学评价的重要内容。人口城镇化的实质是人口的转移和人口素质、居民生活水平提升的过程，二级指标中每万人高校在校生人数(0.142)和非农人口比重(0.125)的权重较高，表明了人口城镇化不仅强调农业人口向非农业人口的转变，也更加注重教育对人口城镇化的影响，通过教育提高劳动者素质，进而优化人口结构和就业市场。同时，每万人床位数(0.079)和从业人员比重(0.067)作为人口城镇化的二级指标，体现了人口城镇化评价对于医疗卫生和就业市场的重视，更加注重城镇化质量的发展。经济城镇化(0.324)的权重仅次于人口城镇化，通常经济越发达，城镇化水平就越高，社会经济发展依然是城镇化发展的重要动力。二级指标中人均固定资产投资(0.090)、人均社会品消费额(0.079)等也体现了城镇化在经济上不再追求总量的提升，而是更加注重人均经济的增长，追求经济资源分配的合理性和公平性。土地城镇化(0.263)也是衡量城镇化健康发展的重要指标，作为城镇化载体，土地城镇化的实质是城镇建成区规模的增加；人均建成区面积(0.106)在整个二级指标中占有较高比重，同时，土地城镇化包含了人均绿化面积(0.070)这一指标，表明土地城镇化也在追求绿色内涵发展，注重生产—生活—生态空间的协调发展。

交通评价指标体系中，交通运输水平(0.483)的权重最大，其次是交通建设水平(0.435)，这反映出交通运输和交通建设是交通发展的基础和功能体现，是现代化综合交通运输体系建设的主要内容。交通运输水平的二级指标中铁路货运量(0.164)和每万人拥有公交车数量(0.121)权重较大，说明对外运输中铁路货运和城市内部公共交通运输能力是保障交通运输高质量发展的基础。作为经济社会发展的“大动脉”，对外强联通、对内强畅通是统筹推进交通网络建设的重要目标，其中主抓手就是公路、铁路、水运等重点工程建设。交通建设水平的二级指标中铺装道路长度(0.179)和铺装道路密度(0.158)权重较大，道路长度和密度分布直接影响着交通可达性，是体现交通区位优势的重要方面，交通建设直接关系民生福祉。交通管理水平(0.078)的权重最小，但随着城市内部的出行生成总量和交通密度不断攀升，人、车、路矛盾越发突出，为了解决日益严重的交通矛盾，道路交通管理水平的重要性逐渐提升，是保障城市有序运行的基础。

三、交互耦合概念及研究方法

城镇化与交通的交互耦合关系已成为地理、交通和经济发展领域研究的一个核心问题。改革开放40年来，中国通过转变经济发展模式推动工业化和城镇化，社会经济水平飞速发展，年均经济增长率超过9%。其中，交通体系的不断完善发挥了极其重要的作用。现阶段，中国经济发展进入新常态，发展方式亟须从规模速度型转向质量效率型。在此背景下，本研究从交通发展视角出发，客观合理地评价交通与城镇化之间的耦合协调关系，针对低效率、不协调等问题进行病因诊断，并提出相关政策建议，为促进中国特色新型城镇化的持续健康发展提供理论依据。

耦合是一个物理学概念，是指两个(或两个以上的)系统受自身和外界的各种相互作用而彼此影响的现象。耦合度模型为：

$$C_n = \left\{(u_1 u_2 * \cdots\cdots * u_n)/\left[\prod (u_i + u_j)\right]\right\}^{1/n}$$

由于系统之间的耦合关系存在相似性，耦合现在被广泛地应用到研究城镇化与其他系统的交互胁迫关系之中。本研究将评价城镇化系统与交通发展系统之间的耦合关系，耦合模型如下：

$$C = \{(f(U) * g(T)/ [(f(U) + g(T))/2]^2\}^{1/2}$$

由于耦合度模型只能说明相互作用的强弱，无法反映协调发展水平的高低，因此，引入耦合度协调模型，以更好地评价城镇化和交通发展之间的耦合协调程度，其计算公式为：

$$K = \alpha f(U) + \beta g(T)$$

$$D = \sqrt{CK}$$

其中，K代表城镇化与交通系统之间的综合调和指数，α、β分别代表各个系统的贡献份额，D是城镇化与交通系统之间的耦合协调度。根据耦合协调度大小和子系统发展水平大小，将系统间的协调类型分为5大类、15个子类型(表8-3)。

表 8-3　系统间协调类型

类型	判断方法	子类型	判断方法
拮抗阶段	$0 \leqslant D < 0.15$	拮抗阶段—城镇化受阻	$f(U) \leqslant g(T)$
		拮抗阶段—交通受阻	$f(U) > g(T)$
基本不协调	$0.15 \leqslant D < 0.30$	基本不协调—城镇化受阻	$f(U) \leqslant g(T)$
		基本不协调—交通受阻	$f(U) > g(T)$
磨合阶段	$0.30 \leqslant D < 0.45$	磨合阶段—城镇化受阻	$f(U) \leqslant g(T)$
		磨合阶段—交通受阻	$f(U) > g(T)$
基本协调	$0.45 \leqslant D < 0.6$	基本协调—城镇化滞后	$f(U) \leqslant g(T)$
		基本协调—交通滞后	$f(U) > g(T)$
高级协调	$0.6 \leqslant D$	高级协调—城镇化滞后	$f(U) \leqslant g(T)$
		高级协调—交通滞后	$f(U) > g(T)$

当城镇化与交通系统的发展均处于起步阶段时，两个系统之间并不会有相互促进的动力，反而相互阻碍，整体表现为拮抗状态，耦合协调度 D 值处于 0.15 以下。随着地区社会经济水平的发展，尽管城镇化与交通系统之间仍处于不协调状态，但已经渡过相互阻碍的拮抗阶段，整体表现为基本不协调状态，D 值大于 0.15 但小于 0.3。磨合阶段是两个系统从不协调发展至协调状态的关键阶段，城镇化与交通系统之间会基于政策、发展模式、生态环境、地区承载力等多方面的影响，或长时间处于磨合阶段难以改变，或探索出高效的发展路径从而实现协调发展，此时 D 值大于 0.3 但小于 0.45。当地区发展渡过磨合阶段后，这便意味着城镇化系统与交通系统之间的发展探索出一条较为高效的协调发展道路，地区内两系统之间的发展将表现为相互影响、相互促进的态势，整体呈现出基本协调状态，此时 D 值大于 0.45 但小于 0.6。当地区发展由基本协调向高级协调的转变时，这不仅意味着地区本身城镇化与交通两系统之间实现了协调发展，更意味着该地区与邻近地区之间的发展实现了协调互动，因此，将地区耦合协调度 D 大于 0.6 的状态判定为高级协调状态。除此之外，在每个耦合协

调状态中，通过比较城镇化与交通系统指数水平的相对大小，可以进一步判断哪个系统的发展更为滞后，从而得到更为详细的评价结果。

第三节　武汉市交通发展与城镇化的耦合协调及问题诊断

一、武汉市交通系统发展的时序变化规律

武汉市交通系统综合评分除个别年份出现下降以外，总体保持增长态势，从 1995 年的 0.01 提高到 2017 年的 0.93，表明交通系统发展水平持续提高。武汉市坚定不移地加快交通项目建设，城市道路长度和道路铺装面积从 2000 年的 1762km 和 1898 万 m^2，逐步上升到 2018 年的 6241km 和 12084 万 m^2。武汉作为中部交通枢纽，逐步建设并完善道路交通系统和轨道交通系统。按照“环网结合、轴向放射”的路网布局，形成“四环十三射”的城市路网骨架，建设提升干线公路等级，完善高速公路、干线公路和通村公路网络。同时，武汉市加大轨道交通建设力度，逐步形成以地铁、轻轨、市郊铁路等为主体，连通三镇中心城区和重要组团的快速轨道交通系统。2004 年“促进中部地区崛起战略”被写入《政府工作报告》，武汉成为“中部崛起的战略支点”。随后，武汉在 2011 年提出“建设国家商贸物流中心”的战略目标，并且在 2015 年成为交通运输部公布的“第一批综合运输服务示范城市”。随着优惠政策力度加大，武汉作为内陆最大的水陆空交通枢纽城市，正不断发挥着其交通区位优势，通过吸引人才、促进经济发展等措施不断促进城镇空间的可持续发展和三生空间的协调共进。

在此期间，交通系统发展水平的持续提高主要体现在交通运输能力不断强化与交通设施建设水平不断提高方面，如图 8-2 所示。在交通运输方面，公路货运量从 934 万吨持续提升到 34982 万吨，铁路客运量从 242 万人持续提升到 18074 万人，市内每万人拥有公交车数量由 6.4 辆增加至 13.4 辆。在交通设施建设水平方面，铺装道路长度从 1995 年的 1307km 增

加至2017年的5786km，道路铺装面积也从1307万m^2增加至10353万m^2。武汉市交通系统发展经历了三个阶段：1995—2001年缓慢发展阶段，2001—2013年快速提升阶段，2013—2017年缓慢提升阶段。

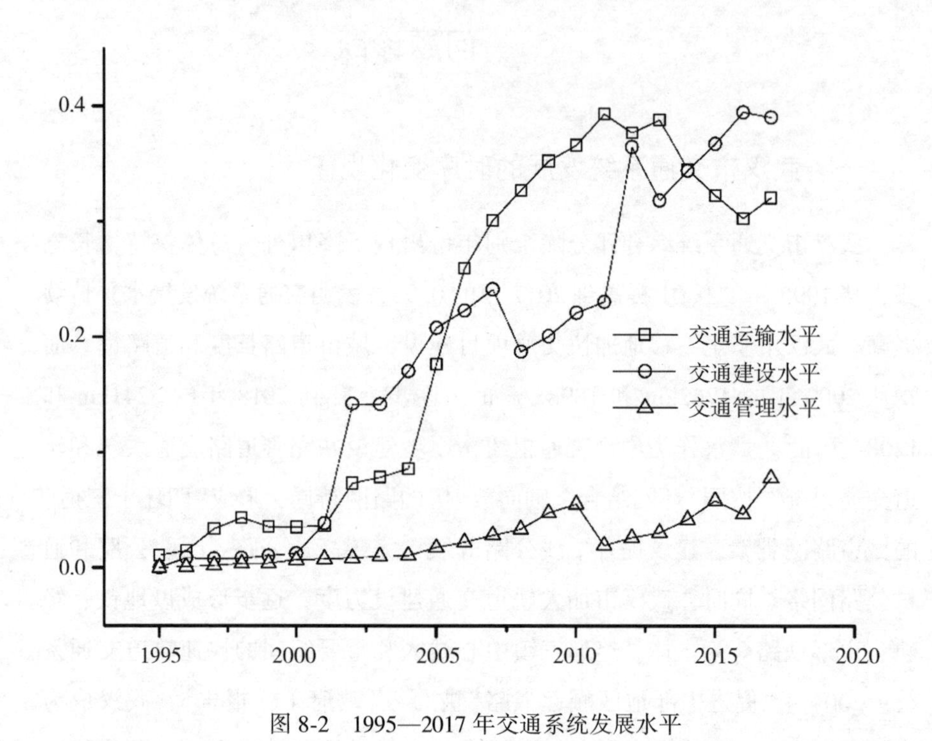

图8-2　1995—2017年交通系统发展水平

1995—2001年，武汉市交通设施建设、交通管理维持在较低的水平，而交通运输能力初步增加。其间，武汉市开始一系列交通运输枢纽连接建设与城市内部高架桥、干道扩建等工程，同时商贸流通、交通运输需求逐渐增加。但交通线路网络不完善、道路容量供给远低于需求等问题突出，城市交通压力在短时间内难以缓解。同时，城市交通管理水平滞后，仅仅依赖于交通警察的管理方式难以满足日益增长的交通工具需要。

2001—2013年，正值“十五”“十一五”规划期间，武汉市大量投资水、陆、空交通基础设施建设，武汉交通发展进入加速期。此后，交通运输行业增长迅速，运输能力增强，运输方式多样化，逐步建成水、陆、铁、空于一体的交通枢纽。城市交通建设步伐加快，城际间合武铁路、武广高铁相继通车，以阳逻长江公路大桥等为代表的高速公路项目相继建成通车，武汉“1+8”城市圈内城市实现“一小时交通圈”。城市内部武汉大道、白沙洲大道等快速路大量建成，慢速路建设也在稳步推进，农村公路建设延伸广泛。同时，交通管理水平得到了一定程度的提升。

2013—2017年，“十二五”规划后期与“十三五”规划初期，武汉市交通运输能力下降，但交通建设和交通管理水平有所提升。在此期间，武汉市物流产业发展方式有所转变，公路、水路货运量迅速增长，而以大宗货物运输为主的铁路货运运输量下降。由于高铁迅速发展，铁路客运量快速上升，公路客运量有所下降。同时市内交通面临着较大压力，武汉市汽车保有量持续增长，交通需求持续增加，每万人公交车数量有所减少，不利于发展以城市公共交通为主导的交通发展模式。交通管理水平有所增长，武汉市逐步搭建了武汉智慧交通大数据中心和武汉市交通运行监管分析平台，实现了对交通流的实时监测和路况信息分享。

二、武汉市城镇化发展的时序变化规律

武汉市城镇化发展水平的动态变化如图8-3所示，从1995年的0.01持续增加至2017年的0.79，武汉市的城镇化和工业化稳步推进，取得了显著成绩。随着“中部崛起”战略与“1+8”城市圈的深入实施，武汉市逐步加快城镇化和经济发展的步伐，经济城镇化稳步推进。随着武汉市“两型社会”建设的深入，资源节约型、环境友好型社会不断要求加快转变经济增长方式、缓解资源约束和环境压力，从而提高经济增长的质量和效益。在此期间，“以人为本”城镇化的重要性不断提升，政府愈加重视城镇化的质量。总体而言，武汉市的人口城镇化>经济城镇化>土地城镇化，武汉市城镇化发展水平在1995—2017年表现为以下特征：

首先，人口城镇化在1995—2001年呈现缓慢下降趋势，2002年后稳步上升，虽然在2011年有轻微回落。具体而言，非农人口比重从1995年

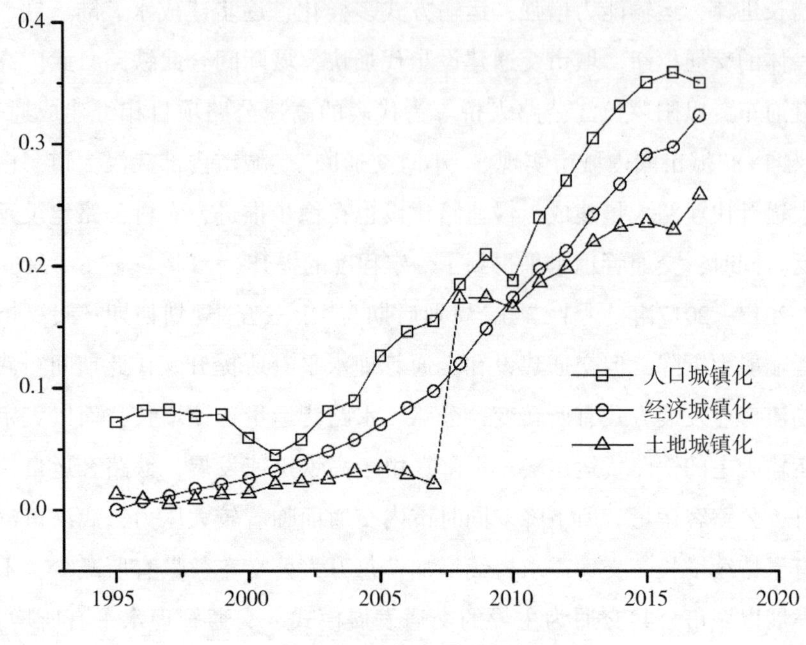

图 8-3　1995—2017 年城镇化系统发展水平

的 57.3%增加至 2017 年的 69%。高等教育水平得到显著提升，每万人高校在校生人数从 1995 年的 212.79 人提升至 1420 人。公共卫生服务水平有所增加，每万人医院床位数从 2008 年的 39.8 张快速增加至 84.1 张。1995—1999 年，武汉市人口城镇化综合水平稳步维持在 0.1 以下，作为中部城市，武汉市的人口经济总量和总体发展水平远低于东部沿海地区。随着武汉市在 1998 年实行“撤县并区”政策，周边的黄陂县、新洲县、江夏县、汉南县等相继成为武汉郊区，但这些地区城镇化水平相对较低，充足的土地资源为解决武汉市城镇化空间发展制约问题提供了空间载体。随着“中部塌陷”问题的逐渐凸显，2004 年国务院首次明确提出“中部崛起”战略，中部地区尤其是武汉市迎来了重大发展机遇，对内对外开放水平不断提高，制约性因素逐步减少，城镇化率和城镇化质量也不断提高。

其次，经济城镇化水平在 1995—2017 年呈现出稳步上升的趋势，在 2005 年后经济城镇化的增长速率加快。其中，居民储蓄规模不断攀升，人均居民储蓄余额从1995年的3231元/人稳速增长至2017年的63157.7元/人；收入能力水平攀升，人均财政收入从1995年的80158.1元/人逐步增长至2017年的2458170元/人。居民消费能力逐年攀升，人均社会品消费额从1995年的4020元增加至2017年的56883.8元，人均固定生产投资从4333.7元增加至72264.1元，侧面反映了随着交通基础设施投资量的增加，交通装备质量和工程建造技术水平不断提升，从而有效促进了城镇化的发展。武汉市的产业结构持续优化，二、三产业比重从1995年的90%逐步发展到2015年的97%。区域经济发展一直是国家各项政策和改革推进的重点，作为城镇化高质量发展的重要支撑，经济城镇化从初期的以投资主导型经济增长方式逐步转变为以需求和创新推动的经济增长方式。随着经济发展逐步转型，武汉市经济城镇化质量不断提升，并通过逐步深化投资体制改革和改善投资环境，武汉市供给侧结构性改革取得一定成效，城镇化进入提质增效阶段。

再次，土地城镇化在1995—2007年变化不大，但2008年后土地城镇化迅速增加，并在2008—2010年赶超经济城镇化。随着人口城镇化和经济城镇化的不断推进，城镇用地需求大幅度提升，城市建成区面积不断扩大。具体而言，人均建成区面积与建成区面积比例在2007—2017年快速增加，从2007年的24.94m^2/人和2.61%分别增加至2017年的57.66m^2/人和7.39%。人均绿化面积有所增加，从1995年的7.63m^2/人增加至2017年的10.91m^2/人，但远低于国际上60m^2的最佳人居环境标准。总体上，武汉市的人口—经济—土地城镇化三者处于协调发展状态，且人口城镇化快于土地城镇化，这说明武汉市人口向城镇的集聚速度高于城市建成区扩展的速度，处于良好发展态势。

三、武汉市交通发展与城镇化的耦合协调分析

武汉市交通系统与城镇系统的耦合协调度从1995年的0.13增加至2017年的0.65，表明交通系统与城镇化的耦合协调度不断增加，协调发展类型由1995年的极度失调逐步转变至2017年的初步协调，如表8-4与图

8-4 所示。根据耦合协调程度划分可将该过程分为以下阶段：

表 8-4　武汉市交通与城镇系统耦合协调度

年份	城镇化发展水平	交通系统发展水平	耦合度	耦合协调度
1995	0.08	0.01	0.32	0.12
1996	0.10	0.02	0.40	0.16
1997	0.10	0.04	0.46	0.18
1998	0.10	0.06	0.48	0.19
1999	0.11	0.05	0.46	0.19
2000	0.10	0.05	0.48	0.19
2001	0.10	0.08	0.50	0.21
2002	0.12	0.22	0.48	0.29
2003	0.15	0.23	0.49	0.31
2004	0.18	0.27	0.49	0.33
2005	0.23	0.40	0.48	0.39
2006	0.26	0.51	0.47	0.43
2007	0.27	0.57	0.47	0.44
2008	0.48	0.55	0.50	0.51
2009	0.53	0.60	0.50	0.53
2010	0.53	0.64	0.50	0.54
2011	0.62	0.64	0.50	0.56
2012	0.68	0.77	0.50	0.60
2013	0.77	0.74	0.50	0.61
2014	0.83	0.73	0.50	0.62
2015	0.88	0.75	0.50	0.64
2016	0.89	0.74	0.50	0.64
2017	0.93	0.79	0.50	0.65

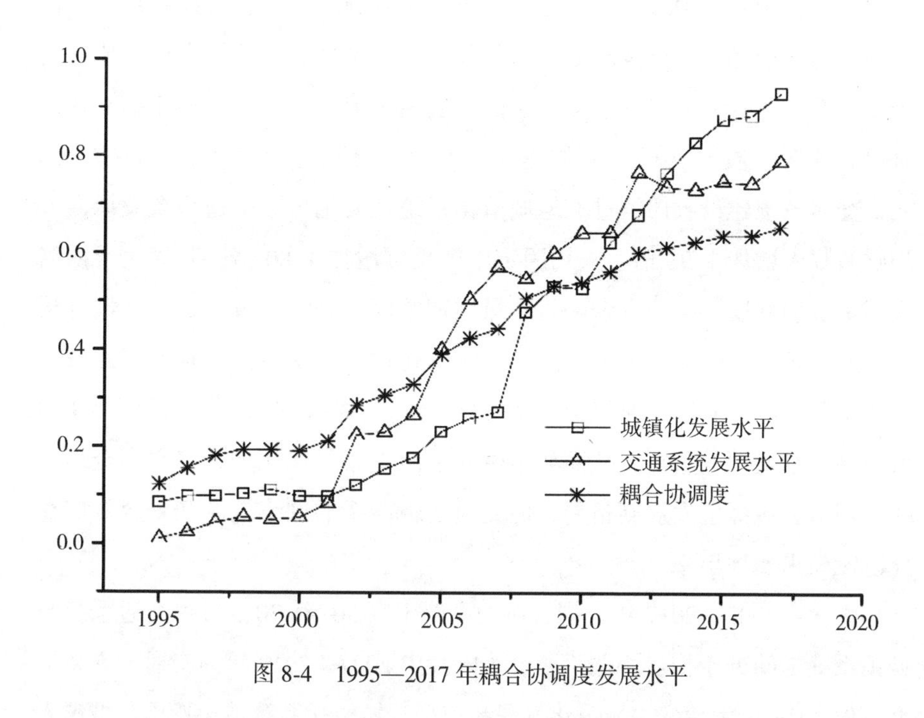

图 8-4 1995—2017 年耦合协调度发展水平

首先，1995—2002 年，耦合协调度低于 0. 30，表明交通系统与城镇系统之间处于极度失调至中度失调阶段。1995—2001 年，城镇化系统综合发展水平高于交通系统，城镇化推进速度优于交通系统，属于城镇化超前发展型。在此期间，二者差距逐渐缩小，直至 2002 年交通发展系统综合评分超过城镇化发展水平，发展模式转变为交通超前发展型。该阶段人口、经济与土地城市化维持在较低水平，非农人口比重低于 60%，人均建成区面积持续保持在 $26m^2$/人，人均居民储蓄余额低于 15000 元，人均居民储蓄余额翻倍。与此同时，交通需求相继增加，交通运输的能力得到大幅提升，公路货运量在 2001—2002 年从 898. 2 吨增至 7369 吨(720%)。城镇化的持续增加带动了交通发展，随着城乡间和城市间的人口迁移加快，武汉市的人口吸引力开始逐步增强，交通需求量迅猛增加，政府积极推进交通运输和交通建设，城镇化和交通发展的耦合程度增加。

其次，2002—2007年，耦合协调度处于0.30~0.50，交通系统与城镇系统之间处于轻度失调至濒临失调阶段。该阶段交通系统综合评分依然高于城镇系统综合评分，处于交通超前发展型，但二者差距在逐年缩小。该阶段城镇化发展与交通发展均提速，人均居民储蓄余额在15000~25000元，交通系统建设有序推进。但城镇化系统发展仍快于交通系统发展，人均财政收入增加1.98倍、人均固定生产投资增加1.80倍，明显大于铁路客运量增加幅度(84%)和铁路货运量增加幅度(77%)。虽然二者的耦合程度越来越高，但交通发展依然滞后于城镇化过程。交通建设是区域经济发展的重要基础，完善公路路网体系、打通省际"断头路"是促进区域协调和城市高质量发展的重点，从而科学引导生产力布局优化和人口空间合理分布、塑造区域经济发展新格局，但交通运输体系的网络效应和整合效应在此阶段尚未发挥出来。

再次，2007—2017年，耦合协调度处于0.50~0.70，表明交通系统与城镇系统之间处于初步协调阶段。该阶段中2007—2012年为交通发展超前型，但2013年后转变为城镇化发展超前型。城镇化系统加速发展，城镇人口快速增长，非农人口比例高达69.1%；同时，武汉市城镇经济发展迅速，人均居民储蓄余额达63157元；土地城镇化中人均建成区面积增加至57m^2/人。交通系统发展也在逐渐提升，但于2013年后增速减缓，落后于城镇化发展，其中，除交通管理水平有所上升外，交通运输系统中公路客运量、铁路货运量、每万人拥有公交车数量等均呈现减少趋势，交通道路建设相对滞后。快速发展的城镇化亟须交通系统的匹配，以保证城镇化可持续发展。目前二者耦合程度虽持续提高，但增速有所减缓。武汉市是"1+8"武汉城市圈的核心城市，也是长江经济带沿线的重要节点城市，政府已充分意识到交通一体化发展的必要性，城市内部修建地铁、高架桥等，打造立体交通体系，城市对外建设高铁、水运、机场等，打造现代化高效的交通网络。随着未来交通一体化的加速，武汉市将在产业发展、社会公共资源共享、区域经济联合发展等方面起到引领作用，不断加深和推进城镇空间的高质量发展。

四、武汉市交通发展与城镇化耦合协调发展的问题诊断

交通发展与城镇化关系密切，城镇化为交通发展建设运营提供了基础与保障；交通发展对提升城镇化水平、构建区位优势、整合城市之间的资源等具有重要影响。1995—2017年，武汉市交通发展与城镇化的耦合协调水平持续提升，但仍处在初级协调的阶段，具有较大的优化空间。2013年后，随着武汉市城镇化的飞速发展，交通系统发展稍显滞后，城市内部发展及武汉城市圈逐渐暴露出城区交通拥堵严重、区域发展不协调、土地资源利用不集约等问题。

1. 交通资源供需矛盾突出，交通道路资源供给无法满足城镇化需求

城市内部交通道路资源供给赶不上快速城镇化对交通建设不断增长的需求。近年来武汉市道路建设快速增长，直至2020年城市道路网密度增长至6.0km/km^2。但与国内同规模的城市相比，如杭州、郑州等城市，道路网密度明显偏低，其中青山区路网密度仅为3.6km/km^2(中国城市规划学会城市交通规划学术委员会，2020)。同时，道路交通网络等级结构失衡现象突出，城市快速路承载了较大的交通流量，相比之下城市次干道、支路建设滞后，不合理的路网结构加剧了中心城区交通压力(吕潇，2014)。此外，由于快速路建设系统性不足，大规模改建工程致使快速路交通拥堵日益严重，交通一体化建设不够高效(庄捷，2014)。在交通需求方面，近年来武汉客、货运量和机动车辆大幅增长，其中机动车总量呈井喷式增长，2008—2018年从78万辆增长至300万辆(刘进明等，2015)。目前，城市道路建设质量远远满足不了城镇化发展形势的需求，武汉城市圈要形成一个强劲的经济增长极，更好地发挥承东启西的战略支点作用，必须加快构筑包括公路、铁路、航空和水运在内的现代化立体交通网络，实现交通一体化。

2. 交通结构亟须优化，交通发展与城镇化存在失调现象

相比于同类城市，武汉市交通分担率中公共交通(常规公交车与地铁)与慢行(步行道与自行车道)所占比例偏低。近年来，武汉市大力发展轨道交通建设，轨道交通出行占公共交通出行的比例增加至40%(湖北省住房和城乡建设厅，2019)。但由于轨道与常规公交仍处在竞争关系，常规公交投资力度相对较低、线路重复率高且拥堵现象严重，公共交通出行占机动化出行的比例仍处在低水平阶段。同时，武汉市城市步行与骑行空间未得到良好建设，中心城区既有道路慢行系统规模与出行空间不佳。

同时，武汉市综合交通枢纽呈现出单体扩张的特点，不同交通枢纽相互竞争，且缺乏交流与合作。武汉市机场、火车站、公路客运站、港口等各类城市交通枢纽建设逐步完善，与其他城市之间的合作日益频繁，然而城市内部各交通枢纽缺乏合作机制，甚至出现竞争现象。例如，武汉市天河机场与铁路的大部分服务距离均为1000km内，航空与铁路出现客流恶性竞争，缺乏垂直合作(叶道均，田锋，2018)。同时，在交通运输方面，存在运输方式规划统筹协调不足、多模式运输衔接出现矛盾、运输效率降低等问题(叶浩，2019)。

城镇化不断推进交通基础设施的发展和完善，根据以上研究结果判断，目前武汉市城镇化与交通基础设施耦合协调程度较低。交通基础设施是促进城镇空间高质量发展的重要内容，也是城镇化顺利推进的基本保障。城镇化与交通发展息息相关，如果两者协调发展中存在发展不均衡、资金来源匮乏等问题，会导致一系列城市问题的产生和恶化，如城镇土地的粗放利用、交通拥堵、生态环境恶化等。本研究建议加强交通一体化建设，并统筹协同城市规划与交通规划，从而促进城镇化和交通发展的协同发展，这对于武汉市经济社会与环境可持续发展具有重要意义。

3. 交通建设与城市可持续发展产生冲突，资源环境问题突出

武汉城市外围与内部规划均超前于交通规划，对交通规划与实施造成

了压力。近几年来，武汉城镇化广泛寻求土地空间扩张的“外延式发展”，建成区面积从2007年的222.3km^2增加至2017年的628.11km^2，土地城镇化速度远远快于人口城镇化速度。“1+6”主城+新城组群的空间布局对道路建设与公共交通网络覆盖造成巨大压力。而目前，武汉的发展模式逐渐转向注重存量利用效率、提升城市品质和活力的“内涵式发展”(市委组织部，2020)，大力推进主城区“三旧改造”(旧城区(棚户区、危旧房)、旧厂房、旧村庄(城中村))，这意味着人口将持续向城市中心聚集，主城区有可能出现交通拥堵加剧的情况。

交通建设与城市可持续发展冲突，具体表现在交通发展对城市生态环境造成了压力。在城镇化进程中，交通发展需要投入有限的城市土地资源进行交通基础设施建设，与城市绿地资源建设产生矛盾。2012—2017年，武汉市人均道路面积与人均公共绿地面积呈现出此消彼长的变化趋势，截至2017年，人均公共绿地面积仅为10.91m^2，城市建设过程中绿地被占用较多，公园的服务半径不够(余瑾毅，赵琴，2018)。同时，武汉市交通二氧化碳总排放在2005—2017年逐步增加，截至2017年，交通二氧化碳占全省总排放10%，空气污染、温室气体排放等问题也日益严峻(蒋小谦等，2019)。

五、政策启示

未来要提高交通发展与城镇化的耦合协调水平，应从提升交通水平和持续优化城镇化发展入手，以实现交通系统与城镇化系统的协同发展。

根据问题诊断结果，武汉市未来应加大交通建设投入力度，优化交通道路网络建设，并提高交通管理能力，从而促进城镇化系统健康生长和区域协调可持续发展。首先，在道路建设方面，应持续提高城市建成区路网密度，优化城市道路网络的整合功能。为提高城市有限空间的道路资源利用率，应在保证主干道正常建设的基础上，将重点放在次干路、支路的建设中，打通城市交通体系中的“毛细血管”。其次，在出行结构上，大力发展公共交通以及持续建设慢行系统，实现以“公交优先”与“绿色出行”为理念的城市可持续发展。为了增加公共交通出行方式的分担率，应提高公交设施覆盖率与可达性，并实现常规公交、共享单车、共享汽车等交通方式与地铁无缝衔接。此外，减少交通出行还需要在城市主次干道完善慢行交通和城市绿道。再次，在交通运输上，发展多式联运，以弥补接驳换乘的设施短板。最后，在交通管理上，应控制机动车增长，城市居民机动车拥有量的增长与人均收入和城市道路设施建设等情况息息相关(吕潇，2014)，应注意提升城市居民的生态环保理念，鼓励居民绿色出行、绿色消费，创建环境优美的建成环境，提升居民在城市生活的幸福感。

虽然目前城镇化系统发展优于交通系统，但城镇化系统也需要进行不断优化，应注重"以人为本"城镇化的高质量发展、土地资源的节约集约利用和区域经济可持续发展等。首先，应发挥交通走廊与枢纽作用，加强建设立体交通枢纽的合理开发，实现城市之间、区域之间资源要素的合理流动，发挥土地增值效益。其次，应加强轨道交通枢纽周围建设，运用 TOD 理论和联合开发理论发挥轨道交通枢纽点的乘数效应及其对城市活力的影响，构建可达性强的社区生活圈。再次，在城市发展过程中，也要注重生态系统的保护与平衡，通过提高人均绿地面积，实现资源环境和城镇化的可持续发展。城镇系统和交通系统相互依托、相互影响，共同促进城市可持续化发展和城镇空间高质量发展。

第九章
京津冀地区交通发展与城镇化的耦合协调及问题诊断

从全球重要担当角度分析，特大城市群地区是国家经济发展的战略核心区和国家新型城镇化的主体区，担当着世界经济重心转移承载地的历史重任。在全球城镇化与经济全球化进程加快的双重过程中，城市群的快速扩展已经成为带有普遍意义的不可阻挡之势。根据联合国预测，到2050年全球城镇人口比例将超过75%。《国家新型城镇化规划(2014—2020年)》、国家“十一五”“十二五”以及党的十七大、十八大报告均把城市群作为推进新型城镇化的主体，并把城市群作为新的经济增长极(方创琳等，2016)。近年来，我国城镇化发展逐渐突破城乡分割和“行政区划经济”障碍，表现出区域“同城化”发展的新趋势(彭震伟，屈牛，2011)。区域交通一体化在这个过程中受到越来越多的关注，也逐渐成为城市群实现经济一体化、产业一体化、城乡一体化的重要突破口。城镇化与交通一体化耦合研究，一方面对于解决城市群内部交通拥堵问题、优化城市群空间结构、实现城市群可持续发展具有重大意义，另一方面为我国制定科学合理的城镇化发展政策以及绿色可持续交通建设政策提供重要的科学依据。

从协同发展驱动的角度，2015年4月30日中共中央政治局召开会议审议通过了《京津冀协同发展规划纲要》，成为高层力推的国家级区域规划，其核心就是有序疏解北京非首都功能，调整经济结构和空间结构，走一条内涵集约发展的新模式。京津冀协同发展的重点突破口是推动京津冀交通一体化、生态环境保护一体化和产业升级转移一体化等。这期间有必要协调好京津冀地区在协同发展过程中的城镇化、交通建设与生态环境的关系，急需通过开展城市群地区城镇化与交通一体化耦合机理及交互关系的系统研究，定量揭示京津冀协同发展程度与交通约束之间的关系，进而为京津冀协同发展提供系统性和整体性的科学数据支撑，为进一步落实《京津冀协同发展规划》、推动京津冀协同发展提供科学精准的协同决策支持依据。

第一节　京津冀地区交通发展的时空分异特征

一、时序变化规律

图 9-1 展示了 1984—2016 年京津冀地区交通系统的发展趋势。总体上交通综合发展水平呈稳步上升趋势，表明改革开放以来，在城镇化和工业化的双轮驱动下，交通运输业投资不断增加。无论是在交通基础设施规模、运输服务质量、技术装备等方面，还是在发展理念转变、体制创新、市场发展等方面，均取得了长足的进步，交通综合发展水平持续提升。

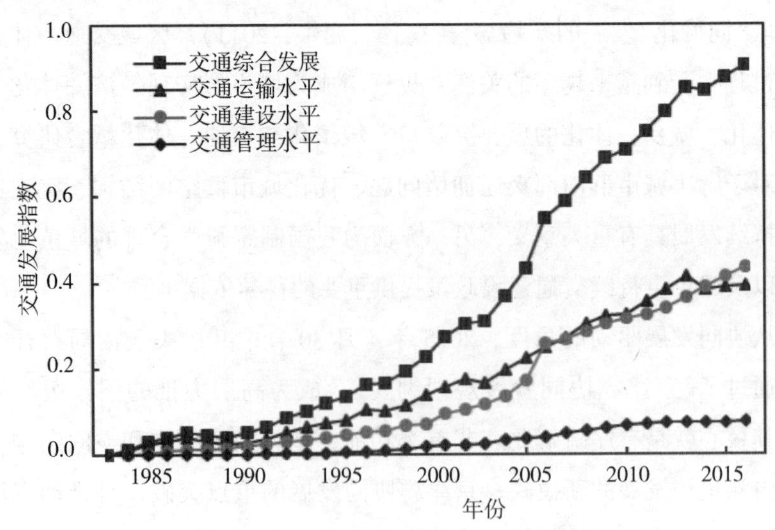

图 9-1　1984—2016 年京津冀地区交通系统发展趋势

改革开放初期到现在，中国经济不断增长，交通运输基础设施建设的速度也很快，但由于运输基建需要庞大资金，改革开放初期市场经济体制尚处于探索阶段，这期间交通道路建设存在项目融资困难和技术限制等问题，交通运输水平较低。20 世纪 90 年代开始，国家开始重视交通运输产业发展，交通运输设施和装备水平进一步提高。京津冀地区加强货物运输组织工作，进一步完善客货运网络，京津塘高速公路和京九铁路全线贯通，京广线郑武段电气化改造完成，京津冀地区运输能力得到极大提升。同时，运输技术快速发展，集装箱运输成为发展最快的运输形式，各种运输方式间的多式联运迅速推广，散装运输等新的运输形式也有了快速发展，货运水平大大提高。在大规模建设交通基础设施的同时，各种运输方式间的竞争局面逐步形成，铁路推行、客运提速，大大缩短了运营时间、提升了运输质量。2001 年，中国加入 WTO，在对外经济的刺激下运输需求进一步增加，京津冀地区交通运输水平一直处于快速发展阶段。其中 2003 年由于“非典”影响，客运量减少，交通运输发展指数出现下跌。2014 年，交通运输发展指数出现小幅下跌，之后趋于平缓，一方面，京津冀地区交通发展已经步入完善阶段，内部地铁、公路、快速路、慢行交通等立体交通已逐步形成，但北京、天津、河北各市之间的联通性道路有待加强，交通一体化是实现京津冀协同发展的基础。另一方面，随着新型城镇化对京津冀资源环境的新需求，为了推进京津冀地区走绿色可持续发展之路，2014 年北京实现铸锻、建材、化工、包装及印刷等行业共 392 家污染企业关停退出，到 2016 年累计关停一般制造业和污染企业超过 1000 家。在结构调整阶段，京津冀地区的交通运输需求量出现一定程度的回落。

交通建设水平和交通运输水平的发展趋势较为一致，1984—2016 年期间两者整体上呈上升趋势，但在不同阶段其发展速度有所不同。改革开放初期，随着国民经济发展和改革开放不断深入，交通运输业发展滞后，逐渐成为国民经济中最薄弱的环节，交通建设和交通运输的速度较慢。自 20 世纪 90 年代开始，国家制定的产业政策把交通运输业放在优先发展地位，加大了对交通建设的投资力度，全社会发展交通运输的积极性空前高涨。

“八五”“九五”规划时期，京津冀地区加大对交通基础设施的投入，组建干线公路快速客运系统，使得交通建设水平得到稳步提升，京津塘高速公路和京九铁路分别于1993年和1996年全线贯通，改善了公路运网结构。为应对1997年亚洲金融危机，国家采取积极的财政政策，加大基础设施投入，交通建设水平得到进一步提升。因此，1990—2000年京津冀交通建设水平得到平稳快速的发展。2001年中国加入WTO，使得全国经济和社会发展进入新时期，带动了交通建设需求和投资的增加，2001年之后交通建设发展速度再次提升。交通建设发展指数在2006年大幅度提升，主要由于2006年是北京奥运会筹办工作的关键之年，对交通建设投入巨大，2007年之后恢复到与之前相当的发展速度。

交通管理水平发展趋势较为平缓，大致可分为三个阶段。改革开放初期，我国邮电通信网络规模小、技术层次低、通信质量差、工作效率低。1980年3月，邓小平同志就我国经济发展规划发表谈话，把交通和通信放在重要位置，为邮电通信业的腾飞奠定了思想基础。之后，国家为发展通信采取了一系列重要措施和优惠政策，邮电通信业投资规模逐年加大，推动了我国通信事业的发展。在80年代后期，邮政业放开了快递业市场，民营和外资的快递企业也逐渐发展、壮大起来。1985—1997年，交通管理水平尽管起点低，但仍然在探索中，并且不断发展。1997年1月，原邮电部做出了在全国实施邮电分营的重大决策，并试点运行，1998年邮电正式分离，邮政业和电信业开始进行专业化经营，开展竞争与合作，最大限度地发挥服务效能，邮电业务总量迅速提高。随着组织机构的深一步改革、邮电技术进步、通信基础设施的大量投入以及网购兴起带来的快递业务迅猛发展，邮电业务进入规模扩张阶段，交通管理水平得到长足发展，在1998—2010年处于高速发展阶段。伴随电信业大规模网络建设的基本完成，投资规模趋于稳定，2010年之后的交通管理水平发展趋于平缓。

综上所述，交通建设水平、交通运输水平和交通管理水平之间相互影响、相互促进。交通建设是交通发展的基础，交通运输的发展依赖于交通建设，交通建设水平的提高有利于交通运输水平的提高。反过来，交通运输水平的提高将对交通基础设施供给形成倒逼，促使交通建设水平提高。交通建设和交通运输水平的共同提高，则需要更高水平的交通管理能力为保障，三者之间相互促进、交互反馈，共同促进京津冀地区交通一体化和区域协同发展。

二、时空分异特征

图 9-2 为京津冀地区各地级市交通发展水平的时空分异情况。从图中可以看出，各地级市的发展进程均不相同，存在较大区域差距。北京作为政治中心，交通发展水平从 1984 年的萌芽阶段不断发展，在 2005 年步入发达阶段。尤其是 2005 年以来，北京市全面贯彻落实公共交通“两定四优先”政策，不断扩大公共交通基础设施规模，提升服务水平，增强公共交通吸引力。到 2016 年，北京的交通发展指数达到 0.671，在京津冀地区排

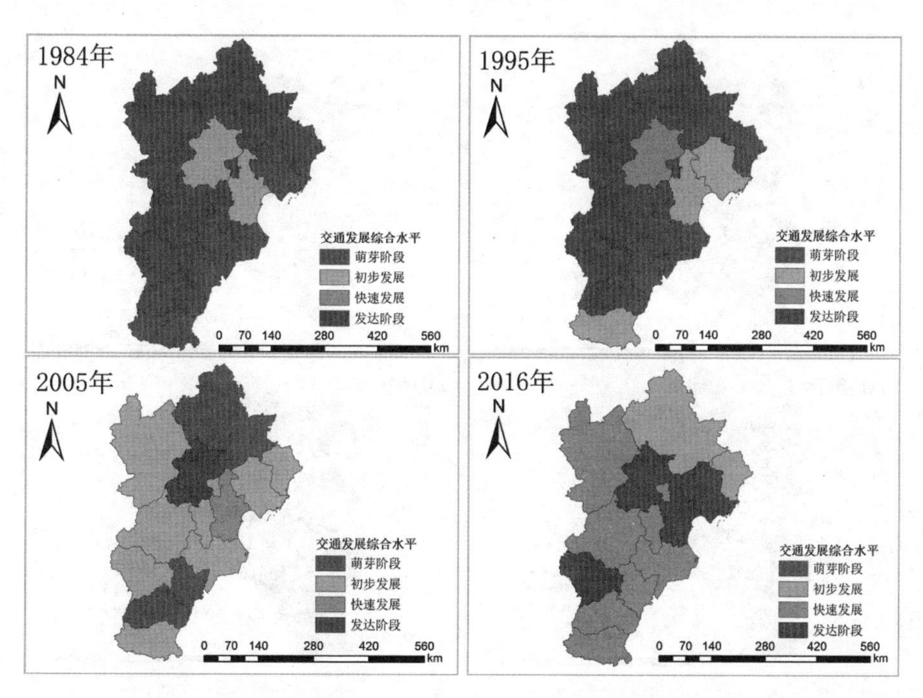

图 9-2　京津冀地区各地级市交通发展水平的时空演变

名首位。而天津凭借港口区位优势，交通发展水平也迅速提升，在 2016 年进入发达阶段。纵观河北省，1984 年各市均处于萌芽阶段，此后十年间发展缓慢，到 1995 年大部分市仍处于萌芽阶段，到 2005 年，秦皇岛、唐山、廊坊和石家庄等少数城市才开始步入初步发展阶段，到 2016 年，仅唐山的交通发展水平达到发达阶段。进入 21 世纪，河北省经济快速发展，这也促进了交通水平的快速提高，随着京津翼交通一体化政策的出台，到 2016 年，除邢台和保定外，河北省其他各城市都已经处于快速发展阶段。值得注意的是，虽然秦皇岛的城镇化发展水平已达到发达阶段，但是其交通发展水平仍比较落后，处于初步发展阶段，交通发展进程滞后于城镇化发展。

从交通建设的发展水平(图 9-3)来看，经过 30 年的发展，京津冀地区各地级市的交通建设发展水平都取得了相当迅速的发展。从图中可以看

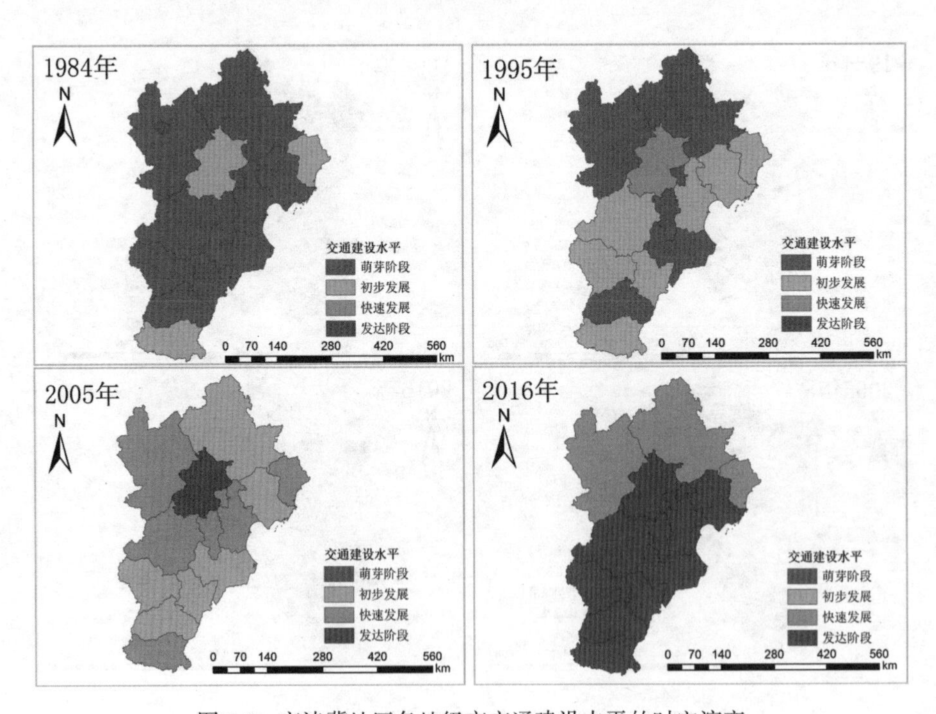

图 9-3　京津冀地区各地级市交通建设水平的时空演变

出，1984年北京、秦皇岛和邯郸处于初步发展阶段，其他城市均处于萌芽阶段。到1995年，北京进入快速发展阶段，唐山、天津、保定、石家庄和衡水也开始进入初步发展阶段，而到2005年，北京交通建设水平已经步入发达阶段。“十二五”综合交通运输体系规划中提出，建设京津冀、长江三角洲、珠江三角洲三大城市群的基础是构建以轨道交通为主的城际交通网络。在城市群内核心城市之间，应加快高速公路改扩建和高速铁路的网络化。在中小城市、城镇之间及城镇分布较为密集的走廊经济带上，视运输需求，加密高等级公路网络、提升省道技术等级或以城市快速路的形式建设相对开放的快捷通道，并注重与区际交通网络的衔接。京津冀城市群的交通建设水平在这一阶段得到快速提升，到2016年除张家口、承德和秦皇岛外，其他城市都已经步入发达阶段。

从交通运输水平的发展情况(图9-4)来看，依然是京津地区的发展水平远高于河北地区。北京的交通运输水平从1984年的初步发展阶段逐步提升到1995年的快速发展阶段，到2005年达到发达阶段。而天津市经过30年的发展，也从1984年的初步发展阶段逐步提升到2016年的发达阶段。河北省各地级市在1984年处于萌芽阶段，经过缓慢发展，到2016年仅唐山、石家庄和邯郸进入快速发展阶段；衡水和承德仍然处于萌芽阶段，交通运输发展水平落后，其他城市则处于初步发展水平，相对于京津地区，河北省交通运输能力差距明显。北京、天津、唐山和石家庄是交通运输水平增长速度最快的四个城市，这与城市的经济发展水平和城镇化进程紧密相关。北京和天津是京津冀地区的核心城市，石家庄是河北省省会城市，唐山是河北省GDP总量最多的地级市，这四个城市快速的经济发展和城镇化带来了客运量和货运量的快速增加，也推动着城市内部和对外交通网络的逐渐完善，城市的交通运输能力得到快速发展。而在河北省的一些经济发展落后地区，城市交通网络系统不够发达，造成交通运输能力相对落后，交通对城镇化的引导作用不明显。

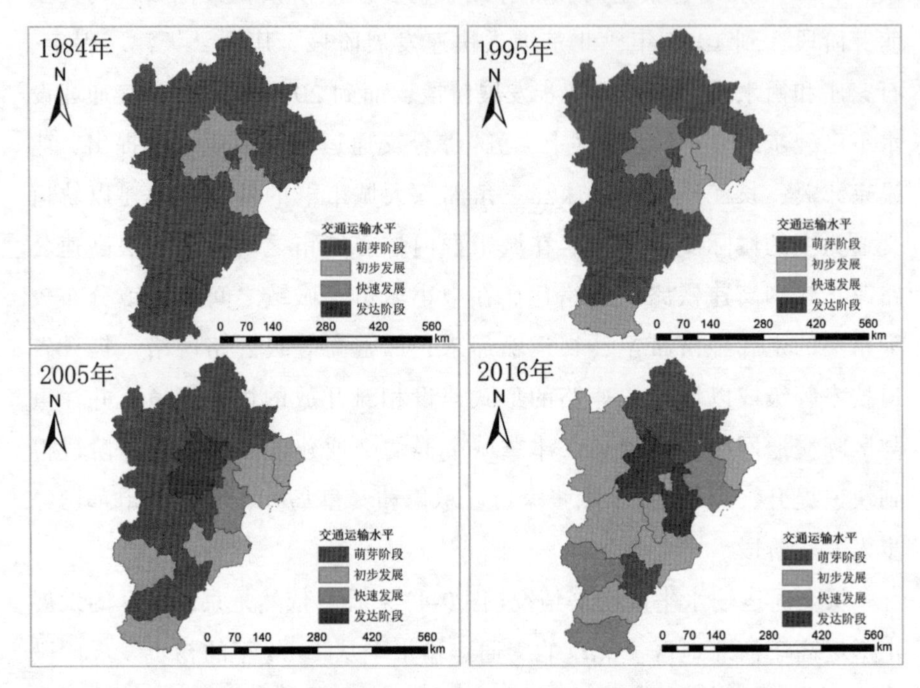

图 9-4 京津冀地区各地级市交通运输水平的时空演变

从交通管理水平(图 9-5)来看，京津冀地区整体发展速度相对缓慢，但也呈现出北京快速提高、天津次之、河北相对落后的空间局面。到 1995 年，京津冀城市群各地级市处于萌芽阶段，到 2005 年，北京市开始步入快速发展阶段，天津市处于初步发展阶段，而其他城市仍然处于萌芽阶段。反映交通管理水平的关键指标是邮电业务总量，即邮政业务总量和电信业务总量的和，尤其近年来，随着快递等新兴行业的快速推进，北京、天津邮电通信业务总体保持高速增长态势，邮电通信业结构持续优化，在 2016 年北京和天津已经步入发达阶段。总体而言，北京和天津的交通管理水平增长速度最快，而河北省各地级市的增长幅度极其缓慢，在 2016 年河北省仍处于萌芽发展阶段。因此，京津冀地区的交通管理水平空间上的分布极不平衡，尤其是河北应该加强交通管理水平建设，缩小与京津的区域发展差距。

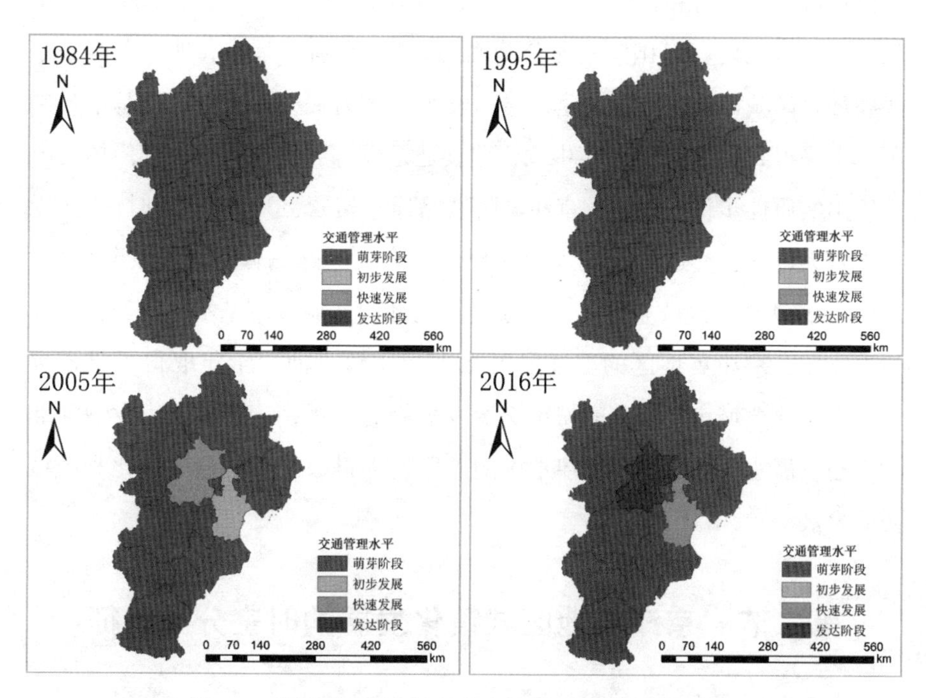

图 9-5　京津冀地区各地级市交通管理水平的时空演变

总体上，虽然各城市的交通发展水平均有所提高，但具体而言，除了交通建设水平外，交通运输水平和交通管理水平相对发展缓慢，空间布局上呈现出京津地区高、河北省相对落后的不均衡现象。从发展进程来看，自 20 世纪 90 年代开始，交通运输不断加大改革开放力度，各种运输方式发展取得突破性进展，尤其北京、天津这些发达城市的经济社会和城市现代化步伐稳步推进，为交通发展提供了前所未有的机遇和条件，但河北省各地级市由于发展基础薄弱，交通发展水平并不高。从 1997 年起，铁路连续进行了六次大提速，同时公路和水运实施“三主一支持”规划，着力发展现代化交通运输体系，有效发挥公路主骨架、水运主通道、港站主枢纽的作用。随后国家深化港口管理体制改革，加快港口建设，推进了天津这种港口城市的交通快速发展，以及后来实行邮电分营和邮政政企分开，邮政向信息流、资金流和物流“三流合一”的现代邮政业方向发展。2004年《中长期铁路网规划》和《国家高速公路网规划》出台后，京津冀地区尤其是京津和环京津城市的铁路和高速公路运输水平大力提升，交通运输基本公共服务水平得到提高。2008年中国组建交通运输部，交通运输大部门体制改革迈出实质性步伐。同年，京津城际铁路通车运营，开启“高铁时代”。党的十八大以来，交通运输进入加快现代综合交通运输体系建设的新阶段。2013年，铁路实现政企分开，交通运输大部门体制改革基本落实到位。在最近十年，京津冀地区的交通发展水平相比较于前二十年取得了迅速提升。但京津冀城市群内部的城市交通发展极为不平衡，应该大力发展河北省交通发展水平，缩小与京津地区的差距，促进京津冀交通一体化和区域协同发展。

第二节　京津冀地区城镇化发展的时空分异特征

一、时序变化规律

图9-6展示了京津冀城镇化水平的时序变化趋势，总体而言，城镇化水平在1984—2016年保持着明显的上升趋势。这表明京津冀地区在改革开放以来中心城市发展较快，城市规模不断扩张，非农人口每年呈增长态势；同时，城市地域范围也不断向外围扩张，相比20世纪90年代建成区面积增长快速。从发展阶段来看，1984—2000年为平稳发展阶段，2001—2016年为快速发展阶段。可见，2001年中国加入WTO对我国城镇化产生了重大影响，同时，2001年河北省将城市化列为四大主体战略之一，制定了一系列推进城镇化进程的战略规划，取得明显成效。

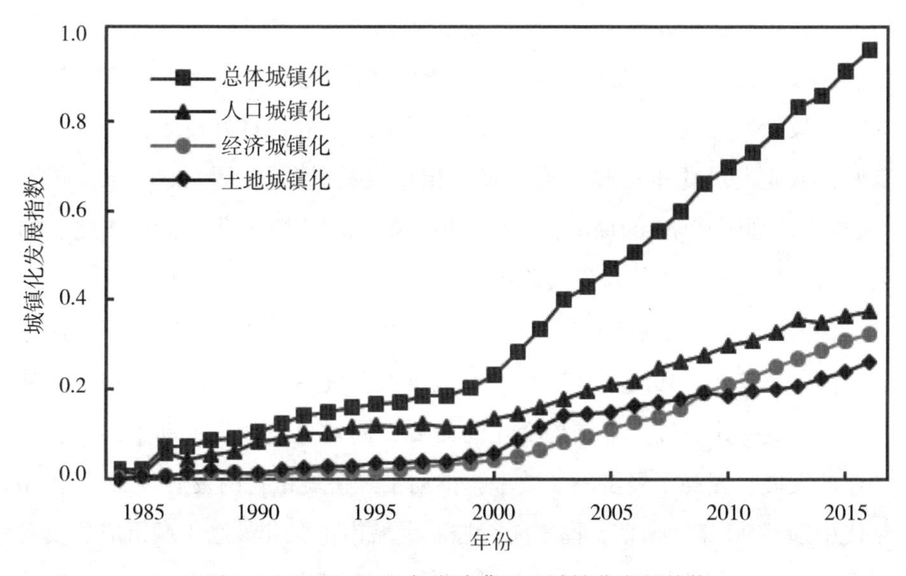

图 9-6　1984—2016 年京津冀地区城镇化发展趋势

1984 年，国务院发出《关于农民进集镇落户问题的通知》，要求各级人民政府积极支持有经营能力和有技术特长的农民进入集镇经营工商业，公安部门应准予其落常住户口，统计为非农业人口，口粮自理。这标志着我国原有的户籍制度开始有了松动，打开了二元户籍制度的一个缺口。之后一系列户籍制度改革政策出台，进一步拓宽了农村人口向城镇流动之路。加上教育和医疗的改革和投入不断增加，人口城镇化在 1984—2016 年总体上呈上升趋势。1984—1999 年，人口城镇化发展较为缓慢，甚至在 1998 年出现了人口城镇化指数下降的情况，主要原因是 90 年代国有企业改革，大量国企工人下岗。据《中国统计年鉴》记载，国有单位职工数自 1994—2002 年连续下降，加上 1997 年亚洲金融风暴的影响，1998 年国有企业职工人数从 1997 年的 10766 万人暴跌至 8809 万人，从业人员比重急剧下降，使得 1998 年人口城镇化指数下降。之后国企职工下岗趋势减缓，由于下岗职工的再就业和经济发展带动就业，从业人员比重下降趋势减缓，加上户籍制度改革的推进和1999年高校扩大招生人数等政策的出台，使得非农人口占比和高校在校人数增加，人口城镇化在1998—2001年处于缓慢发展阶段。2001年之后，中国加入WTO，开始了城镇化、工业化双擎带动的新局面，鼓励农民进入城市就业。同时，国企改革取得良好成效，经济发展良好，从业人员比重稳步上升，高校招生规模持续扩大。2002年，随着“实施人才强国战略”的提出，高校在校人数比例不断提升，2002年之后的人口城镇化一直处于快速发展阶段。

经济城镇化发展趋势与人口城镇化较为一致，在1984—2016年同样呈现整体上升趋势。1984年以来的户籍制度改革允许农民到城镇落户，既是经济发展到一定程度产业结构变化的需要，同时也进一步推动了第二、三产业的发展，提高了经济发展效率，推动了经济城镇化的发展。20世纪80年代中期到90年代初期，国家实行控制大城市扩张和鼓励小城市成长及发展农村集镇的新政策，这一时期，城市经济体制改革成为重点，大力推动着小城镇的城市化过程。这一阶段城镇化的特点是老城市发展比较缓慢，新城市特别是小城镇、小城市呈现出快速发展特征。1992年以后，国家鼓励发展工业和服务业，第二、三产业得到了前所未有的发展。2000年，我国提出走符合我国国情、大中小城市和小城镇协调发展的多样化城镇化道路，逐步形成合理的城镇体系。1984—2000年，虽然经济城镇化发展速度比较缓慢，但为之后的城镇化发展奠定了基础，经济城镇化在新的契机下必将加速发展。2001年，中国正式加入WTO，标志着中国的对外开放进入一个全新的阶段，我国对外经济发展也进入新阶段。固定资产投资的增长、产业结构的调整、就业机会的增加，必然带来财政收入和人民收入、消费需求的持续增加，使得2001年之后的经济城镇化快速稳步推进。

改革开放以来，我国城市土地利用规模迅速扩张，经济开发区和新城区不断增多，1984—2016年土地城镇化水平总体上也呈现上升趋势。1984年和1986年国家先后放宽建制市镇的标准，建制市的数量大幅增加，加速了土地城镇化的进程。1998年随着“小城镇、大战略”的提出，小城镇建设加速进行。由于基础薄弱，1984—2000年土地城镇化水平仍然较低且发展缓慢，2001—2003 年，土地城镇化发展速度加快。一方面，高速增长的房地产行业带来城市土地开发的加速，另一方面，中国加入 WTO 后外商投资的大量涌入带来了经济的快速发展、城市规模的扩张和建成区面积的增加。由于过快增长的房地产行业暴露出房价过高、土地利用结构不合理、城市收缩等问题，我国政府在 2004 年明确提出土地政策参与宏观调控。国务院下发了《国务院关于深化改革严格土地管理的决定》，针对当时存在的圈占土地、乱占滥用耕地等突出问题，提出了最严格的土地管理要求。因此，粗放式的土地城镇化得到遏制，土地城镇化速度放缓，并在 2010 年开始落后于经济城镇化。2014 年，我国开展国家新型城镇化综合试点工作，鼓励走新型城镇化之路，推动农业人口就近城镇化，逐步完善土地利用机制和提高土地利用效率，使得城镇化中的土地难题找到突破口，土地城镇化迎来新契机，发展速度再次加快。

综上所述，人口城镇化、经济城镇化、土地城镇化三者之间存在着互动关系。首先，经济城镇化与人口城镇化存在一定的因果关系。经济城镇化进程一方面会导致城乡之间收入和生活水平的差距拉大，从而吸引农村人口向城镇转移；另一方面，第二、三产业比重扩大，会直接引发区域第一产业的劳动力过剩和第二、三产业劳动力的不足，从而驱动农村人口向城镇转移。当然，人口城镇化也会通过提升区域劳动力结构和消费结构来影响经济城镇化进程。在两者相互联系、相互影响的基础上，经济城镇化更多地表现为因，而人口城镇化更多地表现为果。其次，土地城镇化是人口城镇化的必要条件。土地城镇化为人口提供更多的发展空间，同时人口城镇化的发展使土地需求增加，当农村劳动力转移到城镇就业、生活时，必然产生对城市基础设施、公共服务设施、商业服务设施和住宅等的巨大需求，进而带动相关用地需求的增长，因而人口城镇化对土地城镇化产生推动作用。城镇空间的扩展为第二、三产业的发展提供用地支撑，进而促进城市部门就业的增长和农村劳动力的转移。从理论和实践发展来看，城镇化过程首先是土地利用类型的转变，是农用地转变成建设用地的过程。之后，经济城镇化随之开始发展，二者之间会有一定的时间滞后性，因为土地用途转变后，基础设施、各项产业的建设以及投产运营需要一定的时间。从长期来看，土地资源总量是有限的，因而土地的城镇化速度应该是逐步放缓，但经济城镇化在合理的政策引导下，是可以实现持续增长的。到发展后期，应是经济城镇化发展持续领先于土地城镇化，从而实现在有限的土地上推动经济的可持续增长。

总之，城镇化是一个全面、立体的发展过程，最主要包括土地、经济与人口三个方面，分别体现了城镇化在面上、厚度与深度三维方向上的发展历程。人口是城镇化的主体，土地是城镇化的载体，经济是城镇化的动力，三者的城镇化过程相互影响、相互促进，共同构成整个城镇化的发展过程。

二、时空分异特征

为了呈现城镇化的不同发展阶段，结合诺瑟姆的城镇化发展“S 曲线理论”，将发展水平处于 0~0.1 定义为萌芽阶段，0.1~0.25 定义为初步发展阶段，0.25~0.5 定义为快速发展阶段，0.5~1 定义为发达阶段。

图 9-7 为京津冀地区各地级市城镇化总体发展水平的时空演变情况。从图中可以看出，京津冀城市群内部各市的城镇化水平大幅提高，但各市的提高幅度和总体发展水平都存在差别。1984 年，只有北京和天津的城镇化水平处于初步发展阶段，河北省 11 个市仍处于萌芽发展阶段。到 1995 年，北京已经进入城镇化的快速发展阶段，而天津和河北省的唐山、秦皇岛、张家口、石家庄城镇化也得到迅速发展，开始进入初步发展阶段。这一阶段得益于市场的开放和逐步放开对农民工进城限制的政策，北京、天津和河北省基础条件较好的地区城镇化水平开始快速发展。随着 1996 年社会发展“九五”计划中环渤海综合经济圈的提出，2001 年“大中小城市和小城镇协调发展”政策的提出，以及中国在 2001 年加入 WTO，京津冀地区各城市的城镇化发展水平在这一阶段开始飞速发展。到 2005 年，北京城镇化发展水平已经率先进入发

达阶段，城镇化发展水平从 1995 年的 0. 333 增加到 0. 649。除北京外，天津城镇化进程继续加快，也已经进入快速发展阶段，河北省秦皇岛市也位于快速发展阶段，其他城市才开始进入初步发展阶段。随着近年来京津冀一体化发展方案和京津冀协调发展的提出，整个京津冀地区的城镇化发展水平依然保持快速增长的趋势，到 2016 年，北京、天津、秦皇岛、石家庄均处于城镇化水平发达阶段，其他城市处于快速发展的阶段，其中北京的城镇化水平最高，达到 0. 867。

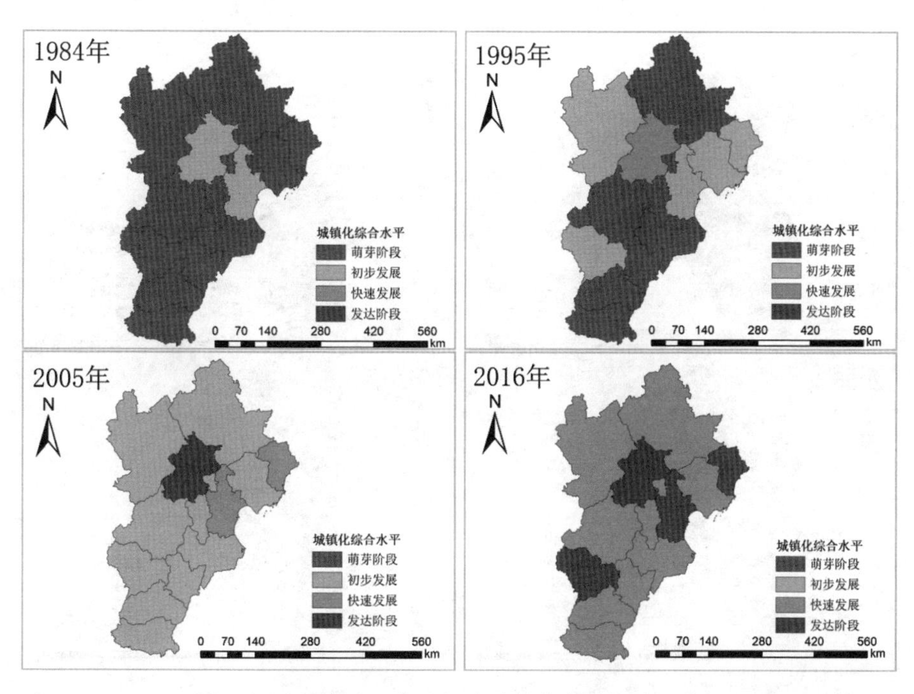

图 9-7 京津冀地区各地级市城镇化水平的时空演变

从人口城镇化发展水平的时空分布格局(图 9-8)来看，与城镇化总体水平大体一致，北京、天津、秦皇岛、石家庄增速较快。北京和天津作为我国 6 个超大城市中的 2 个，长期以来经济发展较快，各类资源和财力的集聚使得京津地区的区位优势明显，人口集聚能力最强，是京津冀城市群步入人口城镇化发达阶段最早的两个城市，北京市在1995年已经步入人口城镇化的发达阶段，天津市在2015年也已经步入发达阶段。尤其是近年来实施户籍制度改革，使得“农业”和“非农业”的二元户籍制度退出历史舞台，京津冀地区发达城市的人口城镇化过程加快推进。虽然河北省各市的人口城镇化水平有所增长，但各市发展速度极不均衡，到2016年，石家庄、秦皇岛和廊坊已经步入人口城镇化发展的发达阶段，其他地区仍处于快速发展阶段。

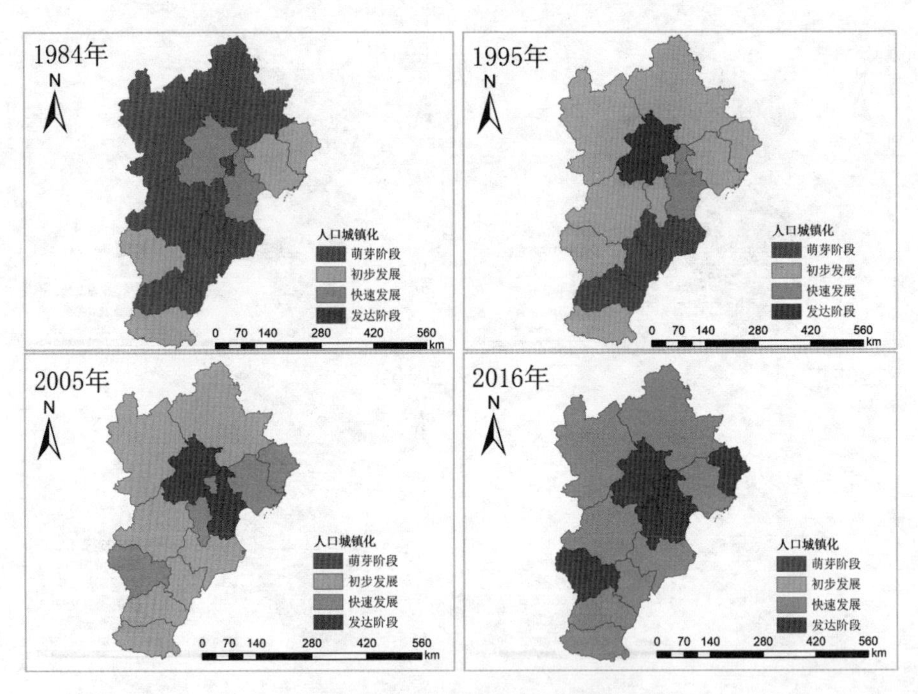

图9-8　京津冀地区人口城镇化水平的时空演变

从土地城镇化发展情况(图9-9)来看，京津地区相对于河北省各市来说，其发展速度最快。北京和天津作为城市群内部的“一核”和“双城”，是京津冀协同发展的主要引擎；其作为直辖市享有政策优势，通过加大基础设施建设来改善投资环境，促使城市土地扩张速度更快。北京市土地城镇化发展水平从1984年的初步发展阶段到2015年达到发达阶段，天津市在2016年也达到了发达阶段。反观河北省内部各地级市，土地城镇化水平增速不均衡，1984年河北省大部分地区处于萌芽发展阶段，秦皇岛率先在2005年达到快速发展阶段，唐山、保定、石家庄、邢台、邯郸也在2016年达到快速发展阶段，其他城市目前还处于初步发展阶段。值得注意的是，虽然廊坊的人口城镇化发展水平比较高，但是其土地城镇化发展速度却比较低。

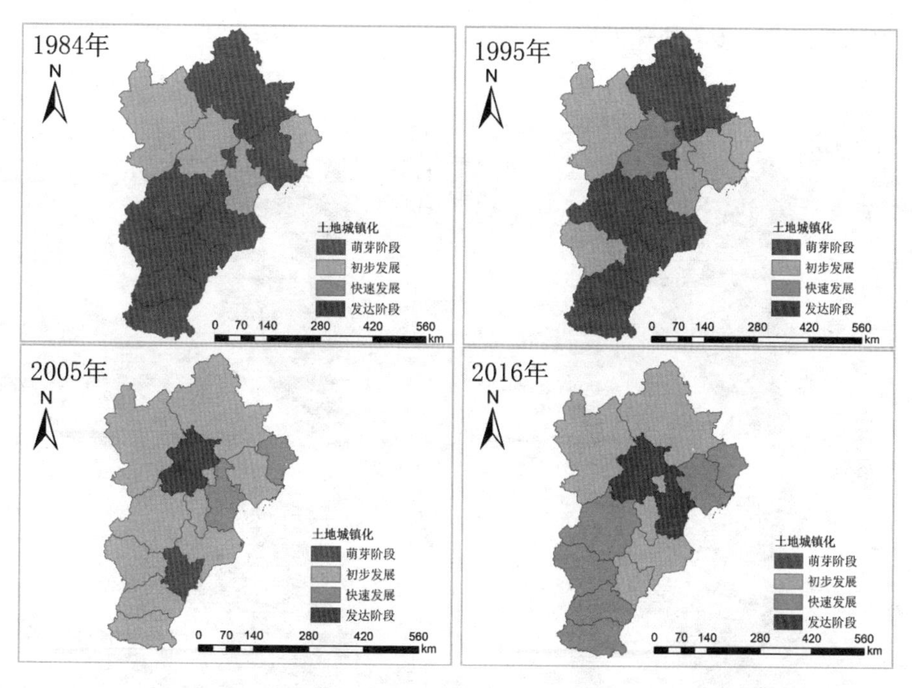

图9-9　京津冀地区土地城镇化水平的时空演变

与人口城镇化和土地城镇化时空演变过程不同，从经济城镇化发展情况(图9-10)来看，1984年京津冀地区还处于萌芽发展阶段。随后京津地区的经济城镇化水平开始提高，北京作为首都，各类国家行政机构、科研机构、高等院校等集聚于此，其利用独特的区位优势获得了各种资源，使得北京的经济城镇化进程不断加快，1995 年步入初步发展阶段，2005 年进入快速发展阶段，2016 年达到发达阶段。天津作为重要的交通枢纽城市，由于港口区位优势，发展形势良好，其产业发展水平也较高，从 1984 年的萌芽阶段到 2016 年进入发达阶段。而河北省各市的经济城镇化进程在前二十年发展比较缓慢，近十年来开始加快。到 1995 年河北省各地级市还处于萌芽阶段，2005 年以后，有 5 个地级市从萌芽阶段发展到 2016 年的迅速发展阶段。近年来，由于国家经济中心的北移和京津冀一体化发展政策的提出，河北省经济城镇化进程明显加快，到 2016 年，除了保定和邢台外，其他城市都已经步入快速发展的阶段。

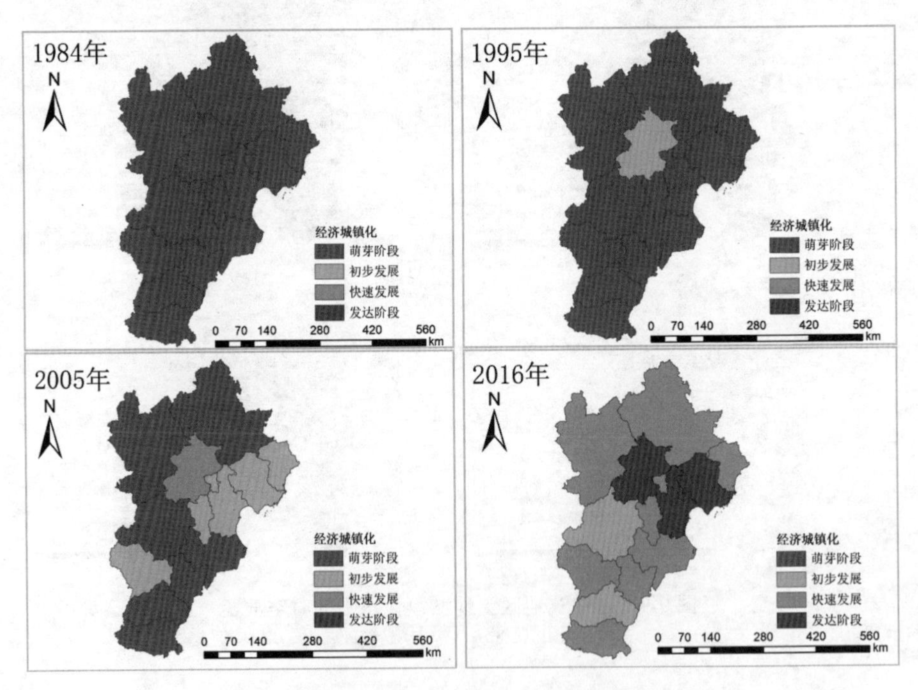

图 9-10　京津冀地区经济城镇化水平的时空演变

总体上，无论是城镇化发展水平还是交通发展水平，京津冀城市群各地级市均实现了快速提高，各城市的城镇化综合指数和交通发展指数呈现不同程度的上升。从城镇化发展进程来看，1984 年开始国家开放了 14 个沿海城市，天津和秦皇岛作为其中的两个，区位优势和潜能迅速得到释放，现代化进程明显加快。同年《关于农民进入集镇落户的通知》的发布，打破了长期以来从户籍上限制农民进城的旧规定，以及随着“撤乡建镇、实行镇管村”政策的实施，拓宽了农村人口向城镇的流动，加速了城市化的进程，乡镇企业和城市改革作为双重动力开始推动着城镇化的发展。1992 年以后，国家鼓励发展第二、三产业，大批农业剩余劳动力向非农产业转移，第二、三产业得到了前所未有的发展。1993 年，国务院批准《民政部关于调整设市标准报告》，提出“适当调整设市标准，合理发展中等城市和小城市，对推进我国城市化进程具有重要意义”。在一系列政策的支持下，京津冀城市群内部各市人口城镇化进程明显加快。1988 年《中共中央关于农业和农村工作若干重大问题的决定》和 2000 年《中华人民共和国国民经济和社会发展第十个五年计划纲要》明确，发展小城镇是推进我国城镇化的重要途径，要有重点地发展小城镇、积极发展中小城市，完善区域性中心城市功能，发挥大城市的辐射带动作用。到 2005 年，京津冀城市群各城市的城镇化水平已经达到了一定水平。2007 年以后，随着国家主体功能区规划、国家级区域规划和国家级创新试点城市规划等政策密集出台，京津冀作为我国重点发展的区域城市群之一，已经借势得到了较快的发展。不过需要注意的是，虽然城镇化水平快速提高，但是整个城市群内部的发展水平极不平衡。北京和天津作为京津冀城市群中的核心城市，在我国各阶段的城镇化发展进程中具有独特的区位优势、政策优势和财力优势，导致人口和经济的空间集聚、城市扩张速度加快、经济发展迅速、城镇化发展水平最高。但是河北省除石家庄和秦皇岛等经济实力比较强的城市外，其他城市整体的城镇化发展水平比较低，导致京津冀城市群的整体城镇化发展水平相比于长三角和珠三角仍较低。因此，如何提升河北的城镇化水平是促进京津冀协同发展和建设京津冀世界级城市群的重要方面。

第三节　京津冀地区交通发展与城镇化的耦合协调发展

一、综合评价

图 9-11 展示了京津冀城市群 1984—2016 年城镇化与交通发展之间的耦合协调关系。其中，1984 年与 1985 年城市群两系统间处于拮抗阶段，1986—1991 年处于基本不协调状态，1992—1999 年长达 8 年的时间均处于磨合阶段，2000 年后耦合协调程度快速发展，仅用了 4 年的时间便实现由基本协调向高级协调的转变。从耦合关系的子类型看，仅有 2006—2013 年的交通综合发展情况要优于城镇化发展，表现为城镇化发展滞后，其他时间均表现为交通发展滞后于城镇化。下面对各个阶段进行详细分析：

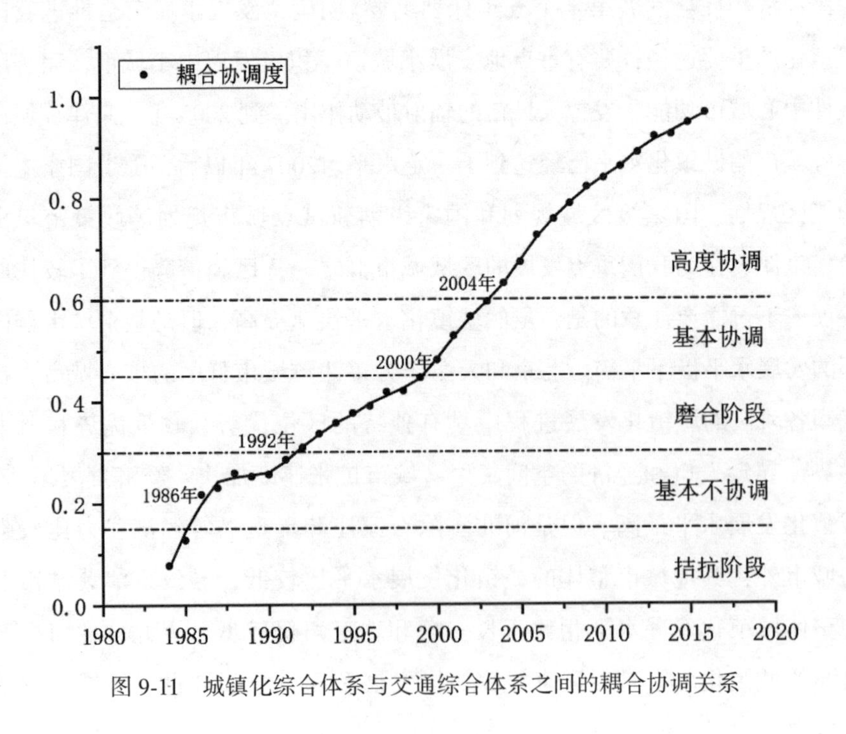

图 9-11　城镇化综合体系与交通综合体系之间的耦合协调关系

首先，1991年及之前，京津冀城市群总体耦合协调指数均低于0.3，处于拮抗阶段向基本不协调阶段的过渡期。具体来讲，1978年后，全国社会经济发展及基础设施建设均进入改革起步阶段，农村经济体制改革推动了城镇化的发展，出现了"先进城后建城"的现象。城镇化的建设也带动了交通基础设施的建设，尽管早期京津冀城市群城镇化与交通处于拮抗阶段，但改革开放启动阶段的强大推力，使城市群仅用了两年的时间便过渡到基本不协调状态。在基本不协调阶段，城镇化与交通的耦合发展在1986—1990年陷入停滞。在取得早期的启动红利后，主要农业产品生产增长趋于停滞，经济增速变缓。与此同时，政府的相关政策在处理公有制与私有经营关系、中央政府与地方政府关系等方面处于混乱状态。这种停滞、混乱的状态也导致城镇化与交通的耦合协调发展陷入停滞。

其次，1992—1999年，城镇化与交通的耦合协调态势重回发展状态，在长达8年的磨合阶段，耦合协调程度不断提升。1992年，邓小平总书记的南方谈话从中国的实际出发，重申了深化改革、加速发展的必要性和重要性，彻底打破了改革僵局，使社会发展重新回到经济建设上。但在这一过程中，城镇化与交通的发展并不是一蹴而就，深化改革意味着人口流动、城市建设、经济结构转变以及交通发展均需要寻找新的思维方式与发展模式。因此，京津冀城市群城镇化与交通发展在达到高级协调之前，在磨合期的发展时间最长。

再次，2000—2003年，京津冀城市群仅用4年的时间便实现了城镇化与交通的耦合发展由基本协调向高级协调的转变。耦合协调水平在该阶段实现快速发展的原因在于，2000年前，交通一直是制约我国国民经济发展的"瓶颈"产业。尽管改革开放后加强了交通基础设施的建设，但交通产业仍表现为基础设施建设历史欠账多、底子薄；交通运输能力增长不能满足国民经济需要，交通管理水平发展制约交通产业的整体发展。在耦合协调水平较低的阶段，交通综合发展指数落后于城镇化综合发展指数，阻碍了城镇化的快速发展。

2000年左右，我国交通产业迎来重要发展机遇。1998年，党中央、国务院为应对亚洲金融危机，做出了扩大内需、加快基础设施建设的决策。交通产业得到迅速发展，2000年便实现了京沈、京沪高速的全线贯通，首都交通圈的发展理念使京津冀大部分地区交通路网进一步完善，河北省会石家庄也逐渐形成较大规模的铁路枢纽中心。与此同时，交通综合水平的发展对城镇化的发展形成了强有力的支撑作用，促使城镇化与交通之间的耦合协调水平实现由基本协调向高级协调的转变。

最后，2004年后，城镇化与交通的耦合协调关系一直处于高级协调状态，耦合协调水平平稳上升。在2006—2013年，交通综合水平发展超前于城镇化发展水平，对整体耦合协调关系的提升贡献明显。“十一五”和“十二五”期间，京津冀地区国民经济实现了快速增长，产业结构和区域经济布局也在逐步优化；同时，随着环渤海地区及京津冀都市圈的加速崛起，城市群内的人口与资源流动、城市发展建设以及社会经济发展等对交通运输、建设和管理提出了新要求。该阶段交通系统的适当超前发展，促使京津冀城市群城镇化质量进一步提升，城镇系统和交通系统间的耦合协调水平在达到高级协调水平后也稳步上升。

值得注意的是，尽管京津冀城市群城镇化与交通发展之间的耦合协调水平呈现逐年上升趋势，但1984年以来，河北省各地级市发展明显落后于京津两大核心城市，城市群的发展潜力并未被完全激活。京津两地与河北省的产业结构、社会经济发展阶段等方面均存在较大差异。社会经济水平的巨大差异以及三地间不对等的政治地位，使得河北省各地级市的城镇化与交通发展均缺少足够的资源支持，内生驱动力不够，京津翼协同发展最大的问题在于河北省发展问题。

二、人口城镇化与交通发展子系统间的耦合协调关系

在下文的分析中，将使用1984年、1995年、2005年和2016年作为时间节点，分析京津翼地级市层面人口城镇化与交通子系统之间的耦合协调水平。

1. 人口城镇化与交通建设的耦合协调发展情况

京津冀地区人口城镇化与交通建设的耦合协调水平如图 9-12 所示，由 1984 年的拮抗阶段和基本不协调逐步演变到 2016 年的磨合阶段和基本协调状态。具体如下：

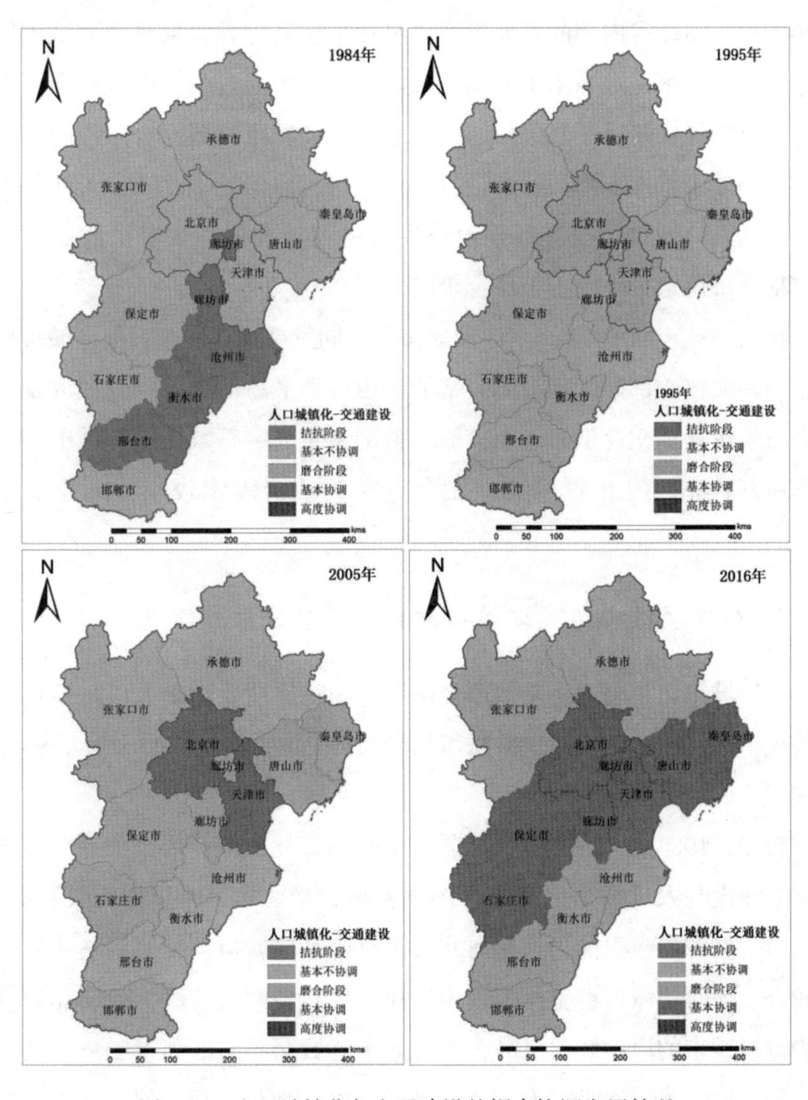

图 9-12 人口城镇化与交通建设的耦合协调发展情况

首先，1984年，绝大多数城市脱离了拮抗阶段，进入基本不协调阶段，仅有廊坊、沧州、衡水和邢台形成了连片的拮抗阶段地区。经过11年的发展，到1995年，两大核心城市北京、天津展示出强大的发展动力，率先进入磨合阶段。河北省原本处于拮抗阶段的连片地区得到跨越式发展，但全省总体仍处于基本不协调的状态。

其次，2005年，京津冀地区的发展特征表现为京津两大城市仍是发展的排头兵，河北省内部的发展效率也呈现出空间分异。京津两大城市经过磨合阶段后，率先进入基本协调阶段。而河北省的沧州、衡水和邢台市的耦合协调发展仍落后于其他地区，在省内其他城市达到磨合阶段时，这几个城市仍处于基本不协调状态。反观廊坊市，由于处于北京、天津的交界位置，其人口城镇化与交通建设的发展受到两大核心城市扩散效应的影响，耦合协调水平也处于了磨合阶段。

再次，截至2016年，京津冀城市群协同发展规划逐渐明朗，城市群依托京津两大核心都市，环渤海一带的唐山、秦皇岛借助海运发展以及河北省会石家庄发挥交通枢纽作用，城市群的秦皇岛—石家庄连片城市均达到基本协调状态。河北省内其他城市受相关政策影响较小，尚处于磨合阶段。

2. 人口城镇化与交通运输的耦合协调发展情况

人口城镇化与交通运输的耦合协调情况在早期要优于人口城镇化与交通建设情况，但后期仍有少数城市处于拮抗阶段，如图9-13所示，具体分析如下。

首先，1984年，早期交通运输与人口城镇化的耦合协调关系总体要优于交通建设与人口城镇化的耦合协调关系。北京和天津作为两大直辖市，对人口、资源的吸引能力远超河北甚至全国其他城市，交通运输的发展水平较好。该阶段城市群整体表现为京津两地达到磨合阶段，而河北省仅有作为港口城市的唐山和秦皇岛，以及处于省域交界的邯郸市脱离了拮抗发展阶段。1995年，北京凭借首都的政治、经济地位，很快便脱离了磨合阶

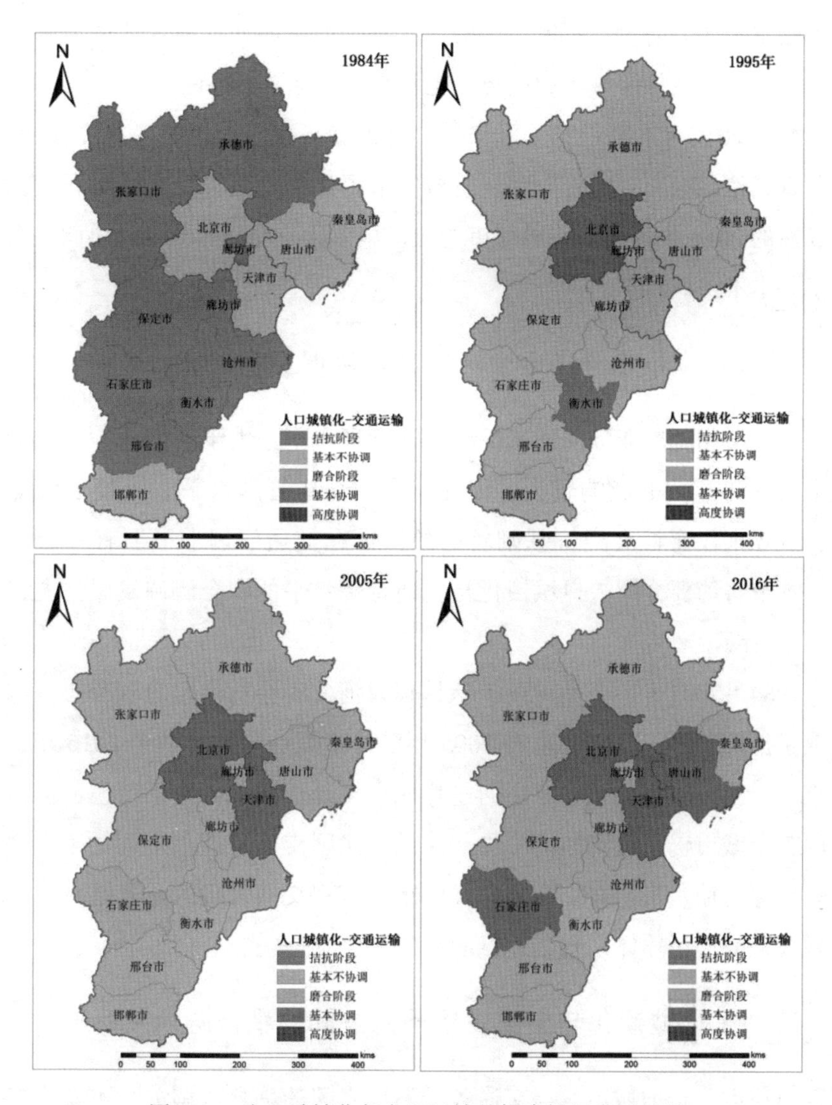

图 9-13　人口城镇化与交通运输的耦合协调发展情况

段，天津的交通运输发展情况要落后于北京，其内部耦合协调关系仍处于磨合阶段。河北省除衡水市外，全部脱离拮抗发展阶段。

其次，2005 年，北京和天津均达到基本协调状态。京津唐作为我国四大工业基地之一，人口与资源的交互流动也带动了唐山市的发展，使其脱离了基本不协调阶段。石家庄凭借河北省会城市的交通枢纽地位，秦皇岛借助自身港口及旅游城市的优势，也均脱离了基本不协调状态。

截至2016年，除北京、天津外，唐山和石家庄也达到基本协调状态。河北省其他地级市基本处于磨合阶段。值得注意的是，在交通路网建设相对成熟的2016年，衡水和承德市的人口城镇化与交通运输耦合协调关系仍处于基本不协调状态。

3. 人口城镇化与交通管理的耦合协调发展情况

本章使用邮电业务总量来反映交通管理水平，由于邮电业务总量受到技术发展和革新的影响较大，因此，早期交通管理水平一直处于较低水平，近年来仅有社会经济基础较好的城市在交通管理水平上有一定的发展。本节将简要介绍人口城镇化与交通管理水平的耦合协调发展情况，如图9-14所示。

1984—2005年，仅有北京、天津以及河北省会石家庄的耦合协调水平脱离了拮抗阶段，其中北京在2005年已处于磨合阶段。截至2016年，除北京、天津外，唐山至石家庄的连片城市均处于基本不协调阶段，但河北省内其余城市仍未脱离拮抗阶段。这说明我国交通管理水平远低于交通建设和交通运输水平，在小汽车时代应重新审视交通管理的重要性，这是保障现代化交通运输体系安全运行的基础。

三、土地城镇化与交通发展子系统间的耦合协调关系

总体上，土地城镇化与交通各子系统之间的耦合协调关系不及人口城镇化与交通各子系统之间的耦合发展情况。人口城镇化的发展意味着城市非农人口的增加、居民素质的提高以及生活福利水平的进步，这同时也标志着城市人才、资源流的空间集聚。人口城镇化作为城镇化子系统中发展最为迅速的类型，大量涌向城市内部的劳动力、资本等要素大力推动着城市群交通系统的发展，两者间的耦合协调水平逐步达到基本协调或高级协调状态。对于土地城镇化，在土地财政的背景下，地方政府对于土地配置

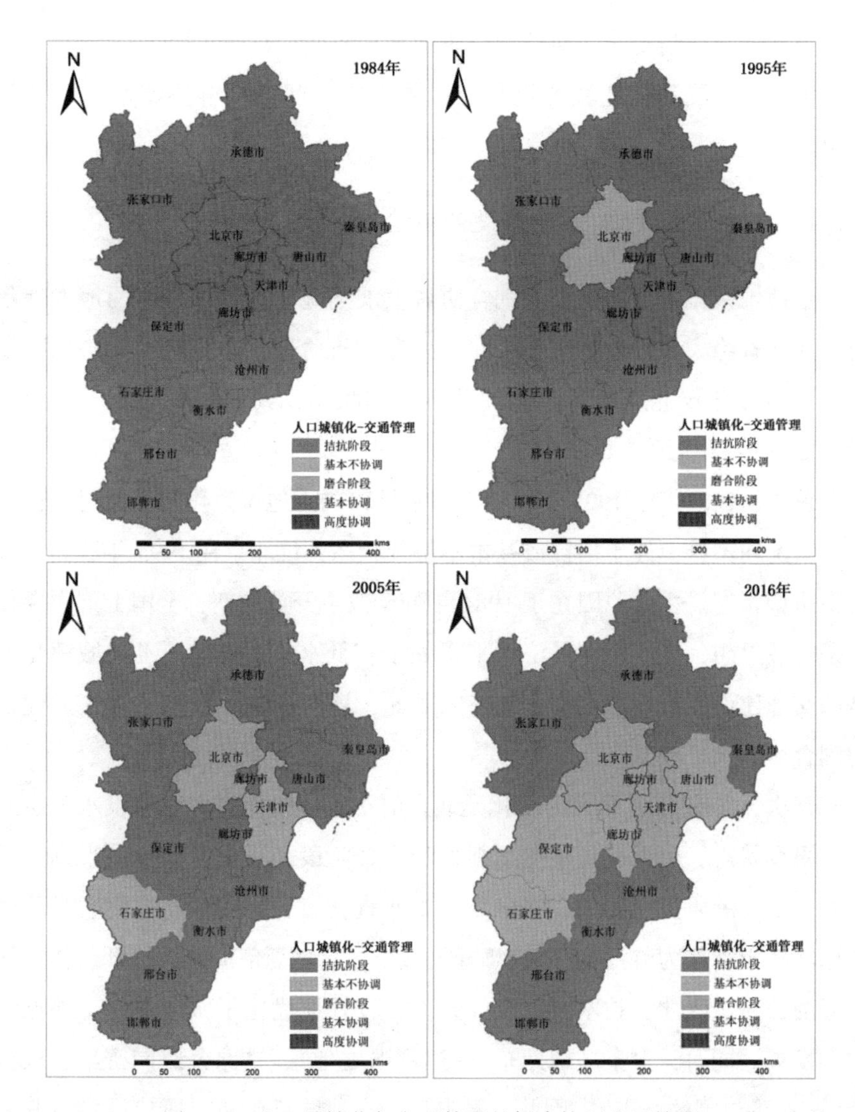

图 9-14　人口城镇化与交通管理的耦合协调发展情况

和土地开发利用具有约束甚至是决策权。然而，无论是作为导向性的城乡发展总体规划，还是明确约束性的土地利用总体规划，抑或控制性详细规划，均不同程度地面临着“总是过时”“控制不住”和“方法落后”等局限。因此，土地城镇化的发展总是处于相对低效率状态，城镇建成区的快速扩张并不能保证土地的集约开发利用。当土地城镇化处于非健康、低效率发展时，土地城镇化与交通之间的耦合协调水平较低。

下面具体展示土地城镇化与交通子系统之间的耦合协调水平的变化情况。

1. 土地城镇化与交通建设的耦合协调发展情况

土地城镇化与交通建设的耦合协调发展情况表现为，京津两地发展超前，河北省绝大多数地级市十年间均处在拮抗阶段，并向基本不协调阶段过渡，2016年仅北京、天津达到基本协调状态，其他城市均处于磨合阶段。如图9-15所示。

首先，1984年、1995年，绝大多数城市的土地城镇化与交通建设耦合协调情况均不佳，处于拮抗或基本不协调状态，仅北京在1995年脱离了基本不协调状态。主要原因在于1984年处于改革开放初期，全国上下主要任务是解放思想，生产力和经济水平仍处于较低水平。同时，土地城镇化发展和交通建设发展均需要资金支持。因此，该阶段土地城镇化与交通建设的耦合协调水平较低。

其次，2005年，最大的变化是北京的土地城镇化与交通建设水平达到基本协调状态，而天津与秦皇岛则处于磨合阶段，河北省其他城市则全部脱离拮抗发展阶段。其中，秦皇岛作为非直辖市，能够率先达到磨合阶段的原因在于：作为首批14个沿海开放城市，秦皇岛借助其对外开放优势所积累的信息、人才、技术、资金等条件，较好地优化了城市内部土地城镇化的发展。同时，秦皇岛地处东三省“咽喉之地”，铁路公路网密集，被称为“被铁路包围的城市”。因此，秦皇岛的土地城镇化和交通建设相对其他城市，其耦合协调水平较高。

再次，2016年，京津两大核心都市达到基本协调状态，河北省各地也均脱离了基本不协调阶段。但相比人口城镇化与交通建设的耦合协调关系（形成了秦皇岛至石家庄的连片基本协调区），土地城镇化发展较为落后。这也反映出京津冀地区的非协调发展导致河北省土地城镇化发展和交通建设未能得到足够的政策、资源支持。

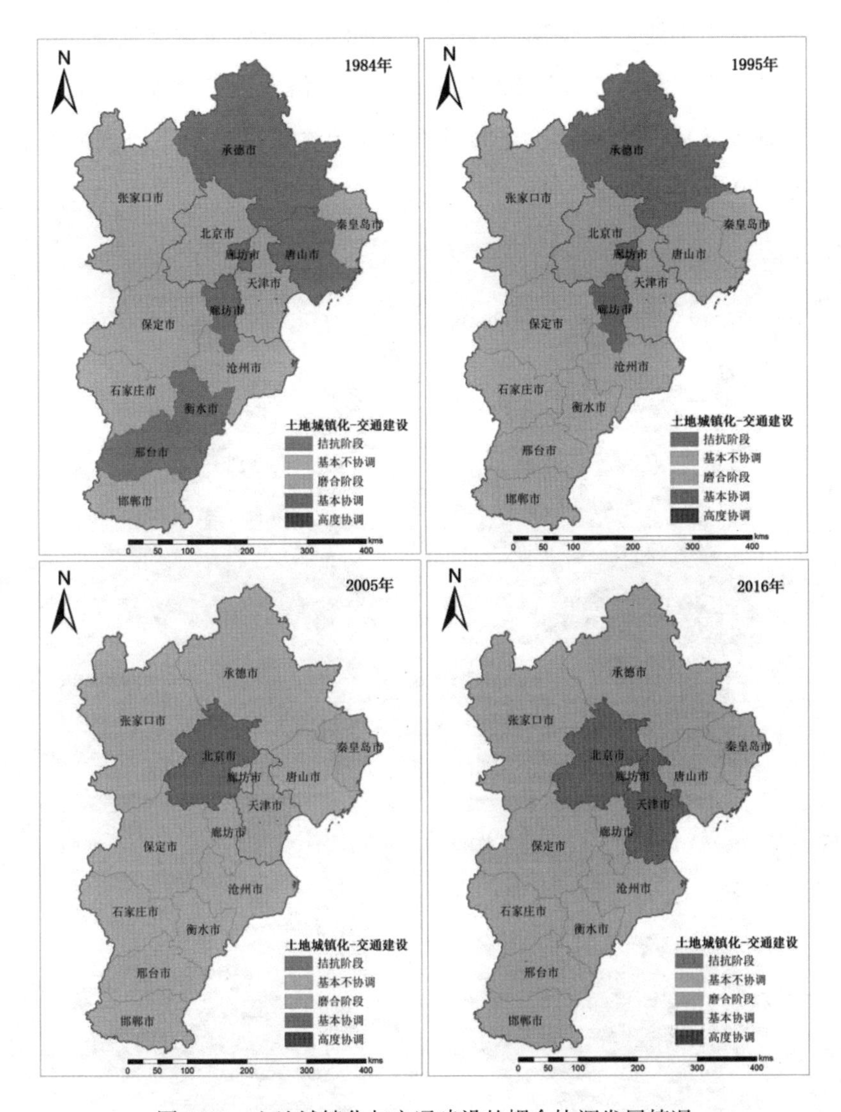

图 9-15　土地城镇化与交通建设的耦合协调发展情况

2. 土地城镇化与交通运输的耦合协调发展情况

首先，1984—2005 年，京津两大城市的土地城镇化与交通运输的耦合协调水平有较大提升，河北省各城市的耦合协调水平较低。截至 2005 年，绝大多数城市仍处于基本不协调状态，衡水市甚至处于拮抗阶段。这也从侧面反映出京津冀内部由于不平等的政治和经济地位，导致河北省发展资源发生虹吸效应，土地城镇化难以推动，始终难以摆脱不协调的发展状态。如图 9-16 所示。

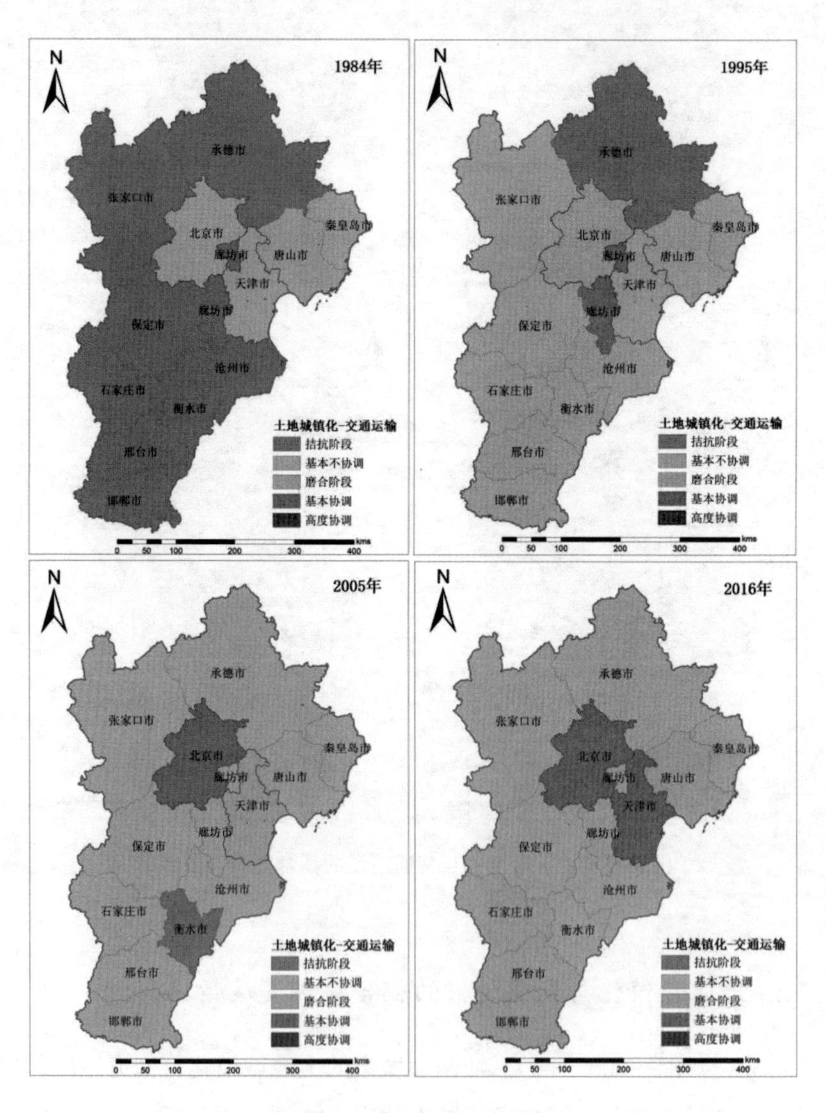

图 9-16　土地城镇化与交通运输的耦合协调发展情况

其次，2016年，京津两地均达到基本协调的耦合协调状态。京津唐作为京津冀一体化发展的排头兵，唐山的土地城镇化与交通运输摆脱不协调发展状态，进入磨合阶段。此外，京津冀南部在省会石家庄的带动作用下，形成了石家庄、邢台、邯郸连片的快速发展区，三地均进入磨合阶段。

3. 土地城镇化与交通管理的耦合协调发展情况

土地城镇化与交通管理的耦合协调发展情况类似于人口城镇化与交通管理的耦合协调情况，均由于交通管理水平长期处于较低发展阶段，导致多年来各地级市特别是河北省地级市的耦合协调发展变化不大。同时，由于土地城镇化的发展情况又要劣于人口城镇化，一直以来京津冀的土地城镇化与交通管理的耦合协调水平均不高。如图9-17所示。

首先，经过1984—1995年的11年发展，包括京津在内的所有城市均处于拮抗发展阶段。这意味着京津冀地区早期的交通管理水平相当落后，不论是人口的非农化过程、城市居民福利待遇的提升或是土地开发水平的增加，均未促进交通管理水平的发展。反而由于土地城镇化发展对财政资金的占用，可能会导致交通管理水平发展受阻，最终表现为京津冀地区所有城市处于拮抗发展状态。

其次，2005年，随着北京和天津社会经济水平与城市建设的快速推进，前期土地城镇化与交通管理水平之间的拮抗状态极大地影响了其城镇化与交通系统的正常发展。随着互联网技术和大数据的逐步兴起，政府开始重视现代化交通管理体系的建设，交通管理水平逐渐脱离萌芽发展状态，北京和天津两地区的耦合协调水平也脱离了拮抗阶段，但其他城市的耦合协调状态仍处于拮抗阶段。

再次，截至2016年，信息化社会的建设日益重要，北京作为首都汇聚了各种交通信息流，其交通管理水平实现进一步发展，并且交通管理水平与土地城镇化之间相互阻碍的状态开始转变，耦合协调状态逐渐处于磨合阶段。河北省会石家庄作为地区交通枢纽，近年来城市建设与交通实现了

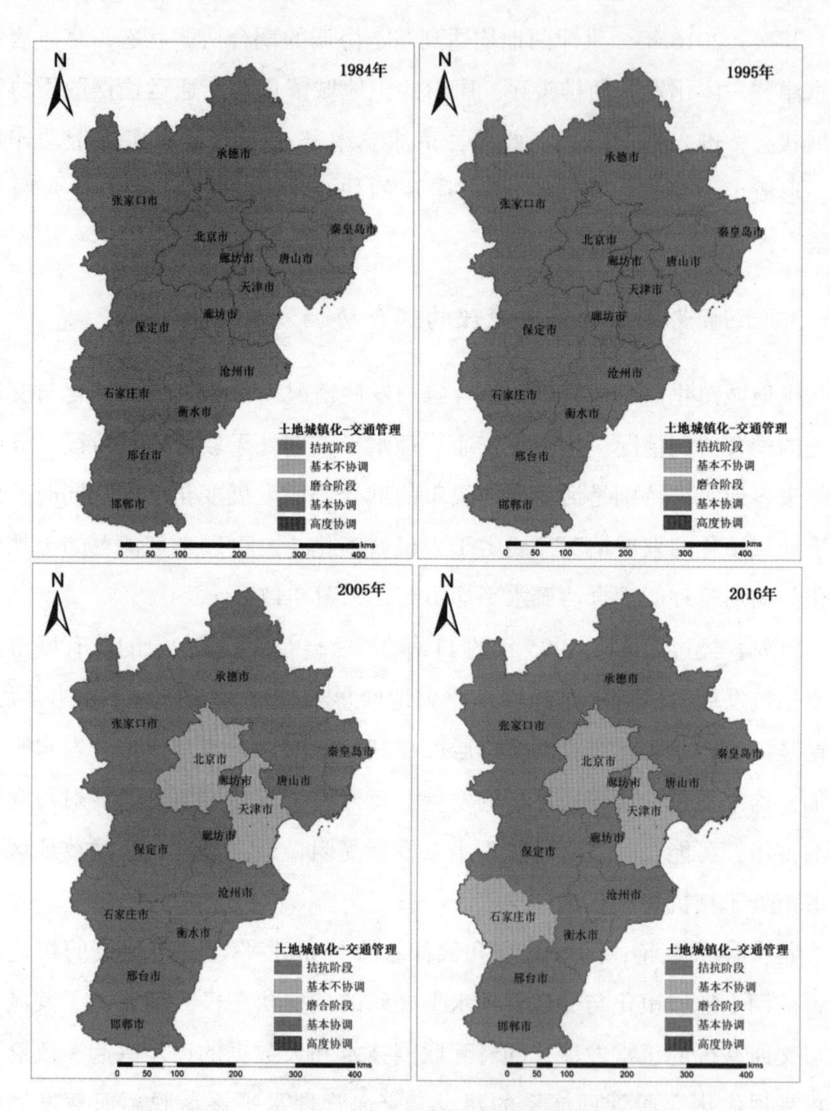

图 9-17　土地城镇化与交通管理的耦合协调发展情况

较大发展，其土地城镇化与交通管理子系统之间的耦合协调状态也与天津一样，脱离了拮抗阶段。其他地级市由于社会经济条件、城市规模和交通发展的基础均落后于京津冀“三极”城市，导致土地城镇化与交通管理水平之间仍处于拮抗状态。

四、经济城镇化与交通发展子系统间的耦合协调关系

经济城镇化与交通子系统之间的耦合协调关系在2005年之前均处于拮抗或不协调状态，但2005—2016年实现了快速发展，全面达到基本协调状态。这反映了我国在进入21世纪后，社会经济的发展和交通发展均取得了巨大成就，两者相互促进、相互支撑，共同推进京津翼地区实现高质量发展。

1. 经济城镇化与交通建设的耦合协调发展情况

首先，1984年，京津冀地区仅有北京、天津凭借直辖市所具有的人才、资源优势，使自身经济城镇化与交通建设之间的耦合协调水平脱离拮抗阶段。到1995年，在改革开放政策的引导下，秦皇岛凭借自身沿海开放城市的优势，唐山凭借在京津唐工业区承接直辖市资源转移的优势，石家庄凭借省会的政治优势，逐渐实现耦合协调水平的进步，脱离了原本的拮抗发展状态。如图9-18所示。

其次，2005年，经济城镇化与交通建设的耦合协调发展趋势表现为，京津实现由基本不协调向磨合阶段的转变，而河北省则逐步脱离拮抗阶段，处于基本不协调状态。整体上京津冀地区经济城镇化与交通建设的耦合协调情况呈现出较大的空间极化，河北省的耦合协调情况均处于基本不协调，经济城镇化水平不高，交通建设也较为滞后。

再次，2005—2016年是我国经济实现跨越式发展的时间段。截至2016年，不仅北京、天津达到基本协调状态，河北省的唐山和石家庄更是实现了跨越式发展，仅用11年的时间便从基本不协调状态转变至基本协调状态。唐山的进步反映出京津唐工业区内经济发展和交通建设实现了较高水平的协同发展。石家庄的进步则反映出京津冀的经济发展不再仅仅围绕京津两大核心都市，省会石家庄也开始具备一定的经济带动作用。未来，依靠京津与河北省会城市石家庄的“双引擎”，京津翼城市群南北发展不均衡的问题将有望得到缓解。

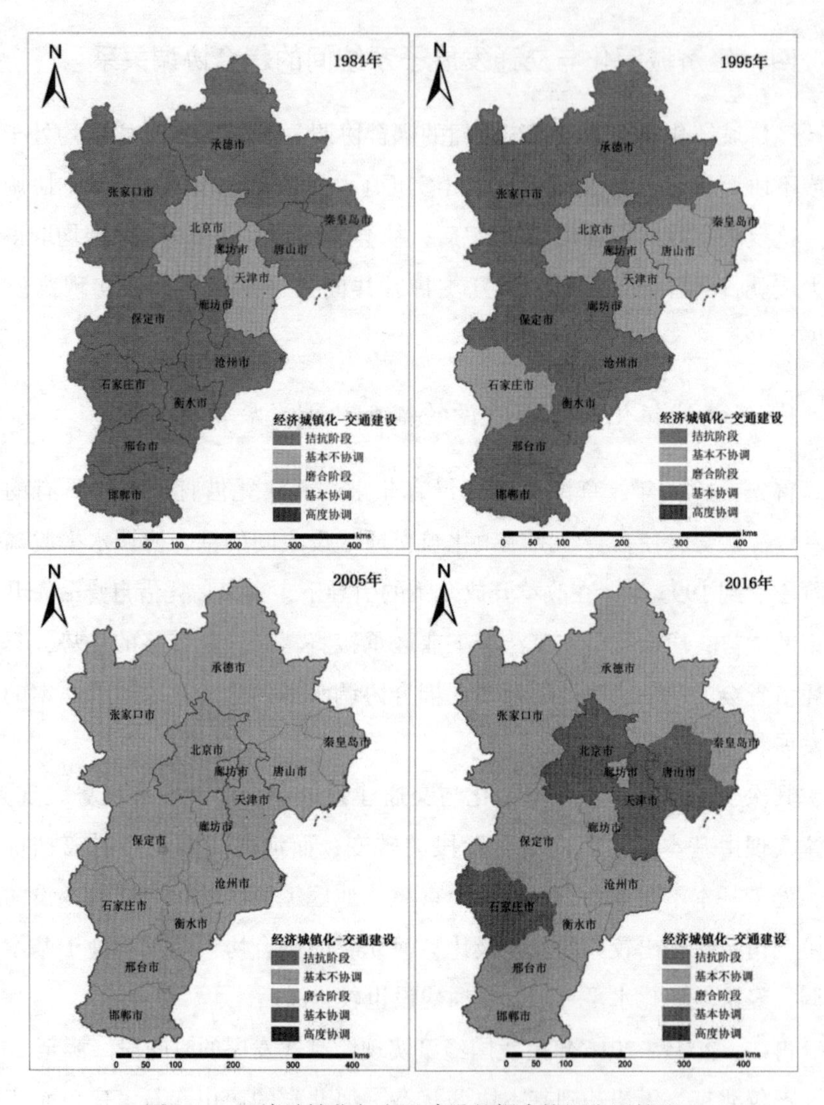

图 9-18　经济城镇化与交通建设的耦合协调发展情况

2. 经济城镇化与交通运输的耦合协调发展情况

京津冀城市群经济城镇化与交通运输之间的耦合协调发展情况要劣于经济城镇化与交通建设之间的耦合协调，如图 9-19 所示。1984 年除北京、天津外，其他地级市均处于拮抗状态，到2016年有一半的城市仍处于基本不协调状态。

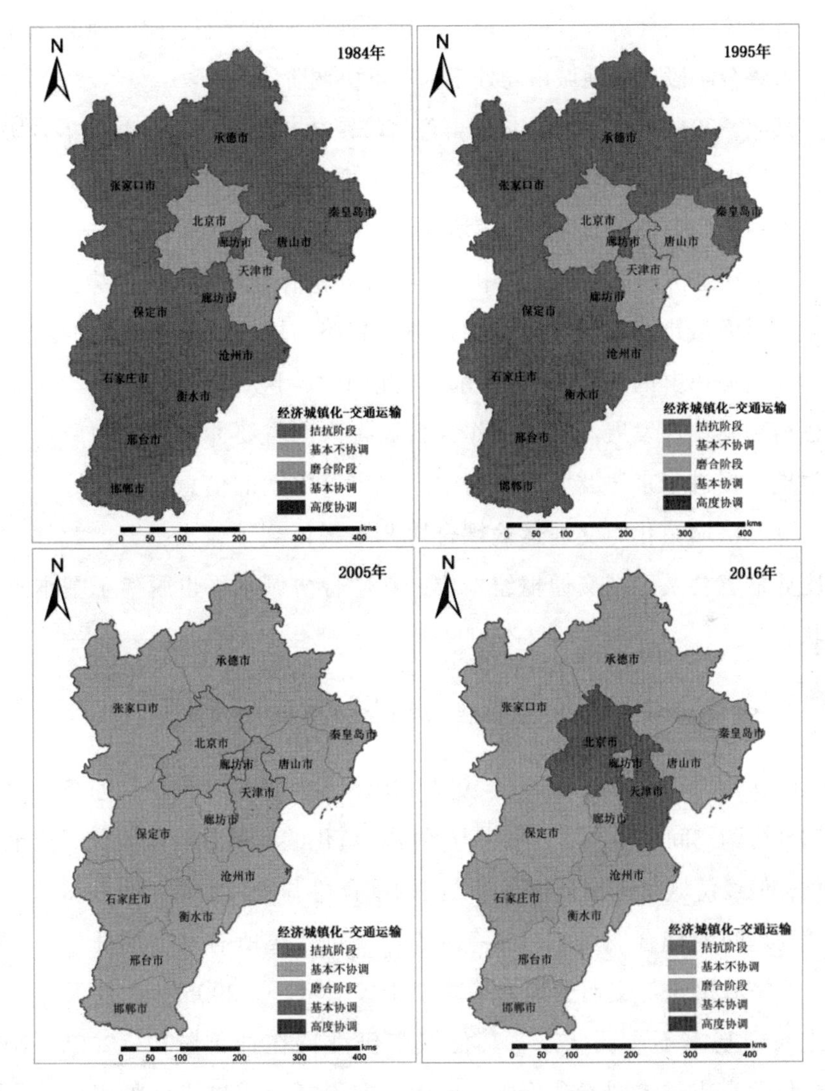

图9-19 经济城镇化与交通运输的耦合协调发展情况

首先，1984年，京津冀城市群仅有北京和天津依靠其直辖市区位优势，经济城镇化与交通运输的耦合协调水平脱离了拮抗状态，而其他城市的耦合协调性均处于最差的拮抗阶段。到1995年，整个城市群的经济发展水平均未取得明显的进步，北京和天津仍处于基本不协调状态。2005年，城市群整体的耦合协调发展表现为均衡低速的发展状态，除北京和天津发展进入磨合阶段，其他城市均处于基本不协调阶段。

其次，2016年，京津冀城市群经济城镇化与交通运输之间的耦合协调情况表现出明显的空间分异特征。北京、天津达到基本协调状态，并带动环渤海一带的秦皇岛、唐山、廊坊和沧州的耦合协调水平进一步提升。京津冀地区在经济快速发展过程中，这些城市凭借沿海的区位优势，承接了城市群沿海城市和内陆城市特别是通过海路与国内外城市产生的经济联系，充当城市群的“桥头堡”作用。与此同时，这些城市的经济与交通运输也得到了快速发展。邯郸市作为晋冀鲁豫四省要冲之地和中原经济区的腹地，促进了京津冀城市群与中原城市群之间的信息、资源等要素流动，其经济城镇化与交通运输耦合协调水平得到了较大提升。此外，石家庄凭借省会及区域交通枢纽地位，其耦合协调水平也脱离了基本不协调状态。

3. 经济城镇化与交通管理的耦合协调发展情况

图9-20展示了京津冀地区1984—2016年经济城镇化与交通管理之间的耦合协调空间布局。尽管城市群经济城镇化的发展在后期要优于土地城镇化，但经济城镇化与交通管理之间的耦合协调发展类似于土地城镇化和交通管理间的耦合发展。1984—1995年，京津冀所有城市均处于拮抗阶段，经济城镇化与交通管理水平均处于较低水平。2005年，仅天津、北京进入到基本不协调状态，其他城市仍维持在拮抗阶段。2005—2016年，仅北京市进入到磨合阶段，唐山市取得了一定进步，脱离拮抗阶段进入到基本不协调状态。这说明京津冀城市群的交通管理水平仍处于起步阶段，未来促进城镇化与交通耦合协调发展的突破点将会是如何促进现代化交通管理水平的提升。随着交通大数据及互联网的兴起，交通管

理水平提升是保障交通建设和交通运输平稳运行、发挥交通引导作用的重要基础。

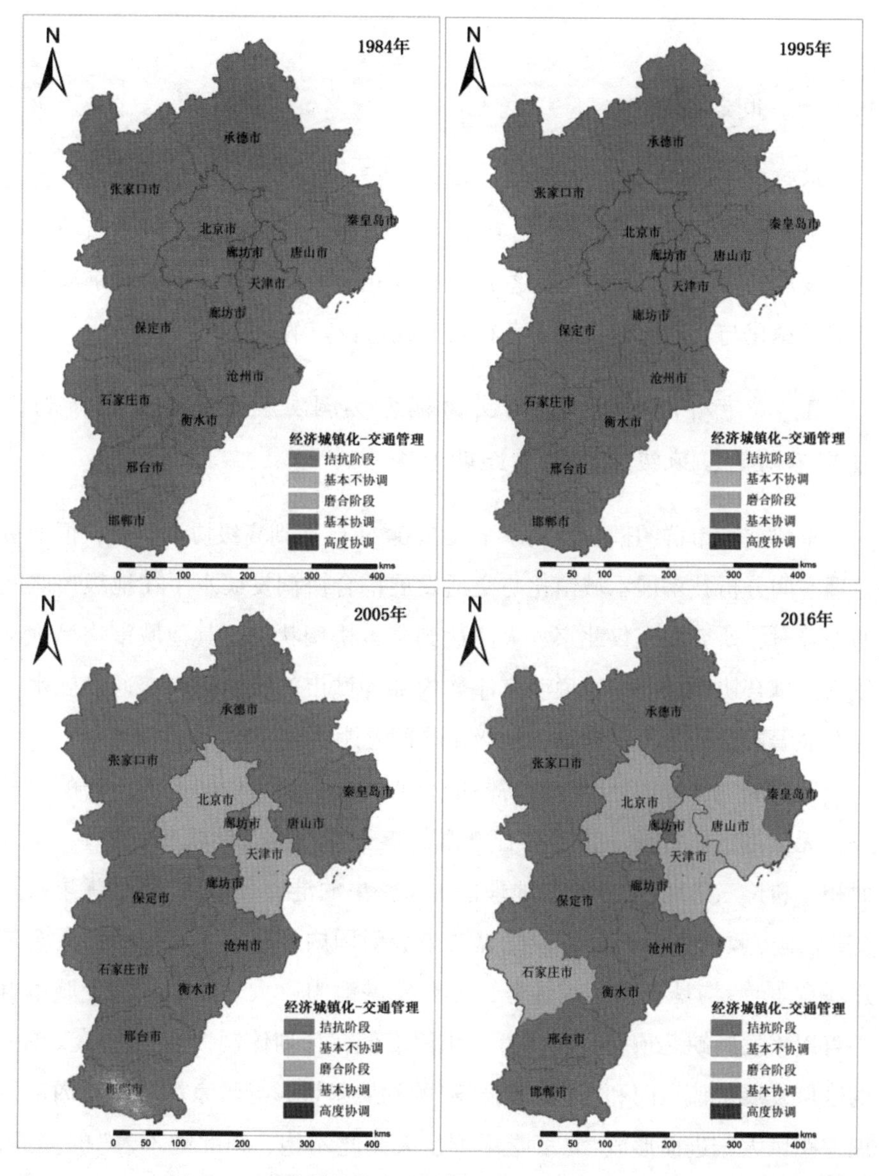

图 9-20　经济城镇化与交通管理的耦合协调发展情况

第四节　京津冀地区交通发展与城镇化耦合协调的问题诊断

一、问题诊断

尽管京津冀地区的人口发展、城市建设、经济生产、交通建设等方面的能力在近30多年，特别是在2005年后取得了较大进步，但距离城市群协同发展的愿景仍有相当大的差距。根据相关分析结果，下文对京津冀城市群城镇化与交通协调发展中存在的问题进行归纳总结。

1. 城市群内部城镇化与交通耦合协调发展水平在空间布局上极为不均衡，地级市之间差距明显

京津冀城市群的耦合协调水平在2004年已达到高级协调状态，但通过地理空间分析技术展示城镇化与交通发展耦合协调发展水平在地级市之间的差异时，研究发现仅北京、天津达到基本协调状态，其他城市均呈现出较低的耦合协调状态。这说明京津冀内部各城市的城镇化和交通发展水平存在显著的空间不均衡现象，地级市之间差距明显。

京津冀地区作为环渤海经济圈的核心发展引擎、中国经济增长的第三极，无论是自然资源（临近有着丰富的煤炭、石油及钢铁等资源）、土地面积（和长三角地区相当）、地理位置（密集的港口分布），还是优惠政策（各个地方政府竞相出台各种优惠政策吸引国内外资本，有些时候甚至是逐底竞争），均具有明显的优势，综合发展潜力巨大。然而，由于城市群一直以来发展缺乏顶层设计，市场化程度低，计划体制惯性强，以及单一的区域发展价值取向和“为首都服务”的发展宗旨，导致京津冀三地内部发展差距巨大，进而形成“北京吃不下、天津吃不饱、河北吃不着”的局面。河北省的城镇化与交通发展缺少资金支持，京津两地作为城市群资源单向流入地，又面临着过度的人口、土地承载压力，最终导致京津冀三地城镇

化与交通发展的耦合协调水平内部差异明显。

2. 冀中地区城镇化与交通发展缓慢，从而阻断了城市群内部要素流动，并减弱了京津和石家庄两极对整个城市群的带动作用

研究结果显示，冀中地区的保定、廊坊和沧州市，仅人口城镇化与交通建设、土地城镇化与交通建设、人口城镇化与交通管理相对较高，其他维度的城镇化与交通耦合协调水平均弱于京津与石家庄两极。冀中地区作为京津和石家庄的连接区域，区位优势明显，依照增长极理论，理应能够较好地接受京津及省会石家庄人才、资源、信息等方面的辐射带动作用。然而，北京的发展显示出强大的虹吸效应，冀中乃至整个河北的人才、资金等资源要素均源源不断地流向北京。省会石家庄近年来的快速发展进一步吸引了周围劳动力、资金等要素的流入，最终在京津及石家庄的夹缝间，地理区位优势反而制约了冀中地区的正常发展。

冀中地区的经济发展受限直接导致其城镇化和交通发展难以跟上京津冀两极的发展。城镇化水平的落后意味着无法很好地承接和传递京津的产业转移，更无法吸纳京津过剩的人才资源。冀中作为贯通城市群南北的关键地区，其内部多是“断头路”和“曲线路”。相邻行政区划间交通不畅通，抑或是邻近行政区划间虽有交通线联系，但联系并不直接。“京津石三角形”腹地的低水平交通发展阻断了城市群内部正常的资源流动与交换，导致河北省的发展潜能难以激发，同时也限制了城市群参与全球竞争的综合能力。

3. 石家庄对周围城市的辐射带动作用不明显，京津翼协同发展战略受阻

根据研究结果，近年来石家庄凭借其省会地位优势，逐步实现了城镇化和交通发展的良好耦合协调，但其对周围城市的带动作用并不明显。从城镇化子系统与交通子系统的耦合发展情况来看，2005—2016 年是石家庄实现社会经济快速发展的主要阶段。石家庄凭借其交通枢纽地位以及河北

省政府着力将其打造为京津冀城市群第三极的机遇，吸引了省内大量资源的流入。然而，由于石家庄自身发展禀赋较差，人均国民生产总值在27个省会城市中仅排名第24位。因此，石家庄对于资源的使用更多的是加强自身城市建设，并对其周围资源产生一定的虹吸现象。

石家庄对周围地区辐射带动作用的欠缺也使得京津冀协同发展战略受阻。石家庄作为城市群内部第二档的副省级城市，应与其周围的保定、衡水、邢台等城市形成等级体系明确、发展各有侧重的冀中南增长区，并通过承接京津两大直辖市所转移的资源与产业，实现城市群的整体发展。但由于冀中南地区交通互联不畅，以及石家庄本身对资源的需求，限制了城市群南部地区的发展，进而造成区域发展不协调问题。

4. 冀西北地区城镇化与交通发展呈现疲软态势，适合以生态为导向的城镇发展方向

相比于冀中南地区以石家庄为核心，冀西北地区通过铁路将沿线的邯郸、邢台、保定相连接，经济联系紧密，城镇化与交通发展情况较好，但冀西北地区的城镇化与交通发展缺少足够动力，表现出疲软态势。尽管冀西北地区邻近北京和天津两大都市，但由于京津区域的高内聚、低扩散效应，反而导致冀西北地区资源外流，限制其综合发展。同时，根据《京津冀协同发展规划纲要》顶层发展规划所制定的《河北省新型城镇化与城乡统筹示范区规划》，将冀西北的张家口和承德市作为生态涵养区，力求将其打造为京津冀生态安全屏障和国家生态文明先行示范区。在可持续发展理念的导向下，冀西北区域需要统筹安排好经济发展、工业化、城镇化、生态环境等之间的关系，从长远眼光来规划城镇化和交通发展，实现绿色内涵式发展。

二、加强京津冀协同一体化发展的政策启示

1. 加强冀中地区的交通枢纽建设，促进城市群资源的南北流动

冀中地区作为承接京津核心城市产业，激活城市群资源的高效流动，

连通京津冀三极的重要地区，其在推动城市群产业协同发展、实现区域交通一体化及优化区域资源市场化配置等过程中具有举足轻重的地位。交通发展作为降低区域之间运输成本、促进要素流动的重要手段，应将冀中地区作为京津冀一体化发展的主要突破口。针对冀中地区的交通发展现状，保定、沧州、廊坊等地区应完善其内部交通网络建设，实现行政区划之间的交通互联，彻底解决"断头路"和"曲线路"等问题。此外，冀中地区应适当加强土地城镇化的建设，确保在承接京津产业转移过程中具有一定的土地承载能力。以推动京津冀一体化发展为目标，以承接京津资源转移为契机，以自身交通及土地城镇化建设为发展方向，积极开展京津冀三区的发展合作，这将是冀中地区未来发展的重要内容。

2. 转变"内陆发展"意识，重视港口地区发展

在全球化背景下，河北省的港口优势明显，478km 的海岸线主要分布在秦皇岛、唐山和沧州等地区，使京津冀地区具备了参与全球竞争的优势。但从 20 世纪 50 年代开始，河北省将经济中心置于保定以南的太行山东麓地带，而未重视沿海地区的发展，直接导致其港口规划落后、运输货种单一，难以形成产业集群规模。此外，沿海地区的商业环境落后，政府的发展思维仍采用陆地思维，难以经营海洋经济。

为了更好地把握城市群在海洋经济发展上所具有的先天优势，京津冀地区的港口发展可以从以下几点展开：首先，京津冀地区应当进行顶层设计，针对各港口地理位置、港口条件等先天因素，科学界定港口功能，协调各港口分工，加强港口间的合作，推动布局合理、功能完善、辐射能力强的现代化综合港口群的建设。其次，应当加强整个城市群的铁路运输能力，强化海运与铁路运输的联运系统建设。城市群铁路运输能力的强化，一方面有助于使城市群内部资源高效地、低成本地向港口地区流动，参与全球竞争；另一方面则能够减少区内高速公路网的承载压力，提升交通路网在人口流动与资源流动之间的配置效率。最后，随着港口地区旅游观光、临港产业以及非港口地区临空产业的发展，促进港口地区与无水港城

市之间的合作发展将是城市群城镇发展的新契机。通过加强海港与空港之间的无缝对接，不仅能够使旅游观光、临港产业、临空产业等进一步发展，更能够加强城市群内资源流动效率，从而推动城市群一体化发展。

3. 加强冀南地区的交通建设，打造京津冀与中原城市群资源交流的“桥头堡”

冀南地区作为晋冀鲁豫四省要冲之地，同时也被囊括在京津冀城市群和中原城市群发展的规划中，其发展潜力巨大。但在京津冀城市群中，由于冀南地区远离京津两大都市，石家庄的带动作用又不强，冀南地区城镇化发展一直缓慢。由于中原城市群尚处于雏形规划阶段，冀南地区现阶段发展也缺少足够的政策配套和资金支持。因此，处于两大城市群交界位置的冀南地区存在发展动力不足、规划方向不明确等问题。

城市群是我国未来经济发展格局中最具活力和潜力的核心地区，是我国主体功能区划的重点开发区和优化开发区，也是未来中国城市发展的重要方向，在全国生产力布局中起着战略支撑点、增长极和核心节点的作用。京津冀城市群和中原城市群作为国家级城市群，将是国家未来城镇化和区域发展的重点地区。随着城市群的发展建设，城市群之间人才和资源的沟通互联势必也会更加频繁。因此，冀南地区应当发挥自身独特的区位优势，率先发展自身及与邻近城市的交通发展，实现省域和市域之间的交通互联；在未来京津冀和中原城市群发展到一定规模后，能够发挥资源交流“桥头堡”的重要作用。

4. 冀北地区应建设以旅游运输为目的的城际交通网络，充分挖掘其旅游潜力

冀北地区作为承担京津冀城市群生态涵养功能的重要区域，一味地追求经济发展显然不符合城市群的顶层设计。事实上，冀北地区具有丰富的文化旅游资源，承德市是集传统历史文化、佛家文化、满藏等少数民族文化交融在内的历史文化城市，张家口市作为2022年冬奥会的举办地，其草原及冰雪运动文化特点突出。因此，充分发挥冀北地区区位、资源、生态

和文化等优势，通过重点推进文化项目建设，充分挖掘该地区的文化产业发展潜力，是未来冀北地区可持续发展和实现高质量经济发展的重要途径。

随着京津冀协同发展战略的快速推动，冀北地区应当以京津冀交通一体化发展战略为契机，以自身丰富的文化旅游资源为基础，以京津冀城市群生态涵养功能区的培育为根本，通过城际交通网络的建设提升其区域旅游运输承载能力，强化冀北地区与京津、冀中南等客源地城市的交通建设和运输发展，将旅游文化产业打造为冀北地区的优势产业。

第十章
交通网络导向下城市空间结构的模拟过程

目前，中国正处于城市化快速发展阶段，城市建设用地的快速增长与人口规模的迅速膨胀是其主要特征。快速的空间(土地)城市化不仅给资源环境带来了巨大压力，而且引发了尖锐的社会矛盾。既要积极推进城市化，又要确保提高城市土地利用效率，实现城市化可持续发展，这就需要科学合理的城市空间政策作保障。为保障城市空间政策的合理性，实施政策检验势在必行。政策检验用于回答不同的空间政策下城市未来态势，即回答“what-if”的问题。而政策检验需要有力的、可操作的工具来模拟城市空间发展过程。因此，通过构建模型，模拟城市空间发展过程，预测不同政策下城市空间未来发展，对制定合理的城市空间政策，有效推动中国新型城市化进程具有积极意义。本章主要探讨武汉市城市土地结构和人口结构的演变规律，并基于马尔科夫链进行预测；结合元胞自动机和马尔科夫链对未来武汉市的城市空间结构进行模拟和预测，并提出调控方案，为武汉市的空间结构优化提供政策依据。

第一节　文献评述、数据来源及模型构建

一、城市空间动态模拟的文献评述

从全球重要担当角度分析，特大城市群地区是国家经济发展的战略核心区和国家新型城镇化的主体区，担当着世界经济重心转移承载地的历史

重任(方创琳，2014)。在全球城镇化与经济全球化进程加快的双重过程中，城市群的快速扩展已经成为带有普遍意义的不可阻挡之势。根据联合国预测，到2050年全球城镇人口比例将超过75%。《国家新型城镇化规划(2014—2020年)》、国家"十一五""十二五"以及党的十七大、十八大报告均把城市群作为推进新型城镇化的主体，并把城市群作为新的经济增长极(方创琳等，2016)。近年来，我国城镇化发展逐渐突破城乡分割和"行政区划经济"障碍，表现出区域"同城化"发展的新趋势(彭震伟，屈牛，2011)。区域交通一体化在这个过程中受到越来越多的关注，也逐渐成为城市群实现经济一体化、产业一体化、城乡一体化的重要突破口。城镇化与交通一体化耦合研究，一方面对于解决城市群内部交通拥堵问题、优化城市群空间结构、实现城市群可持续发展具有重大意义；另一方面为我国制定科学合理的城镇化发展政策以及绿色可持续交通建设政策提供重要的科学依据。

交通区位一直是城镇地域结构变化和城镇化的重要驱动因素。陆大道(2002)提出了"点轴空间结构系统理论"，论述了重点开发轴线即交通线的选择与产业带的建立问题(梁留科，牛智慧，2007)。韩增林等(2005)、张文尝(2011)认为交通经济带是"点轴开发理论"的重要体现形式。交通职能是交通经济带城市化的初始动力(Antrop，2004)，交通职能的强化会促进城市职能多样化(张复明，2001)。张复明(2001)以山西省部分城市为例，总结了交通枢纽城市的四阶段动态演进模式，即城市节点出现、城市迅速扩展、城市经济区格局渐具雏形、城市—区域经济一体化等。王荣成等(2004)以东北地区哈大交通经济带为例，在现状特征分析基础上论述了其时空演变过程与城市化响应机制。张文尝(2011)指出交通轴线是工业波在空间扩散的主要依托基础，依据不同工业部门的交通需求分析了工业波沿交通经济带的扩散模式。李忠民等(2011)、Li等(2015)基于新经济增长及新经济地理视角，运用多维要素空间计量方法，探讨了"新丝绸之路"经济带交通基础设施的空间溢出效应及对经济的促进作用。陆大道(2014)指出依托超大运输通道的海岸经济带和长江经济带，将是今后几十年中国国土开发和经济布局的一级轴线和长期战略。这些研究从经济地理角度论证了交通优势是促进经济带形成和区域联动发展的重要条件，大大促进了人口和产业聚集，为城镇化奠定了坚实的基础。

城镇化的快速推进促进了交通基础设施的建设和交通道路的网状化，并产生了新的交通需求特征(孔令斌，2004；石小法，喻军皓，2010)。城市的空间扩展导致了人类出行方式结构的改变(Köhler，1995)，政府和城市规划者应针对城市交通特征，提出具有针对性的交通发展策略以适应城镇化过程(石小法，喻军皓，2010)。交通特征成为城镇化测度的重要基础性指标。Kim 等(2003，2002)依据空间机会可达性模拟多中心城市的城镇化过程。Kotavaara(2011)借助统计分析和 GIS 工具，分析了 1880—1970 年铁路发展对人口迁移和城市形态影响的动态过程。邓羽等(2015)基于综合交通可达性构建城市扩展模型，并提出城市扩展调控模式的优化方案。李振幅(2003)依据牛顿第二定律，从城市发展的交通潜在力、交通经济力、交通装备力来构建城市化综合测度模型。Li 等(2004)、刘辉等(2013)将交通可达性作为城市空间蔓延模拟的重要指标。反过来，城市空间格局的变化客观上影响着城市交通系统的有关特征。马清裕等(2004)根据社会生产力水平和城市自然社会经济特征，将城市空间结构分为单中心、多中心和网络型三种类型，通过理论分析指出，不同类型城市空间结构对城市交通出行的影响具有差异性。阎小培等(2004)指出，城市空间格局影响城市交通路网格局的选择、公共交通模式的选择及交通系统的建设。由此可见，交通与城镇化两者关系并非单向的，而是存在着双向反馈影响效应(Hayashi，2013)。

交通通达性与经济发展存在着较高的耦合协同关系(程钰等，2013；陈博文等，2015)，对城镇化存在直接的影响，同时又具有复杂的交互关系(Condeco-Melhorado，2011)，存在着线性与非线性的争议。梁留科等(2007)以中原城市群为例，认为公路网络建设与城市化水平存在显著的线性相关性，两者是同步发展、相互促进的。陈彦光(2004)基于时间序列和空间序列，认为受外界因素的影响，城市化与交通网络连接度表现为分段线性、互为因果。然而，赵晶晶等(2010)采用计量分析手段，指出两者的动态关系并非线性的，存在长期稳定的促进关系，具有维持不变比率的特征。杨忍(2016)采用空间滞后回归模型和耦合协调度模型等，发现交通优势度与城镇化率耦合协调度为偏正态分布，呈双向耦合性。

目前对于两者关系的研究尚且缺乏，研究方法、研究区域、研究时段等的不同造成无法得出统一的研究结论，两者关系的研究仅依赖于数值模型计算，缺乏理论指导依据。纵观国内外学者针对城镇化与交通发展之间关系的研究，交通与城镇化的内涵具有多重维度，目前的研究主要关注交通的物理形态特征和城镇化的人口内涵，未顾及交通与城镇化的本质内涵及其作用机理，并不能全面揭示两个系统多要素之间的交互关系，缺乏对交互过程的科学诠释和理论指导，需要借助地理空间技术和计量手段来综合研究城镇化与交通一体化的演化过程和动态耦合机理及关系，为城市规划提供基础支撑，为城市可持续发展提供政策建议。

对地理空间格局和演化过程进行模拟和预测，不仅有助于检验城市发展和空间利用变化的相关理论和假设，更有助于加强对规划实践的指导，同时有助于探寻地理现象的优化调控路径(黎夏等，2009)。CA 作为智能化模拟常用的模型之一，自 Tobler 院士(1970)首次将 CA 应用到城市研究中后，受到普遍关注，而且其内容和模型框架得到了更深一步的拓展和应用。黎夏、刘小平、杨青生、曹敏等构建了 CA 转换规则的智能获取方法，如神经网络(Li & Yeh，2002)、核学习机(Liu，et al.，2008)、多智能体(Zhang，et al.，2015)、支持向量机(曹敏等，2012；Li，et al.，2014)等。这些方法能够有效挖掘城市空间扩展规律，并能反映地理现象的非线性特征，有助于提高模拟精度。CLUE 模型(Veldkamp & Fresco，1996)、SLEUTH 模型(Silva & Clarke，2002)和 iCity 模型(Stevens & Dragićević，2007)都是目前比较成熟的 CA 模型。国内外学者已对各等级城市的城市空间模拟问题进行了大量的研究，在大尺度的城市空间扩展模型方面，国外学者基于 CLUE、SLEUTH 等模型，对哥斯达黎加、美国华盛顿等地区进行了土地利用变化及城市扩展模拟(Kok & Veldkamp, 2001; Jantz, et al., 2004), 国内学者黎夏、刘小平对珠江三角洲地区也进行了城市扩展模拟(黎夏等, 2007)。CA 作为一种自下而上的模型方式, 尽管表现出强大的空间运算能力, 但主要着眼于单元之间的局部相互作用, 忽略了大尺度区域空间异质特征的定量表达。

对于特大城市群大尺度区域而言, 引起城市空间格局及动态演变的自然、社会、经济因素必然存在空间上的差异, 某一区域城市空间动态演变的驱动因素可能与另一区域存在着较大的不同。当前的研究一般对整个大尺度区域采用一致的时空转换规则(Kok & Veldkamp, 2001; Jantz, et al., 2004; 黎夏等, 2007), 逐渐有学者开始关注城市时空模拟过程的空间异质性。柯新利(2011)采用双约束空间聚类方法对元胞空间进行分区, 对不同的分区分别采用不同的元胞转换规则, 对杭州市土地利用变化进行动态模拟, 并证明其在空间形态和整体结构上具有较好的模拟效果。杨青生(2008)以东莞市城市发展为例, 利用逐步逻辑回归方法获取分区的元胞自动机动态规则, 结果表明分区转换规则克服了传统 CA 无法反映区域内部城市发展差异的缺陷。在当前的研究中, 主要将自然条件和到市中心、主干道等的地理距离作为主要约束因素, 较少研究将交通特征尤其是交通可达性作为深入剖析和模拟城市演变的重要视角, 以交通为导向的城市空间动态优化模拟存在理论体系不完善、研究方法以定性为主等问题。交通条件对城市动态演变的影响会因地而异, 而不同的交通模式也会带来迥异的城市发展响应。因此, 本研究拟基于交通特征, 引入智能算法进行不同类别的空间聚类划分, 保证城市空间分类的合理性和科学性, 以更好地反映城市发展的空间异质性问题。

二、数据来源

本研究涉及大量历史数据, 对现有土地利用数据(1990—2015 年)、社会经济统计数据以及历史遥感数据人工交互判读结果等进行空间化和空间配准整理，形成1990—2015年土地利用序列地图。武汉市土地利用数据来源于地理云空间下载的LandSat遥感影像图，经过辐射校正、配准等步骤，将土地利用类型划分为耕地、林地、草地、水域、城乡/工矿/居民、用地、未利用土地六类，如表10-1所示。

表10-1 土地利用分类体系

编号	名称	含 义
1	耕地	指种植农作物的土地，包括熟耕地、新开荒地、休闲地、轮歇地、草田轮作物地；以种植农作物为主的农果、农桑、农林用地；耕种三年以上的滩地和海涂
2	林地	指生长乔木、灌木、竹类以及沿海红树林地等林业用地
3	草地	指以生长草本植物为主，覆盖度在5%以上的各类草地，包括以牧为主的灌丛草地和郁闭度在10%以下的疏林草地
4	水域	指天然陆地水域和水利设施用地
5	城乡、工矿、居民用地	指城乡居民点及其以外的工矿、交通等用地。城镇用地，指大、中、小城市及县镇以上建成区用地；农村居民点，指独立于城镇以外的农村居民点；其他建设用地，指厂矿、大型工业区、油田、盐场、采石场等用地以及交通道路、机场及特殊用地
6	未利用土地	目前还未利用的土地，包括难利用的土地

城镇空间结构模拟及预测涉及社会、经济、资源、环境等各个方面，所需数据十分广泛，其中不少数据缺乏准确的空间定位，无法确定其空间分异和对区域可持续发展的影响。特别是社会、经济数据一般按行政单元（区、乡、村）统计，其行政单元的空间定位与实际分布并不一致，掩盖了它们的空间分布。因此，对这些数据进行空间配准和空间化具有非常重要

的意义。

空间化是指对按行政单元统计的数据进行插值和连续化处理，然后转换成栅格数据存储。对各要素的处理采用统一的地理坐标、转换方法和栅格大小，保证整个研究区域栅格数据的空间一致性，统一存储所有可持续发展的指标体系，包括经过空间化定位的社会、经济、资源、环境数据，并在此基础上进行空间分析。

交通路网的矢量数据从 OpenStreet 网址上免费获取，公共交通站点、地铁站点的空间信息从高德地图上通过 API 平台获取。基于土地利用类型图和城市规划图，进一步识别出武汉市的城市中心、CBD、工业中心、就业中心等。

三、模型构建

1. 元胞自动机模型

城市土地利用演化受到土地利用现状、地貌、生态、环境、人口、经济和社会等要素的制约。在空间组织和内容上，一个规则形状的城市地理单元对应于一个元胞，城市土地利用模型的信息表达分为两部分：一是元胞初始状态，即土地利用现状类型，任意元胞的状态取值为土地利用分类中的一种，即耕地、林地、草地、水域、城镇用地、农村居民点、其他建设用地、未利用土地；二是元胞的适应度，即建设适宜性，需要根据元胞的物理特征、可达性、邻域配置特征等综合确定其适宜建设程度。

为了简化模型，任意元胞的建设适宜性属性值分布在[0，1]的范围，分别表示该元胞对应的土地单元不适宜建设和适宜建设的程度。本研究考虑采用 Logistic 回归的概率作为 CA 计算的适应度。土地利用变化受多种因素的驱动和约束，本研究选取物理特征和可达性作为土地利用变化的驱动因素，同时以丰盛度因子和土地政策作为邻域和制度约束。

(1)物理特征。

元胞的物理特征决定了元胞开发为某种土地利用类型的成本。本研究考虑的物理特征包括人口、坡度、高程三个指标。

(2)可达性。

可达性是影响地区建设选址的一个重要因素，元胞的可达性用一系列最短距离指标来衡量，包括到地级市、高速、国道、铁路、省道、省会城市、县中心、县道、镇中心的最短欧式距离。

(3)邻域配置特征。

土地利用丰盛度因子(enrichiment factor)反映了局部土地利用类型密度与总体平均密度的相对程度，能较好地描述元胞邻域的土地利用配置特征，公式如下：

$$F_{i,\ k,\ d} = \frac{n_{k,\ i,\ d}}{n_{d,\ i}} / \frac{N_k}{N} \tag{10-1}$$

式(10-1)中，$F_{i,\ k,\ d}$ 是以元胞 i 为中心、半径为 d 的邻域中土地利用类型为 k 的丰盛度因子；$n_{k,\ i,\ d}$ 为元胞邻域中土地利用类型为 k 的元胞数量，N 和 N_k 分别是整个元胞空间中的元胞数量和土地利用类型为 k 的元胞数量。当邻域的土地利用类型丰盛度大于总体平均丰盛度时，邻域丰盛度大于 1，否则介于 0 和 1 之间。

(4)土地利用转变概率。

土地利用转变是指某一土地类型 i 向其他土地类型 j ($i \neq j$)进行转换，如果给元胞赋状态集(0 为维持原土地利用类型，1 为发生转变)，只需要判断某个元胞在[t，t+1]时刻间是否从 0 变化到 1，即可以判断该元胞所代表的地块是否进行了土地利用转变，这是 Logistic 回归 CA 模型的基本思想。假设一个区位的发展概率是一系列独立变量(如离市中心的距离、离高速公路的距离、坡度、人口密度等)所构成的函数，但因变量是二项分类常量，即将土地利用分为 0(未发生转变)和 1(发生转变)，不满足正态分布条件。利用逻辑回归技术对 CA 的转换规则进行校正，则 t 时刻元胞

(i, j)的土地利用转变概率为：

$$X_i = \begin{bmatrix} \text{population} \\ \text{dem} \\ \text{slope} \\ \text{Dist(地级市)} \\ \text{Dist(高速)} \\ \text{Dist(国道)} \\ \text{Dist(铁路)} \\ \text{Dist(省道)} \\ \text{Dist(省会城市)} \\ \text{Dist(县中心)} \\ \text{Dist(县道)} \\ \text{Dist(镇中心)} \end{bmatrix} \tag{10-2}$$

$$\text{Prob}(i_k) = E(Y_k \mid X_i) \tag{10-3}$$

式中，$\text{Prob}(i_k)$ 表示地块单元 i 在状态 k 时选择事件的概率，即选第 k 种土地类型的概率，其中 $k \in$ {耕地、林地、草地、水域、城镇用地、农村居民点、其他建设用地、未利用土地}。

利用逻辑回归技术定义转换规则，可按照总体数据的20%样本量来采集样本数据，获取一定样本量的空间变量与土地利用变化的历史经验数据，再利用逻辑回归得到合适的模拟权重参数。通过对逻辑回归方程组进行求解，可以得到一定时期内地块单元 i 转变为土地利用类型 j 的概率，选取概率最大值，即可以判断土地利用转变的对应类型。逻辑回归方程计算的概率值为元胞自动机模型计算的适应度。

2. CA-Markov 模拟和预测模型

马尔科夫预测是利用状态之间转移概率矩阵预测事件发生的状态及其发展变化趋势，也是一种随时间序列分析法，它的特点是无后效性。根据事件的目前状况预测其将来各个时刻(或时期)的变动状况，即若已知系统现在的状态，则系统未来状态的规律就可确定，而不管系统如何过渡到现在的状态。这就是应用马尔可夫链的方法解决各种预报问题的基本思路，目前广泛应用于宏观经济分析、市场风险估计、土地预测、天气预报、生态环境分析和遗传学研究中。

城镇土地扩展受到社会、经济、自然条件等宏观要素的影响，本研究选择马尔科夫模型作为数量预测模型，元胞自动机模型作为空间模拟模型，利用马尔科夫模型和元胞自动机模型的优点，模拟相应假设条件下的土地利用情景，以期为我国城镇土地合理利用提供参考。CA-Markov 预测步骤如下：

(1)采用 Logistic 回归测算各空间约束变量(如距离国道、铁路、市中心等的空间距离)的影响权重，以回归概率计算元胞转换的适应度，结合元胞的邻域约束和制度性约束等属性，共同制定各元胞状态的演化规则，以提高模型的模拟精度。

(2)将马尔科夫模型的土地总量预测结果作为元胞自动机模型结束的控制变量。

(3)设置不同的土地城镇化情景，对我国未来不同情景下城镇土地的微观布局进行模拟优化和预测。

(4)元胞的转换概率如下：

$$P_{i,j}=S_{i,j}\times\exp(\theta_{i,j}) \tag{10-4}$$

式中，$P_{i,j}$ 为元胞 i 转换为土地利用类型 j 的联合概率；$S_{i,j}$ 为土地利用类型 j 对元胞 i 的适宜性，由 Logistic 回归模型得到；$\theta_{i,j}$ 为以元胞 i 为中心，$n\times n$ 邻域的土地利用类型 j 距离加权密度：

$$\theta_{i,j}=\frac{\sum_{k=1}^{K=n\times n} I(L_k=j)\frac{1}{d_{i,k}}}{n\times n-1} \tag{10-5}$$

式中，$I(L_{k=j})$ 为条件函数，当元胞 k 的土地利用类型为 j 时返回 1，否则返回 0；$d_{i,k}$ 为 i 与元胞 k 间的欧氏距离。

第二节　交通网络导向下城市空间结构的模拟过程

一、土地总量和人口总量的预测

根据我国历年城镇土地转变规律，建立基于马尔科夫模型的宏观调控城镇土地预测模型，对未来我国城镇土地需求进行模拟和中长期预测。依据我国人口的年老、生存和死亡规律，构建基于生存模型的人口预测模块，以对我国未来新型城镇化布局进行宏观的总量控制。

首先，研究城镇土地利用不同阶段马尔科夫转移概率，实现工业用地、其他城镇用地、非城镇用地等历史状态转移的趋势分析。其次，采用成分法(cohort component method)，用每一年份年龄、性别、城乡的人口数和死亡率得到下一年份年龄、性别、城乡的人口数，用育龄妇女的人口结构(15 ~ 49 岁的女性人口)和生育率获得新生儿的数量，最后考虑农村人口向城镇迁移的情况以及城镇人口省际间迁移的情况，对武汉市的总人口和城镇人口进行预测。结合马尔科夫模型和人口预测模型，最终实现对新型城镇化城镇建设用地总量和城镇人口总量的合理分析和预测，如表 10-2 所示。

表 10-2　2005—2015 年武汉市各市辖区土地利用变化情况

分类	耕地	林地	草地	水域	城镇用地	农村居民点	其他建设用地	未利用土地
2005 年(单位：km^2)								
武汉市	5090.98	787.17	68.09	1751.27	371.49	263.90	158.23	72.57
江岸	14.59	0.17	0.23	30.97	33.43	1.16	1.36	0.00
江汉	2.97	0.00	0.00	1.89	20.58	0.00	1.90	0.00
硚口	6.68	0.12	1.11	7.31	25.64	0.00	0.60	0.00
汉阳	37.99	1.17	0.23	40.36	29.13	0.86	5.94	0.00

续表

分类	耕地	林地	草地	水域	城镇用地	农村居民点	其他建设用地	未利用土地
武昌	3.27	2.33	0.10	14.44	50.03	0.03	0.96	0.00
洪山	223.78	21.94	10.91	185.61	45.77	11.29	22.08	4.93
青山	16.63	1.54	0.13	21.28	46.70	0.19	2.01	2.80
汉南(远城区)	189.16	3.54	0.04	76.34	6.97	9.02	1.57	1.55
蔡甸(远城区)	620.11	53.22	7.52	278.19	23.11	37.06	56.22	18.03
东西湖(远城区)	317.68	5.35	3.39	111.70	20.79	15.25	8.96	4.70
黄陂(远城区)	1424.53	490.79	2.30	255.79	9.82	44.79	12.80	2.68
新洲(远城区)	1006.53	81.86	15.86	220.81	20.97	109.22	10.29	10.71
江夏(远城区)	1227.05	125.15	26.27	506.58	38.54	35.04	33.53	27.17
2010(单位：km^2)								
武汉市	4756.18	773.84	76.01	1841.66	497.14	257.14	299.12	62.60
江岸	9.42	0.12	0.26	24.77	41.82	1.10	4.43	0.00
江汉	0.00	0.00	0.00	1.10	26.12	0.00	0.12	0.00
硚口	0.15	0.00	0.65	6.14	30.51	0.00	4.01	0.00
汉阳	22.35	1.27	4.37	37.71	34.37	0.75	14.87	0.00
武昌	0.41	2.16	0.10	12.54	55.56	0.03	0.35	0.00
洪山	188.86	22.60	11.63	186.29	59.64	10.18	43.68	3.45
青山	13.30	0.72	0.69	23.02	50.23	0.19	1.92	1.22
汉南(远城区)	166.23	2.97	0.72	91.25	6.99	8.96	9.52	1.55
蔡甸(远城区)	589.12	51.12	10.60	296.23	53.97	34.42	40.43	17.55
东西湖(远城区)	283.08	3.92	5.98	124.38	31.99	13.89	21.88	2.70
黄陂(远城区)	1379.24	485.48	2.05	255.05	17.09	43.42	58.91	2.28
新洲(远城区)	935.65	79.15	15.05	274.19	28.88	108.79	25.69	8.83
江夏(远城区)	1168.37	124.32	23.92	508.99	59.98	35.41	73.32	25.02

续表

分类	耕地	林地	草地	水域	城镇用地	农村居民点	其他建设用地	未利用土地
2015(单位：km²)								
武汉市	4552.69	770.96	79.25	1818.14	511.33	265.57	504.70	61.05
江岸	4.78	0.37	0.93	23.40	45.94	0.94	5.56	0.00
江汉	0.00	0.00	0.00	1.10	26.12	0.00	0.12	0.00
硚口	0.14	0.00	0.65	5.70	30.42	0.00	4.54	0.00
汉阳	18.58	1.88	4.36	35.44	33.69	0.75	20.98	0.00
武昌	0.28	2.16	0.10	12.49	55.61	0.17	0.35	0.00
洪山	166.81	22.72	11.51	167.93	63.24	11.84	79.24	3.03
青山	19.24	0.72	0.69	15.98	50.37	0.59	2.47	1.22
汉南(远城区)	152.70	3.90	2.51	99.74	5.90	9.04	12.84	1.55
蔡甸(远城区)	559.31	51.12	10.45	297.08	52.51	34.74	71.60	16.65
东西湖(远城区)	269.67	3.81	8.04	124.03	33.22	14.83	31.75	2.47
黄陂(远城区)	1345.11	482.85	2.23	249.33	18.42	49.00	93.30	3.26
新洲(远城区)	917.92	79.18	15.01	277.46	31.75	108.49	37.63	8.80
江夏(远城区)	1098.15	122.23	22.76	508.47	64.15	35.18	144.32	24.06

1. 武汉市土地利用变化情况

2005年，武汉市耕地、林地、草地、水域、城镇建设用地、未利用土地的面积分别为5090.98 km^2、787.17 km^2、68.09 km^2、1751.27 km^2、793.62 km^2、72.57 km^2。总面积数量排在前三的土地利用类型为耕地、水域、城镇建设用地。其中，耕地的面积主要集中在武汉市郊区，如黄陂、江夏、新洲等；水域面积也主要分布在城市郊区，如江夏、蔡甸、黄陂等，洪山区的水域面积在武汉市主城区中最大；在城乡、工矿、居民用地类型中，武汉市的城镇用地占比最大，其中武昌、青山、洪山等主城区的城镇用地面积最大，郊区中江夏、蔡甸的城镇用地面积位居前列；农村居民点主要集中在武汉市郊区，尤其是新洲区；其他建设用地包括工矿、交通等用地主要分布在以洪山为代表的主城区和以蔡甸为代表的郊区。未利用土地主要分布在城市郊区，如江夏、蔡甸等。

2005—2010年，武汉市耕地、林地、农村居民点、未利用土地的面积均呈现下降的趋势。在此期间，耕地面积减少了334.8 km^2，林地面积减少了13.33 km^2，农村居民点面积减少了6.76 km^2，未利用土地面积减少了9.97 km^2。与此同时，武汉市草地、水域、城镇用地、其他建设用地等类型的用地面积呈现增加的趋势。草地面积增加了7.92 km^2，水域面积增加了90.39 km^2，城镇用地面积增加了125.65 km^2，其他建设用地面积增加了140.89 km^2。2010—2015年，武汉市耕地、林地、水域、未利用土地的面积均呈现下降的趋势，其中耕地面积减少了203.49 km^2，林地面积减少了2.88 km^2，水域面积减少了23.52 km^2，未利用土地面积减少了1.55 km^2。在此期间，武汉市草地、城镇用地、农村居民点、其他建设用地等类型的用地面积呈现增加的趋势。草地面积增加了3.24 km^2，城镇用地面积增加了14.19 km^2，农村居民点面积增加了8.43 km^2，其他建设用地面积增加了205.58 km^2。

在2005—2015这十年间，城镇建设用地、农村居民点、其他建设用地的用地面积大幅增长，尤其是其他建设用地，表明武汉市这十年间城镇化和工业化经历了快速的发展，交通设施建设速度十分迅速，工业园区用地需求不断增长，仓储用地面积日益增多。在城镇化的快速推动下，农村居民点的面积也呈现一定的增长，受到经济发展和城镇化推进的外部效应影响，作为经济辐射的腹地，农村经济和城镇化也受到一定程度的刺激。另外，随着居民生活水平的提升，市内流动人口往往会在回到家乡后进行房屋购置、翻修、重建等，一定程度上推动了郊区农村的房地产建设和发展。

2. 武汉市历年人口变化概况

2004 年，为促进中部地区经济快速发展，中共中央提出了“中部崛起”战略，中部崛起战略进入实施阶段是从 2006 年开始的，主要针对中部地区的山西、安徽、江西、河南、湖北、湖南六个发展相对缓慢的省份。湖北省一边建设武汉城市圈，一边发展县域经济，以武汉为中心的武汉经济圈已经成为长江中游地区最大、最密集的城市群，武汉城市圈的发展促进了武汉市人口的增长。

武汉市年末总人口又称为武汉市户籍人口，常住人口既包括户籍人口，也包括外来人口。图 10-1 展示了 1999—2019 年武汉市常住人口和年末总人口的变化趋势，由于数据缺失，常住人口只显示 2005—2019 年的变化情况，常住人口和年末总人口数量总体呈上升趋势，常住人口数量的变化区间在 800 万~1200 万人，年末总人口数量的变化区间在 700 万~1000 万人。2005—2019 年，常住人口数量始终多于年末总人口的数量，2009 年之前，常住人口数量增长缓慢，在 2009 年之后，常住人口增长速度变快，

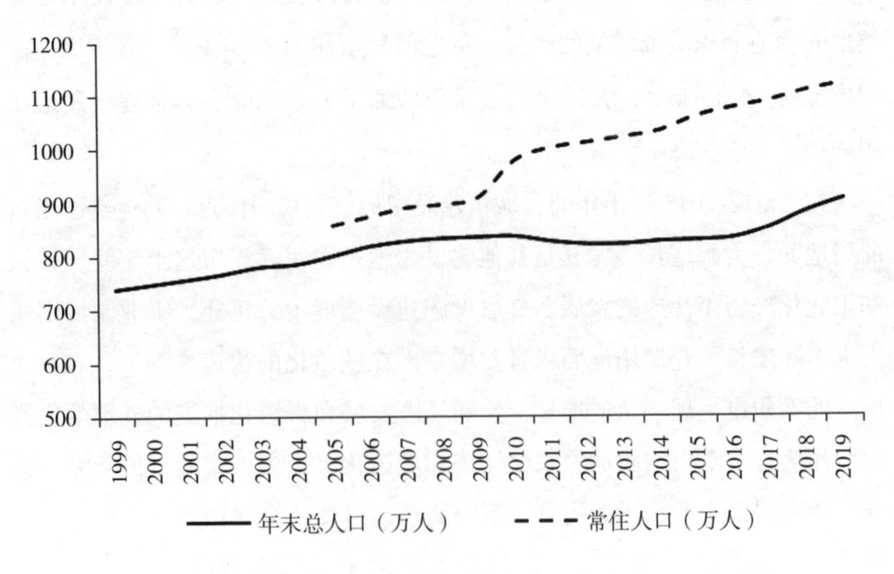

图 10-1　武汉市 1999—2019 年常住人口和总人口变化情况

而年末总人口数量在 1999—2009 年呈缓慢上升趋势，2009—2016 年有略微下降趋势，2016—2019 年增长速度加快；2009 年之后，武汉市常住人口数量明显多于年末总人口数量。

总体来看，户籍人口数量与常住人口数量的差距越来越大，说明随着中部崛起战略的实施，武汉市经济得到快速发展，城市化进程加快，武汉市对周边小城市的劳动力集聚效益加强，武汉市从 2009 年开始有大量的外来人口流入。武汉市户籍人口数量在 2009—2016 年的缓慢减少体现了在此阶段武汉市人口老龄化现象加剧，而独生子女政策的持续发酵使出生人口减少。2017 年开始，武汉在全国率先实行大学毕业生“零门槛”落户，对留汉就业创业大学毕业生产生巨大吸引力，使武汉市从 2017 年开始，每年以 20 万~30 万的户籍人口在增长。

图 10-2 展现了 2010 年和 2017 年武汉市户籍人口在市辖区尺度的空间分布情况，由图可知，武汉市各区年末总人口数量差异较大，武昌区和黄陂区年末总人口在 2010 年和 2017 年均突破了 100 万，在 2010 年年末总人口最多的是武昌区，约 117 万人，略高于黄陂区。到 2017 年，武昌区年末总人口下降到 108 万左右，而黄陂区人口变化不明显，黄陂区年末总人口

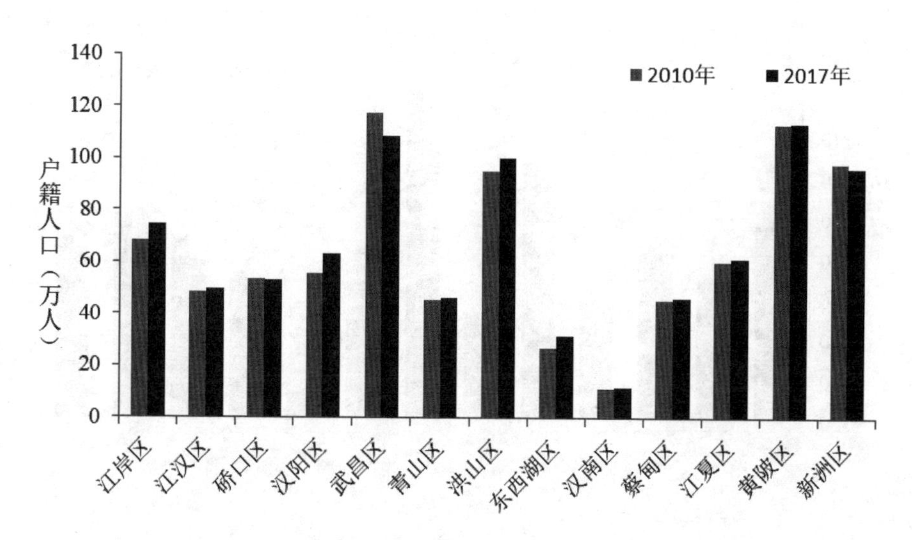

图 10-2 武汉市各区 2010 年和 2017 年总人口变化情况

超过武昌区位居第一。年末总人口仅次于黄陂区的是洪山区和新洲区，人口总量均在 100 万左右，洪山区年末总人口数量从 2010 年到 2017 年有略微上升，新洲区年末总人口数量从 2010 年到 2017 年有略微下降。汉南区在 2010 年和 2017 年均是武汉市年末总人口最少的区，约 11 万人，这主要是因为新洲区和汉南区均属于远城区，经济发展较落后，很难吸引劳动力，外出务工人员较多。江岸区、汉阳区、东西湖区 2017 年的年末总人口比 2010 年有较明显的上升。总体上看，武汉市各区年末总人口在 2010—2017 年均无显著变化，人口数量较稳定。

图 10-3 是 2010 年和 2017 年，武汉市常住人口在各区的分布变化情况。与年末总人口不同的是，2017 年各区常住人口与 2010 年相比均有所上升，洪山区在 2010 年和 2017 年的常住人口数量在各区中均排名第一，且上升最显著，从 2010 年的 139 万人上升到 2017 年的 163 万人。常住人口位居第二的是武昌区，武昌区在 2017 年的常住人口达到 127. 8 万人，比排名第三的黄陂区多 28 万人。常住人口数量最少的仍然是汉南区，在 2010 年和 2017 年数量上虽有上升，但均低于 15 万人，其次是青山区和东西湖区，常住人口数量均在 40 万~60 万人。

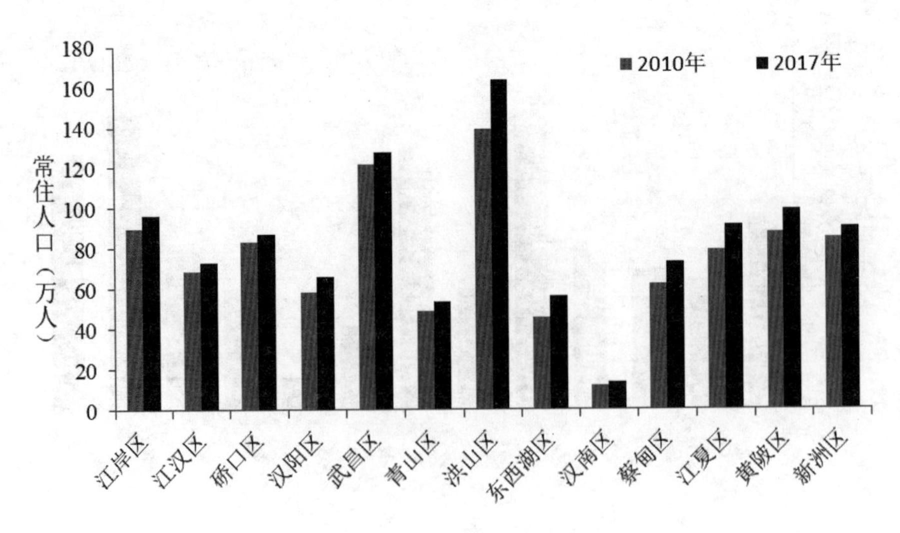

图 10-3　武汉市各区 2010 年和 2017 年常住人口变化情况(万人)

综合图 10-2 和图 10-3 可知，武汉市 2010 年和 2017 年由于受人口老龄化和户籍限制的影响，年末总人口数量变化不大，增长幅度较小，而外来务工人口的增加使常住人口数量增长相对容易、增长较明显，其中洪山区年末总人口排第三，但常住人口排第一。常住人口和年末总人口差值最大，说明洪山区外来人口最多，这主要是由于洪山区发展空间大，经济发展较快，有雄厚的科技智力优势、环境优美、交通便利，能够吸引大量的人才，而汉阳区、青山区、汉南区常住人口和年末总人口的人口数量差值在 2010 年和 2017 年均不大，说明这三个区的外来人口很少。黄陂和新洲两个区在 2010 年和 2017 年的常住人口均少于年末总人口，说明这两个区相对于武汉市其他区而言经济不发达，常年有部分年轻力壮的人口外出务工，不在本地，人口老龄化现象较严重。

二、城镇土地结构的微观布局模拟

结合城镇土地扩展受到社会、经济、自然条件等宏观要素的影响，选择马尔科夫模型作为土地利用数量预测模型，元胞自动机模型作为空间模拟模型，利用马尔科夫模型和元胞自动机模型的优点，模拟相应假设条件下的土地利用情景，以期为我国城镇土地合理利用提供参考。

首先，采用 Logistic 回归测算各空间约束变量(如距离国道、铁路、市中心等的空间距离)的影响权重，以回归概率计算元胞转换的适应度，结合元胞的邻域约束和制度性约束等属性，共同制定各元胞状态的演化规则，以提高模型的模拟精度。其次，将马尔科夫模型的土地总量预测结果作为元胞自动机模型结束的控制变量，并设置不同的土地城镇化情景，对我国未来不同情景下城镇土地的微观布局进行模拟优化和预测。

资源环境承载能力是硬约束。根据党的十九大报告，未来要加快生态文明体制改革，建设美丽中国。在新型城镇化的推进过程中，应充分顾及城镇土地的资源环境承载能力，让经济发展和城镇化建设与之相适应。近年来，随着我国经济高速增长、城镇化建设大力推进，我国城镇的资源环境承载能力几近极限。资源环境承载能力侧重体现和反映了环境系统的社会属性，即外在的社会禀赋和性质。根据我国主体功能区划，严格划分优先开发区域、重点开发区域、限制开发区域、不适宜开发区域和禁止开发区域，并且根据不同的功能空间类型，实施不同的城镇化发展政策，如图10-4所示。

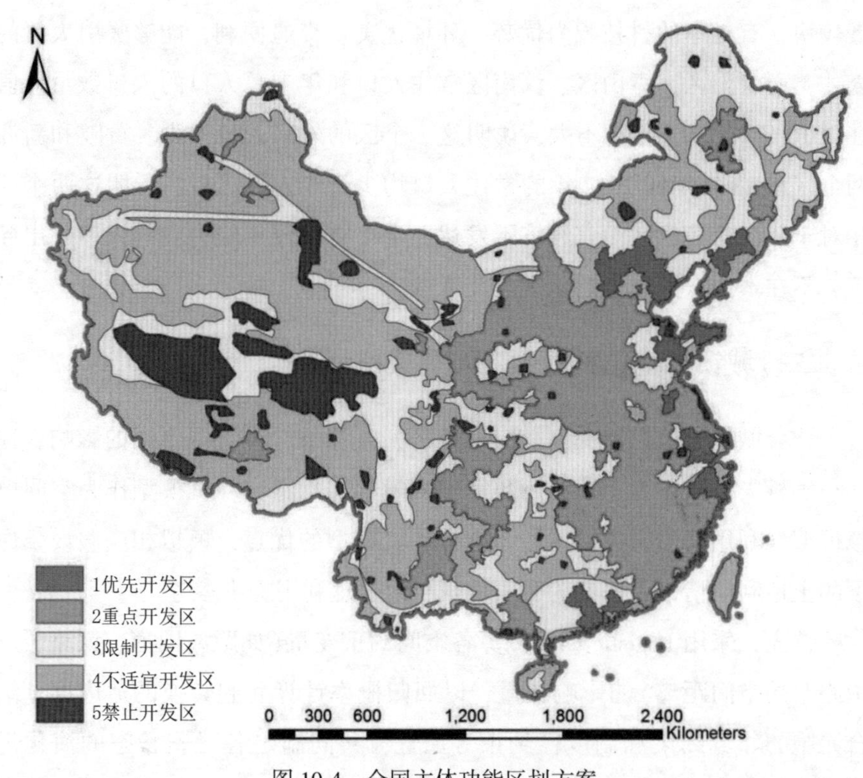

图 10-4　全国主体功能区划方案

三、城镇人口和经济活动的空间布局模拟

根据城镇土地布局和城镇人口布局的关联分析，构建城镇人口系数模型，基于不同情景下的城镇土地布局模拟我国未来不同发展情景下的城镇人口布局。为了进一步优化模型，以基于成分法的人口总量预测结果为变量，使人口城镇化的空间布局更为合理化和科学化。根据辐射模型来模拟

两地之间人口的区位选择过程，并采用改进的劳瑞模型模拟交通可达性导向下总人口的居住区位选择和服务人口的工作区位选择，生成城镇人口空间分布模拟图，揭示未来城镇化的空间布局。

1. 辐射模型及其改进

辐射模型(radiation model)是 2012 年美国学者 Simini 借鉴固体物理学中物质运动的发散和吸收过程提出的(Simini，et al.，2012)，弥补了重力模型应用于人口流动强度模拟存在的多项不足，并利用人口流、物流、信息流等进行了实例验证。与重力模型相比，辐射模型与实测数据的拟合程度较高，能够更趋近实际模拟两地之间的流动强度。辐射模型将人口流动看做一个受联合概率支配的随机过程，取决于出发地、目的地和影响范围的人口分布。经过严格的理论逻辑推导，得到辐射模型的方程表达式(式 10-6、式 10-7)，如下所示。模型在应用过程中不需要进行复杂的参数设置，在缺少历史统计资料的情况下能够对地区间的人口流动强度进行有效估算。

$$T_{ij} = T_i \frac{m_i n_j}{(m_i + s_{ij})(m_i + n_j + s_{ij})} \tag{10-6}$$

$$T_i = m_i V \tag{10-7}$$

式中：T_{ij}为 i、j 两地之间的预期人口流动强度，m_i、n_j分别为出发地 i 和目的地 j 的总人口，S_{ij}为 i 到 j 之间人口流动的影响范围(以出发地为圆心、两地距离为半径的圆，i、j 两地除外)总人口，T_i为 i 镇的流动人口数，V 为 i 镇的流动人口比重。

在 Simini 等学者的研究中，影响范围的确定基础是均质的理想空间(图 10-5a)，而实际上，人口流动行为以真实的地理空间为载体，受到交通条件、地形地貌、土地利用状况等多种因素及其分布特征的综合影响(图 10-5b)。当出行的时间成本一定时，流动人口在出发地的各个方向上的出行距离各不相同(图 10-6c)，辐射模型用均质的圆形作为影响范围忽视了真实地理空间的异质性，有待进一步改进。本研究尝试基于空间地域差异，从空间可达性的角度，利用出发地的等时圈确定人口流动的异质影响范围。根据辐射模型中对影响范围的定义，若 i 镇到 j 镇的时间成本为 t_{ij}，则 i 镇的 t_{ij} 等时圈为 i、j 两镇之间人口流动的影响范围，称为异质影响范围。范围内的总人口 S'_{ij}(式 10-8)为等时圈内各个乡镇的人口总和(i、j 两镇的人口除外)，i 镇到异质性影响范围内的任一乡镇的时间成本小于 i 镇到 j 镇的时间成本。

$$S'_{ij} = \sum_{k \neq i,\, j} O_k(t_{ik} \leqslant t_{ij}) \tag{10-8}$$

式中：S'_{ij} 为 i 镇到 j 镇的异质影响范围总人口，O_k 为异质影响范围内 k 乡镇的人口，t_{ik} 为 i 镇到其他乡镇 k 的时间成本，t_{ij} 为 i 镇到 j 镇的时间成本。

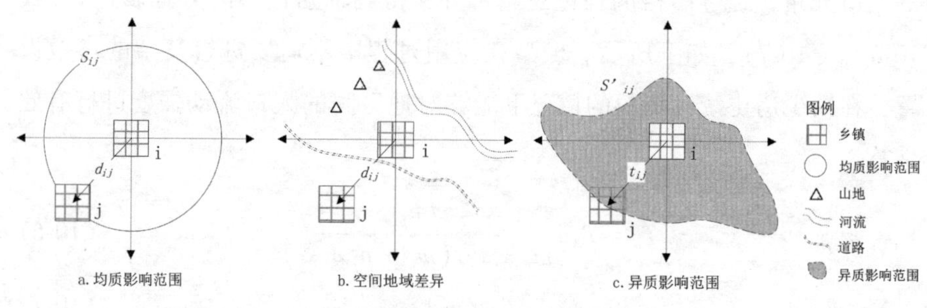

图 10-5　改进辐射模型示意图(侯贺平等，2014)

2. 城市空间结构演变的动力模型建立与修正

以居民就近择业和就业人口与总人口成正比为前提条件，辐射模型把距离转化为以出发地为圆心、以出发地到目的地的出行成本为半径的二维空间，即影响范围，增加了对介入机会的考虑，使空间相互作用具有了方向差异性。影响范围的确定以真实的地理空间为载体，综合考虑交通条件、地形、土地利用等多因素。交通空间效率指标考虑了地理空间的异质性特征，可充分体现各要素在空间上的移动能力，对于准确量化空间相互作用具有重要意义。基于交通路网的定量特征研究，考虑综合交通的效率成本，通过划定各街道单元的等时圈/等距圈来确定两地的异质影响范围 r_{ij}。

引入辐射模型修正劳瑞模型定量表达交通导向下总人口的居住区位选择：

$$R_{i\to j} = R_i \frac{p_i p_j}{(p_i + s'_{ij})(p_i + p_j + s'_{ij})} \tag{10-9}$$

式中：$R_{i\to j}$ 表示从工作地区 i 到地区 j 的居住分布指数，R_i 表示工作在地区 i 但居住不在该地区的家庭数量，p_i/ p_j 表示地区 i /地区 j 的家庭数量，s'_{ij} 表示影响范围 r_{ij} 内除地区 i 和地区 j 外的家庭数量。

引入辐射模型修正劳瑞模型定量表达交通导向下服务人口的工作区位选择：

$$W^k_{i\to j} = W^k_i \frac{g_i g_j}{(g_i + s_{ij})(g_i + g_j + s_{ij})} \tag{10-10}$$

式中，$W^k_{i\to j}$ 表示居住地区 i 到第 k 类服务部门地区 j 的通勤分布指数，W^k_i 表示从地区 i 出发从事第 k 类服务部门的就业人数，g_i/ g_j 表示地区 i /地区 j 的总就业人口，s_{ij} 表示影响范围 r_{ij} 内除地区 i 和地区 j 外的总就业人口。

在模型模拟的基础上结合实际的居民交通出行调查数据对模型进一步修正，对城市用地和人口分布格局进行模拟。

第三节　基于交通可达性调控的城市空间结构评析与优化

一、未来武汉市城市空间结构情景对比及评析

1. 城市土地利用变化的模拟和预测

运用地理特征元胞自动机模型将土地利用预测和控制总量进行空间化，落实到空间区域，在微观格局上建立元胞演化模型，对传统元胞自动

机模型进行了扩展。首先，把与土地变化相关的如地理数据、经济数据、自然环境数据添加作为自变量建立 Logistic 回归，测算各空间约束变量(如距离国道、铁路、市中心等的空间距离，如图 10-6 所示)的影响权重，以回归概率计算元胞转换的适应度，建立元胞实体数据结构，结合元胞的邻域约束和制度性约束等属性，共同制定各元胞状态的演化规则，以提高模型的模拟精度。

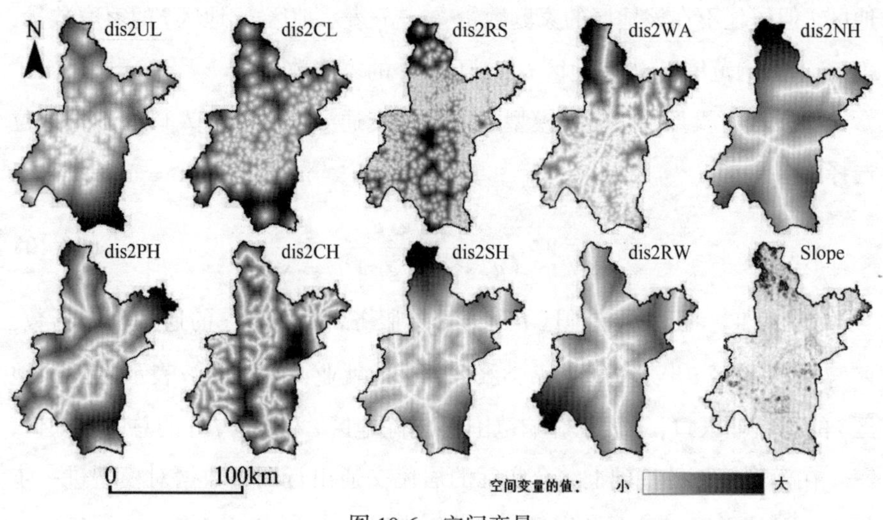

图 10-6　空间变量

来源：Zhang, et al., 2020。dis2UL——到城市用地的距离；dis2CL——到建成区的距离；dis2RS——到乡村居民点的距离；dis2WA——到水域的距离；dis2NH——到国道的距离；dis2PH——到省道的距离；dis2CH——到县道的距离；dis2SH——到高速公路的距离；dis2RW——到铁路的距离；Slope——坡度。

影响土地利用变化的因素比较复杂，在不同时间段、不同地域范围内的主导因素各不相同，自然、社会经济、空间、政策规划等因素均对土地利用动态演变起到重要作用。城镇土地规模随着市中心人口密度增加而逐步扩展，城市扩展的空间模式主要分为外延式、内填式和跳跃式。外延式扩展是指当城市规模达到一定程度时，城镇用地沿着已有的主城区逐步向外扩展，具有圈层结构特征，但这种“摊大饼”延展方式会导致交通拥堵、住房质量下降、生态环境恶化等一系列问题。内填式扩展是在原有城市空间基础上进行再开发，主要表现为旧城更新，城市内部空隙逐渐被填充，城市不规则边缘也逐渐趋向于规则。跳跃式扩展主要为建设新城，由单中心空间开发模式逐步转变为多中心模式，新城新区正在成为拉动城市和区域经济发展的新增长极，能分散城市中心拥堵的人口，并缓解资源环境压力。

总结以往研究成果，本书选择 10 个因素作为土地利用演变的驱动因素：到城市用地的距离、到建成区的距离、到乡村居民点的距离、到水域的距离、到国道的距离、到省道的距离、到县道的距离、到高速公路的距离、到铁路的距离、坡度。各个驱动因素的空间格局如图 10-6 所示。城市用地、建成区和乡村居民点是已有社会经济活动发生的重要空间，吸引着各种生产要素不断集聚和扩散，距离越近则元胞从农用地向建设用地转变的概率越大。水域是人类赖以生存的自然环境之一，具有调节水循环、养育生物多样性等生态功能。随着国家政策法规对水域环境保护的不断重视，地方政府逐步提出全流域的岸线规划，以合理划定保护区、保留区和控制利用区。距离水域越近则表示该元胞的土地开发受到限制。国道、省道、县道、高速公路、铁路等交通设施的建设，加强了城市的对外联系，在重要交通节点会形成集聚中心，沿着交通干线轴向发展，交通节点和交通干线均对各种生产生活要素具有较强的吸引力，促使城市空间结构不断网络化。距离交通线路越近，该元胞从农用地向建设用地转变的概率越大。

基于武汉市历年土地利用变化图(2005 年、2010 年、2013 年)，采用马尔科夫链和元胞自动机模型，对武汉市未来 2020 年、2030 年、2050 年的土地利用发展情景进行模拟和预测，如图 10-7 所示。根据预测结果，到 2030 年，武汉市的耕地面积为 4613.25km^2，林地面积为 772.5km^2，草地面积为 76.5km^2，水体面积为 1850.75km^2，城镇建设用地面积为 503km^2，农村居民点面积为 252.75km^2，工业用地面积为

427.25km^2，未利用土地面积为64.5km^2。到2050年，武汉市的耕地面积为4568.5km^2，林地面积为768.25km^2，草地面积为76.5km^2，水体面积1850.75km^2，城镇建设用地面积为510km^2，农村居民点面积为252.75km^2，工业用地面积为475.25km^2。

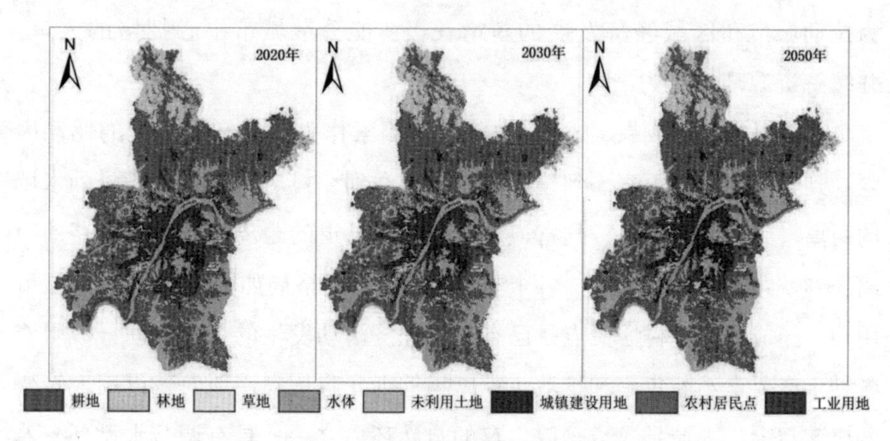

图10-7　武汉市土地用地结构模拟和预测

2. 城市人口分布和经济活动分布预测

劳瑞模型(Lowry model)本质上包含了相互联系的土地利用模型和交通模型。城市土地利用格局(如居民区、工业区、商业区分布等)决定了人类活动的区位(居住、工作、购物等)的空间分离，城市各类活动需通过交通相互作用；交通便捷度决定了活动的区位选择，并导致土地利用系统的变化，土地利用系统变化反过来影响交通系统，如此循环相互作用，最终达到平衡。武汉市2030年家庭人口分布预测情况如图10-8所示。2030年人口主要分布在三环以内，这些地区由于公共基础设施完备，具有较高的交通可达性，聚集了大量的人口分布和经济活动。当人口逐年增长时，同样会有部分人涌入该区域，导致主城区依然是人口分布最为密集的区域。从图10-8中可以看出，交通线路的空间分布和交通便捷度对人口分布具有重大影响，人口倾向于分布在交通便捷的地区。同时，武汉市的一些远城区也有较高的人口密度，通常是远城区的县中心或新建的工业园区，如黄陂区的前川街道、新洲区的阳逻街道、汉南的纱帽街道、江夏的纸坊街道、武汉经济开发区、东湖新技术开发区、武汉临空港开发区等。

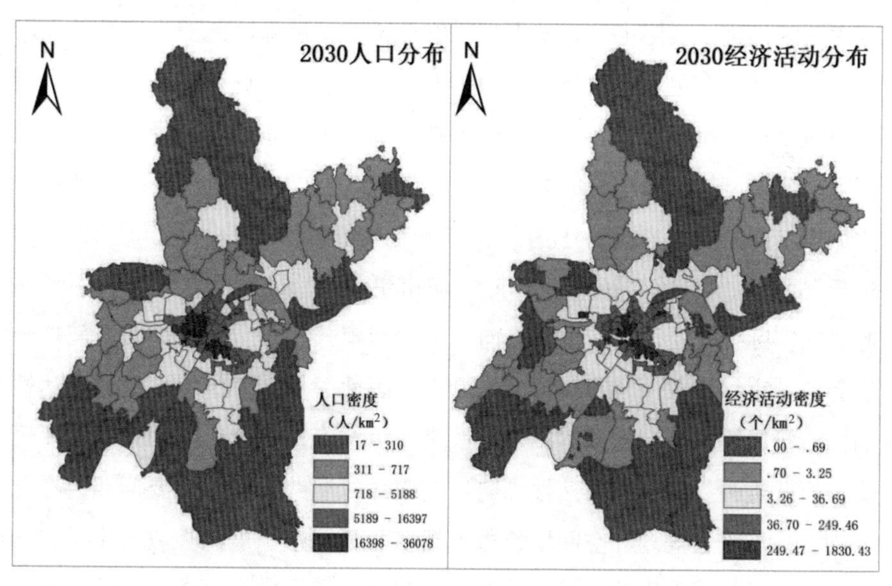

图 10-8　未来人口分布和经济活动分布预测

图 10-8 展示了 2030 年武汉市经济活动分布格局。在 2030 年，大部分经济活动依然分布在四环以内的城区，外围的经济活动主要分布在交通主干线附近区域，除了主城区，经济活动较为集中的有蔡甸、武湖、江夏、阳逻等。这些区块到主城区交通便捷，房地产开发项目质量高，导致房租下降，吸引了大量公司入驻。对比人口分布和经济活动分布可以发现，经济活动在空间上更为分散，郊区的增长幅度更大，在市场驱动下，企业的选址对区位成本更为敏感。随着经济活动的外迁，人口也会随之外迁。政府可以通过土地利用政策引导城市经济活动的空间分布，从而间接控制城

市经济活动空间分布格局。

二、基于交通可达性调控的城市空间结构优化方案

后工业化时期，随着经济的高速发展与交通通信设施的进一步改善，高收入群体开始朝着更远的郊区迁移，以求取更佳的生活环境，同时新兴工业及制造业大规模生产的要求也更加倾向于郊区布局，逆城市化进程得到了不断推进。实际上，逆城市化现象是城市越过郊区向更为广泛的地区延伸，是城市在更大空间尺度上的扩展，最终引发了城市蔓延。城市蔓延使得城市扩展呈现了失控状态，严重破坏了自然生态环境，降低了公共投资效益，加剧了城市中心的衰败，并导致了分散、低密度、区域功能单一化城市空间结构特点。为了遏制和防范逆城市化带来的问题，诸如“精明增长”“紧凑型城市”“新城市主义”“城市更新”“绿色发展”等理念不断兴起。在实际操作层面中，交通导向下的发展模式规划、划定城市空间增长边界与城市绿带政策具有较大的影响力。因此，依据基于综合交通可达性的城市扩展模拟模型的基本成果，系统揭示城市扩展的影响因素和主要模式，由此透视综合交通可达性导向发展模式的制约要素与主要问题。在此基础上，从交通规划和空间增长边界规划两类城市扩展调控方式出发，分别对空间增长边界内部与外部的两类调控方式进行耦合分析，以期对调控模式及其组合方式进行效应评估，并获得基于综合交通可达性的城市扩展模式的优化调控方案。

城市扩展密集发生在建成区周围交通可达性优越的区域，随着与城市中心的距离增加，城市扩展的概率降低，反映了武汉单中心的城市发展模式。武汉市传统的“1+6”(1 个主城+6 个远城区)城市发展格局进一步加固了武汉市单中心的圈层环绕格局，政府规划引导下的新城市职能中心均优先布局在综合可达性高的区域，使城市沿着现有城市中心和交通干线进行“点轴式”发展。在“十三五”规划背景下，武汉城市格局做出重大调整，由“1+6”逐步向“133”转变，明确未来构建“1 个主城+3 个副城+3 个新城组群”的城市发展格局，逐步建立光谷、沌口、临空港等副城，承载科技创

新、先进制造、综合交通枢纽等战略性功能。不可否认的是，多中心城市发展理念逐步被引入武汉市规划思想中，随着立体交通模式不断地相互衔接，城市主城与副城、新城组群间形成紧密的网络状关联，城市发展重心从“规模扩展”向“结构调整”转变。

武汉市以推动国家中心城市、国家综合交通枢纽城市等国家战略为契机，全面推进城市交通基础设施建设，对外不断提高航空、铁路等服务能力，对内大力推进城市快速路和轨道交通建设，城市骨架路网结构基本成型。截至2020年，武汉市主城区形成“三环六联十三射”的快速路网格局，逐步发展成以轨道交通为骨干，常规公交为主体，其他交通方式为补充的多模式、一体化的客运交通体系。交通可达性的提升并不一定会带来更高的城市扩展概率，即可达性改善最优的区域其城市扩展速率相对较慢，而可达性改善较慢的区域城市扩展速率却较快。这主要是源于武汉市交通设施配置与产业发展规划的差异，南部沌口新城主要发展高端制造业，以低容积率为特征的城市用地发展相对较为粗放，东部光谷新城主要发展科技创新为核心的高新技术产业，土地利用相对集约节约，以轨道、公交为主体的客运交通体系相对发达。以“新城”“新区”“城市组团”等为核心的城市副中心最初采用低密度蔓延模式发展，削弱了交通干线的引导作用。因此，城市建设应与交通规划体系进行有机衔接，不断发挥交通基础设施的优势，强化城市副中心的集约发展和产业的合理布局。

为了优化基于综合交通可达性的城市扩展模式，从“线状”交通规划和“面状”空间增长边界规划两类城市扩展调控方式出发，分别对空间增长边界内部与外部的两类调控方式进行耦合定量对比研究。首先，交通基础设施对城市扩展具有引导作用，但是“面状”空间增长边界规划将削弱甚至抵消此类“线状”引导力量。其次，城市蔓延发展具有惰性，空间增长边界内部城市临近建成区拓展现象失效，折射出“面状”空间规划在引导城市扩展方面的决定性作用。这也从模型角度进一步反映了空间规划管控的重要意义，并解释了武汉市单中心蔓延发展成因的规划缘由。因此，基于综合交通可达性的城市扩展调控模式的优化方案，要以“线状”交通基础设施规划为基础，并合理耦合“面状”空间规划，才能更有效地引导城市空间良性扩展，并预防规划失效。

第十一章
交通网络和城市空间结构的协同优化发展路径

城市空间结构的优化是基于现有资源、社会经济和技术条件，有意识地对城市空间结构演化进行干预和引导，通过最佳的空间配置使个体要素充分发挥作用。这种有意识的干预与引导，可以通过基础设施建设、产业政策以及政府政策等措施来实现，并通过建立针对目标的分析评价反馈系统来深化。基础设施建设是驱动区域空间格局变化的一个重要因素，它既是区域空间格局的组成要素，也是区域空间格局演变的推动力。区域型基础设施包括交通运输系统、给排水系统、动力系统和通信系统四大系统。其中，现代化交通运输系统是区域空间结构的重要组成部分，不仅构成了现代区域空间结构的重要骨架，而且对空间结构的形成与拓展也起着非常重要的引导作用。本章从交通层面出发，对武汉市空间结构体系优化路径展开探讨，以期为促进城市空间结构体系的健康稳定发展提供一些理论基础和科学建议，为未来交通体系的进一步发展完善提供指导方向。

第一节　高质量城市空间结构的优化目标

一、适应城市区域化发展，构建更加开放的大都市区空间结构

城市逐渐向区域化方向发展，“武鄂”“汉孝”等临界地区一体化诉求不断加强。受到区位条件、地理环境、城市地价等方面的影响，武汉部分城市功能呈现“外溢”现象，鄂州、孝感、咸宁、洪湖等近汉地区成为承载武

汉功能外溢、城市区域化的重点空间。例如：鄂州市葛店科技新城重点承载了东湖新技术开发区的创新型产业，实现了“武鄂”同城化发展；孝感市孝南区发挥紧邻武汉天河机场的优势，积极承担临空产业功能，共同打造临空经济区。为了积极发挥武汉国家中心城市的辐射带动和功能引领作用，强化“武鄂”“汉孝”“武咸”“武仙”为核心的4条主要轴向发展廊道，以鄂州、黄石、黄冈、孝感、咸宁、仙桃6个城市为综合服务节点，构建更加开放的武汉大都市区空间格局。

二、把握“紧增长”到“零增长”变化趋势，促进空间模式转型

改革开放以来，武汉城市建设用地增量基本保持了“高增长”状态，特别是“十一五”“十二五”期间，城市建设用地年均增量达到27km^2。随着国家生态文明建设的深入推进，更加强调集约节约利用土地资源，走集约、智能、绿色、低碳的新型城镇化道路。预计2025年之前武汉市将呈现“紧增长”状态，2025年之后将逐步转向“零增长”发展，逐渐从外延式扩张向内涵式提升转变，城市修补、生态修复成为城市空间发展的重点。

三、注重空间规划的精细化，强化中微观空间结构优化

“1+6”城市格局初步形成，但主城过密、新城过于均衡、空间绩效偏低。主城区呈现多中心、多组团发展，二七沿江、武昌滨江、四新等重点功能区加快建设，以金融商务为核心的现代服务业集聚发展迅速，但人口密度过大、建设高密化，交通拥堵、热岛效应等“大城市病”严重。依托主要交通干线，轴向发展的6个新城组群基本形成，但新区新城布局过于均衡，人口集聚度不够，用地产出效率不高，产城融合相对不足，文化体育、社会福利等公益性设施配置水平不高。应当坚持高质量发展，加强分区空间政策差异供给，促进空间治理精细化，主城区强化以存量空间为主，通过城市更新促进空间升级；新城强调产城融合发展，根据在武汉建设国家中心城市的地位，突出重点新城，建设综合性城市。坚持以人民为中心，把握人民对美好生活的向往和需求，重视城市空间肌理特征，更加

关注中微观尺度空间，更加关注社区尺度空间，更加关注城乡结合部、农业农村地区，完善城市空间规划体系与现代城市治理体系。

四、健全全域空间网络化，关注非集中建设区空间体系

“两轴两环、六楔多廊”的生态框架体系逐步固化，但生态红利发挥不足。武汉自然山水生态基质总体保留较好，滨湖临江等公共开敞空间相对完整，城市绿网、水网体系不断完善，初步构建了“轴、楔、环、廊”的全域生态框架，划定了基本生态控制线，实现了生态控制线的立法保护，生态保护法规体系基本构建。但边缘地区的生态优势还有待进一步彰显，生态功能引导和发展相对不足，生态空间的有效利用机制尚未系统建立。武汉历轮城市总体规划都突出了集中建设区的空间结构和布局，而非集中建设区作为全市生态维育、农业生产、镇村发展的重要区域，是构建全域城乡空间格局的重要组成部分。在国家大力推进乡村振兴、生态文明等战略背景下，将突出非集中建设区的空间体系和结构，重点构建“功能小镇+生态村庄+郊野公园”体系，通过规划引导、主动建设，促进生态环境保护、城镇功能提升、乡村活力复兴，优化完善城市功能，实现城市发展方式转型。

第二节 交通网络体系构建目标选择

一、构建与城市自身特征相适应的交通网络体系

武汉因水而兴、临江而建，地处江汉平原东部、全国经济地理中心，长江、汉江纵横境内，形成了独特的“两江交汇、三镇鼎立”自然格局和“龟蛇锁大江、黄鹤揽胜景”的城市意象。武汉全市水域面积占近1/4，陆地通道宽度仅3~5km，城市建设用地如散落在山水之间的“岛屿”。武汉河湖密布、水网纵横的城市特色非常明显，但水也给城市交通组织带来了压力，特别是长江以南部分的局部地区，由于大型湖泊的分隔，实际上能够

实现连片集中发展的空间较为狭长。就交通组织来说，这种地形条件必然要求实现轴向拓展，确保城市空间效率。窄界面、强集聚的特征决定了主要交通走廊需要配置以轨道交通为主体的大容量公交服务。且武汉市作为超大城市，一定要从大的区域空间战略角度，考虑交通走廊布局问题。只有在前期做好控制和预留，才可能在后期通过工程技术手段加以实现。在选择走廊方向的时候，要充分考虑各个方向的发展潜能、发展规模，综合确定功能、空间的发展要点，在此基础上确定交通走廊的适宜模式。

二、构建与交通需求特征相适应的交通网络体系

武汉交通联系呈现以两江四岸核心区为中心，沿轴向辐射的分布特征，交通出行强度则呈现两江四岸核心区最高，由里向外具有明显圈层递减的特征，二环内武昌、汉口核心区人口岗位密集，出行强度最大。此外，由于山水分割，主要方向用地界面狭窄，导致客流强度分布极不均衡，其中客流强度高的方向为汉口顺江方向和武昌垂江方向，交通联系以轴内为主。并且武汉用地界面狭窄，通道客流强度分布不均衡。客流最强通道集中在汉口—汉阳区域的沿江轴、武昌区域的垂江轴区域。因此，武汉强轴向、弱区间、圈层差异大的交通需求特征，决定了武汉需建立多元化、多层次的客运交通体系，而窄界面、强集聚的交通需求特征，决定了武汉需要沿主要交通轴配置以轨道交通、高快速路为主体的大容量、高效率交通设施。

三、实现交通网络体系与城市空间结构相匹配

武汉主城区范围内快速路网已建成(含在建)95%以上，轨道交通网络至2021年将达到400km规模，但近几年主城区交通拥堵仍日益加剧，已呈由点扩面、由内及外扩展的态势。受城市用地制约，“水多加面、面多加水”的交通需求与供给模式无法持续，交通发展方向必然由重交通设施建设向重交通管理转变。目前，既要解决主城区的交通拥堵问题，又要实现主城区与新城区的高效交通联系问题，需要实现交通结构与城市空间结

构相匹配，构建以主城区为交通核心区，向外形成多条放射性交通复合走廊的网络布局体系。交通核心区内重点发展公共交通、慢行交通，抑制小汽车交通，缓解核心区交通拥堵；主城区以外，围绕交通走廊布局，优先提供高效率、高服务水平的骨干交通联系网络，通过大运量的轨道交通、高效率的高快速路共同组织城镇走廊带上新城功能、人员活动及产业布局。

第三节 基于交通走廊的空间结构优化策略

一、坚持城市空间布局与交通走廊的互动性发展

在城市的发展过程中，城市交通走廊与城市空间布局呈现出一种互动式的发展关系。一方面，城市空间的拓展在形成新城的同时对城市空间联系提出了新的要求，需要对应的交通体系进行支撑，进而形成新的交通走廊。另一方面，交通走廊本身对城市的切割与划分会对城市空间进行再布局，同时，也会对城市空间可达性进行重新定位，进而影响着城市的发展。这种相互影响、相互匹配的互动性发展关系也将在城市未来发展中进一步体现。

随着东湖高新开发区、沌口经济开发区以及临空区域的发展，武汉市“1+6”城市均衡布局体系逐渐朝向“1331”(主城+副城+新城+长江新区)的空间体系发展。与之对应，城镇的发展走廊也出现了主次之分。在城镇发展走廊有了主次之分的同时，也需要依托交通走廊对副城、新城的空间进行进一步拓展和优化完善。在利用交通走廊对城市空间进行优化布局时，大运量公共交通可以产生长期的社会经济效益，使得交通走廊和城市功能以及空间结构发展有效契合。交通走廊连接着城市的各级中心和各城市功能配套，交通线路沿城市空间发展方向布置，依托交通走廊引导，进一步强化中心集聚、融合和辐射能力，进而带动区域一体化发展。

二、坚持“多快多轨”复合交通走廊布局

随着“1331”的新空间结构体系的逐渐转化形成，轴向交通联系也在向差异化进行转变，原先的武汉市交通布局模式已不足以支撑城镇发展走廊差异化发展的交通和空间布局要求；需要结合不同发展走廊下的交通联系强度，研究提出形成以高快速路、轨道交通为核心的“多快多轨”复合交通走廊发展模式。以强化轴带交通联系为核心，通过新增放射型高快速路、主干通道，或提升扩容既有通道，形成多层级的快速车行联系通道。针对空间分布不均、城市重点发展轴和对外交通枢纽服务功能不足等问题，进一步优化完善高快速路系统布局，形成以高速公路、快速路、主干路为主的区域骨干路网体系，强化武汉主城与新城及功能节点的快速交通联系。而在轨道交通方面，应在现有轨道线网基础上，建成轨道交通环线及快线，适当加密中心区线路，进一步强化主城与新城的交通联系，支撑城市空间结构轴向有序拓展。依托以轨道交通和骨干道路为基础的多模式交通体系，引导城市空间轴向拓展，构筑更为复杂和开放的动态结构。

三、坚持多模式轨道体系下的交通组织

多模式轨道网络包括：市区轨道、市域铁路、城际铁路和高速铁路。其中主城圈层是集中高密度发展的武汉主城，应当以城市轨道、地面公共交通为主要出行方式，实现就业人员“门到门”公交通勤出行时耗1小时内。新城/副城圈层规划以城市轨道交通、市域快轨为主要出行方式，实现副城中心/新城中心到市级交通枢纽“点到点”不超过1小时。新市镇/临汉一体化圈层规划以高速公路、市域铁路、市域快轨为主要出行方式，实现各区域中心到主城核心“点到点”不超过1小时。都市圈以构建便捷的一日商务圈为目标，实现武汉主城与都市圈城市群间“站到站”出行不超过1小时。

高效整合和锚固高铁、城铁、市域铁路、城市轨道网络，建立“四网合一”一体化的轨道交通系统，实现城城通轨道、镇镇有专线、村村有线

路，打造公交主体，促进交通转型，实现市域“1 小时”、中心城区“45 分钟”公交通勤，支撑“轨道上的大武汉”可持续发展。

第四节 基于交通引导的旧城空间再开发策略

一、控制旧城土地开发强度与交通运输能力相适应

旧城土地利用高密度开发的特征形成了出行需求与交通供给之间的尖锐矛盾，因此需要将旧城更新土地开发总量和功能布局需求同交通运输能力结合起来。在旧城再次开发与更新的各个阶段对开发总量进行合理评估，结合交通运输能力，调节开发项目的控制指标，以降低交通需求及局部地段压力。并且要充分协调好新城开发与旧城更新的关系，将产生大量交通需求的旧城城市职能逐渐疏解，以进一步降低旧城的交通需求压力。

二、以交通引导城市发展的理念优化旧城社区

交通引导城市发展模式下的街道尺度不宜过大，宜人尺度的街区具有更大的容纳交通能力，也可以缩短居民到达功能公交站点的距离。旧城传统社区多为大面积封锁社区，在此社区模式下，增加了交通出行的绕行距离与难度，不利于交通引导城市发展模式社区的形成。由于旧城功能混乱，缺乏明确的社区中心，可结合交通引导城市发展的理念与旧城社区特征，从以下方面优化旧城街道尺度与改造旧城社区。

一是发展物理环境与边界。建设交通引导城市发展模式社区首先要破除大面积的社区封闭，降低居民交通出行的难度与成本，打造一个开放的便于组织的物理环境。并以城市轨道交通和公共交通已有和新建站点为核心，对旧城社区进行宜人尺度的划分，框限社区的发展物理边界。

二是填补社区功能与增设功能中心。城市街区应当提供完整的功能来满足街区内居民的日常生活需要，包括住宅、商业设施、小型生产性企业，即包含居住、就业岗位和娱乐休闲功能。对于功能缺乏的传统社区，

应当依据其自身特点，进行相应的功能增补。传统街区内多为便利店、零售店等小规模商业，改造时应根据人口规模增加对应等级的公共服务设施。功能中心可为街区生活提供较大便利，适宜规模与等级的街区中心可以从源头上减少交通量。

三、减少对外交通直接接入，完善组团换乘系统

减少对外交通与过境交通对于旧城的直接接入，其目的是减少对外交通及过境交通对于旧城交通系统的干扰，以提高旧城交通运输效率。对于处于旧城区域的长途客运枢纽，应逐步迁移至旧城边缘或者其他城市组团，从而释放客运枢纽对于旧城交通的巨大压力。

在疏解对外交通及客运枢纽的同时，应当建立旧城与城市对外交通、其他组团之间有效、快速的交通换乘系统，实现旧城外部交通与旧城的高效连接。一方面，在旧城和外围的客运枢纽建立大运量快速公共交通运输，以实现外围客流向旧城客流的快速转运；另一方面，在旧城外围大型换乘枢纽建立大型停车场，主要用于对外及换乘车辆的停放与换乘，避免大量小汽车驶入旧城造成交通拥挤，并且释放旧城城市空间。

四、建立以大运量快速轨道交通为核心、地面公交为主体的交通网络系统

大运量快速公共交通已经成为缓解旧城交通拥堵，提高交通运输能力的必然选择。因此在旧城更新与改造中，在高密度开发区与重要的交通节点地区逐步建立快速轨道交通网络，并且结合轨道交通网络站点位置调整旧城已有常规公交线路走向及站点设置，从而实现轨道交通与常规公交之间的无缝衔接，提高交通运输能力和效率。

第五节　武汉市“交通-产业-用地”协同优化发展策略

中国城市从高速度发展向高质量发展转变过程中，必须“统筹空间、

规模、产业三大结构，提高城市工作全局性”。城市总体规划阶段的交通规划，要解决的不仅仅是适应规模扩张的基础设施布局及容量配置问题，而是通过产业-用地-交通的协同优化，支持城市更新与空间结构优化，支持建设用地有效使用，引导城市健康可持续发展。

一、明确规划现状，更新规划理念

现代城市交通规划方法以供需平衡定量分析为基本手段，以确定交通各个子系统的设施规模布局、建设标准为特征。自1979年引入中国后，其支持了中国城市化、机动化双重快速增长阶段的交通系统规划需求，适应了这一阶段交通基础设施的短缺特征。但存在内外两方面缺陷：对内，交通系统各种方式之间存在服务“综合性”欠缺；对外，交通系统与城市发展之间存在“协同性”欠缺。特别是在总规阶段，以规范均一的指标要求确定不同城市的空间格局、土地利用和骨干交通设施布局，往往导致城市空间、用地与交通的失衡。在城市总体规划阶段，总体规划之空间布局、土地利用规划之用地及功能、交通规划之系统结构及对应的骨干网络与交通政策，是总规阶段交通规划的基本问题。为此，不仅需要规划理念更新，也需要规划流程创新、技术创新。

二、以“核、掌、轴”架构促进城市弹性生长

理想的武汉空间不应被某个“终极场景”固化限定，而应具备有弹性、可生长的框架。应当匹配用地性质与相应的交通功能，通过容量与速度的双重约束决定适宜的交通设施，以形成和促进“用地衍生交通、交通推动用地演化”的良性循环格局。从空间与交通良性互动的角度考虑，武汉应具备“核、掌、轴”的基本实体空间结构，并受圈层尺度的约束。各级城市中心作为“核”，应打造慢行友好的高密度路网；中心城非核心地区作为“掌”，应打造可供老者、孩童等全体居民使用的宜居道路网，构建多元化公交服务；都市区轴向集聚发展地区作为“轴”，应采用连通性强的道路网强化中心城轨道辐射，强调地面公交与轨道接驳。

武汉总体规划的目标需要在各个片区规划、专项规划中贯彻落实，但在总规阶段确定具体的设施规划既不现实也不合理。武汉2035总规的交通规划，在明确与“核、轴、掌”基本空间格局对应的骨干交通系统结构基础上，进一步细化交通分区，并针对各分区交通子系统的不同需求，提出相应的指导策略与关键设施指标，柔性落实武汉总规“国际通达、行人友好”的交通体系价值硬核。

三、协调发展的综合交通战略

构建多层次综合交通体系，完善区域交通枢纽衔接是前提，其中，机场应发挥城际大中运量交通的优势，强化省域、市域高快速系统；铁路枢纽以城市高快系统为骨架，城市路网、城际铁路线网为主体，作为对接区域的交通方式；航道港口以利用高速公路联系为主，接合国道、省道运输通道。

构建高快速路支撑的区域发展轴线，提升区域发展能级。其中高速路促进组团之间的快速往来，提升武汉在区域发展中的交通能级；快速路提升沿线土地利用价值，提高区位优势。打造新城中心的快速交通连接通道，同时沿线结合可持续发展的生态绿廊，打造以体验式交通为主的慢行交通网络带动土地利用。塑造旅游环线，因地制宜设置旅游交通网，带动周边村镇发展，构建“水系蓝道+景观环线+生态绿廊”的旅游路网结构，以适应周边地区和旅游资源的点状式发展。

参 考 文 献

[1]方创琳. 中国城市群研究取得的重要进展与未来发展方向[J]. 地理学报，2014，69(8)：1130-1144.

[2]方创琳，周成虎，顾朝林，陈利顶，李双成. 特大城市群地区城镇化与生态环境交互耦合效应解析的理论框架及技术路径[J]. 地理学报，2016，71(4)：531-550.

[3]姚士谋，陈振光，朱英明，等. 中国城市群[M]. 合肥：中国科学技术大学出版社，2006：5-7.

[4]蒋海兵，张文忠，祁毅，周亮. 基于可达性分析的高速公路投资空间溢出效应[J]. 地理研究，2014，33(1)：71-82.

[5]林雄斌，杨家文. 中国交通运输投资及其经济溢出效应时空演化——1997—2013年省级面板的实证[J]. 地理研究，2016，35(9)：1727-1739.

[6]Vickerman R W. Accessibility，attraction and potential：a review of some concepts and their use in determining mobility [J]. Environment and Planning，1974(6)：675-691.

[7]蒋海兵，张文忠，祁毅，周亮. 基于可达性分析的高速公路投资空间溢出效应[J]. 地理研究，2014，33(1)：71-82.

[8]Banister D，Berechman Y. Transport investment and the promotion of economic growth[J]. Journal of Transport Geography，2001(9)：209-218.

[9]Gutierrez J. Location economic potential and daily accessibility：an analysis of the accessibility impact of the high-speed 1ine Madrid-Bardelona-French

border[J]. Journal of Transport Geography, 2001, 9(4): 229-242.

[10]Vickerman R W, Sperkermann K, Wegener M. Accessibility and economic development in Europe[J]. Regional Studies, 1999, 33: 1-15.

[11]孔令斌. 我国城镇密集地区城镇与交通协调发展研究[J]. 城市规划, 2004(10): 35-40.

[12]石小法, 喻军皓. 快速城市化地区中等城市交通特性[J]. 交通运输工程学报, 2010, 10(2): 88-94.

[13]Kim D S. Modeling urbanization by accessibility in rapid growth areas[J]. Journal of Urban Planning & Development, 2003, 129(1): 45-63.

[14]Kotavaara O, Antikainen H, Rusanen J. Urbanization and transportation in Finland, 1880-1970[J]. Journal of Interdisciplinary History, 2011, 42(1): 89-109.

[15]邓羽, 司月芳. 北京市城区扩展的空间格局与影响因素[J]. 地理研究, 2015, 34(12): 2247-2256.

[16]李振福. 城市化水平测度模型研究[J]. 规划师, 2003(3): 64-66.

[17]刘辉, 申玉铭, 孟丹, 薛晋. 基于交通可达性的京津冀城市网络集中性及空间结构研究[J]. 经济地理, 2013, 33(8): 37-45.

[18]马清裕, 张文尝, 王先文. 大城市内部空间结构对城市交通作用研究[J]. 经济地理, 2004(2): 215-220.

[19]闫小培, 毛蒋兴. 高密度开发城市的交通与土地利用互动关系——以广州为例[J]. 地理学报, 2004(5): 643-652.

[20]程钰, 刘雷, 任建兰, 来逢波. 济南都市圈交通可达性与经济发展水平测度及空间格局研究[J]. 经济地理, 2013, 33(3): 59-64.

[21]陈博文, 陆玉麒, 柯文前, 吴常艳. 江苏交通可达性与区域经济发展水平关系测度——基于空间计量视角[J]. 地理研究, 2015, 34(12): 2283-2294.

[22]Condeço-Melhorado A, Gutiérrez J, García-Palomares J C. Spatial impacts of road pricing: accessibility, regional spillovers and territorial cohe-

sion[J]. Transportation Research Part A, 2011, 45(3): 185-203.

[23]梁留科, 牛智慧. 中原城市群公路网络建设与城市化水平相关性研究[J]. 地域研究与开发, 2007(2): 48-51, 96.

[24]陈彦光. 交通网络与城市化水平的线性相关模型[J]. 人文地理, 2004(1): 62-65.

[25]赵晶晶, 李清彬. 我国交通基础设施建设与城市化的互动关系——基于省际面板数据的经验分析[J]. 中央财经大学学报, 2010(8): 69-74.

[26]杨忍. 中国县域城镇化的道路交通影响因素识别及空间协同性解析[J]. 地理科学进展, 2016, 35(7): 806-815.

[27]王桂新. 城市化基本理论与中国城市化的问题及对策[J]. 人口研究, 2013, 37(6): 43-51.

[28]方创琳, 王德利. 中国城市化发展质量的综合测度与提升路径[J]. 地理研究, 2011, 30(11): 1931-1946.

[29]曹文莉, 张小林, 潘义勇, 张春梅. 发达地区人口、土地与经济城镇化协调发展度研究[J]. 中国人口·资源与环境, 2012, 22(2): 141-146.

[30]李秋颖, 方创琳, 王少剑, 王洋. 山东省人口城镇化与空间城镇化协调发展及空间格局[J]. 地域研究与开发, 2015, 34(1): 31-36.

[31]范进, 赵定涛. 土地城镇化与人口城镇化协调性测定及其影响因素[J]. 经济学家, 2012(5): 61-67.

[32]吕添贵, 吴次芳, 李洪义, 游和远, 蔡潇. 人口城镇化与土地城镇化协调性测度及优化——以南昌市为例[J]. 地理科学, 2016, 36(2): 239-246.

[33]金凤君, 王成金, 李秀伟. 中国区域交通优势的甄别方法及应用分析[J]. 地理学报, 2008(8): 787-798.

[34]游细斌, 杨青生, 付远方. 区域交通系统与城镇系统耦合发展研究——以潮州市域为例[J]. 经济地理, 2017, 37(12): 96-102.

[35]戢晓峰，姜莉，陈方. 云南省县域城镇化与交通优势度的时空协同性演化分析[J]. 地理科学，2017，37(12)：1875-1884.

[36]孟德友，沈惊宏，陆玉麒. 中原经济区县域交通优势度与区域经济空间耦合[J]. 经济地理，2012，32(6)：7-14.

[37]欧国立. 基于三维层面的综合交通运输认识论[J]. 综合运输，2008(7)：4-8.

[38]单飞，李旭宏，张军. 基于FAHP和加权灰色关联度的区域交通一体化评价方法[J]. 交通运输系统工程与信息，2011，11(5)：147-154.

[39]Li T，Yang W，Zhang H，et al. Evaluating the impact of transport investment on the efficiency of regional integrated transport systems in China[J]. Transport Policy，2016，45：66-76.

[40]Lao X，Zhang X，Shen T，et al. Comparing China's city transportation and economic networks[J]. Cities，2016，53：43-50.

[41]方创琳. 京津冀城市群协同发展的理论基础与规律性分析[J]. 地理科学进展，2017，36(1)：15-24.

[42]方创琳. 耗散结构理论与地理系统论[J]. 干旱区地理，1989(3)：53-58.

[43]黄润荣，任光耀. 耗散结构与协同学[M]. 贵阳：贵州人民出版社，1988.

[44]沈小峰，胡岗，姜璐. 耗散结构论[M]. 上海：上海人民出版社，1987.

[45]杨东峰，熊国平. 我国大城市空间增长机制的实证研究及政策建议——经济发展·人口增长·道路交通·土地资源[J]. 城市规划学刊，2008(1)：51-56.

[46]吴颖，卢毅，颜瑛. 城市经济发展与交通机动化的动态协整分析[J]. 系统工程，2015，33(3)：90-96.

[47]王国刚. 城镇化：中国经济发展方式转变的重心所在[J]. 经济研究，2010，45(12)：70-81，148.

[48]庞世辉. 京津冀交通一体化发展现状与面临的主要问题[J]. 城市管理与科技，2015，17(6)：12-15.

[49]李慧玲，徐妍. 交通基础设施、产业结构与减贫效应研究——基于面板 VAR 模型[J]. 技术经济与管理研究，2016(8)：25-30.

[50]申金生，张香平，张国伍. 交通投资的区域综合效益研究[J]. 系统工程理论与实践，1995(1)：48-53.

[51]Antrop M. The concept of traditional landscapes as a base for landscape evaluation and planning：the example of Flanders Region[J]. Landscape and Urban Planning，1997，38(1)：105-117.

[52]Aranburu I，Plaza B，Esteban M. Sustainable cultural tourism in urban destinations：does space matter? [J]. Sustainability，2016，8(8)：14.

[53]Barata-Salgueiro T，Erkip F Retail planning and urban resilience[J]. Cities，2014，36：107-111.

[54]Barton H. Land use planning and health and well-being[J]. Land Use Policy，2009，26(S1)：S115-S123.

[55] Carr，N. The tourism-leisure behavioural continuum [J]. Annals of Tourism Research，2002，29(4)：972-986.

[56]Cheung D M-W，Tang B-S. Social order，leisure，or tourist attraction? The changing planning missions for waterfront space in Hong Kong[J]. Habitat International，2015，47(Supplement C)：231-240.

[57]Chiaradia A，Cooper C H，Wedderburn M. Network geography and accessibility[C]. Paper Presented at the Proceedings of the 12th Transport Practitioners' Meeting，2014.

[58]Chiesura A. The role of urban parks for the sustainable city[J]. Landscape and Urban Planning，2004，68(1)：129-138.

[59]Cooper C，Chiaradia A J. sDNA：how and why we reinvented spatial network analysis for health，economics and active modes of transport[C]. 2015.

[60]Cooper C H, Fone D L, Chiaradia A J. Measuring the impact of spatial network layout on community social cohesion: a cross-sectional study[J]. International Journal of Health Geographics, 2014, 13: 11.

[61]Crucitti P, Latora V, Porta S. Centrality in networks of urban streets[J]. Chaos, 2006a, 16(1): 9.

[62]Crucitti P, Latora V, Porta S. Centrality measures in spatial networks of urban streets [J]. Physical Review E, 2006b, 73(3): 5.

[63]Cui C, Wang J C, Wu Z J, Ni J H, Qian T L. The socio-spatial distribution of leisure venues: a case study of karaoke bars in Nanjing, China[J]. Isprs International Journal of Geo-Information, 2016, 5(9): 17.

[64]Freeman L C. Centrality in social networks conceptual clarification[J]. Social Networks, 1978, 1(3): 215-239.

[65]Giuliano G. Land use impacts of transportation investments: highway and transit[M]. 2004.

[66]Golledge R G. Path selection and route preference in human navigation: a progress report: Springer Berlin Heidelberg[J]. Lecture Notes in Computer Science, 1995, 988: 207-222.

[67]Hillier B, Hanson J. The social logic of space[M]. Cambridge: Cambridge University Press, 1989.

[68]International Health C. Constitution of the World Health Organization. 1946 [R]. Bulletin of the World Health Organization, 2002, 80(12): 983-984.

[69]Kang C-D. Measuring the effects of street network configurations on walking in Seoul, Korea[J]. Cities, 2017, 71: 30-40.

[70]Koohsari M J, Kaczynski A T, Giles-Corti B, Karakiewicz J A. Effects of access to public open spaces on walking: is proximity enough? [J]. Landscape and Urban Planning, 2012, 117(Supplement C): 92-99.

[71]Liu Y-D. Sport and social inclusion: evidence from the performance of pub-

lic leisure facilities (Vol. 90)[J]. Social Indicators Research, 2009.
[72] McCarthy J. Entertainment-led regeneration: the case of Detroit [J]. Cities, 2002, 19(2): 105-111.
[73] Mills E S. Studies in the structure of the urban economy [J]. Economic Journal, 1972, 6(2): 151.
[74] Nes A V. Typology of shopping areas in Amsterdam. 2005.
[75] Newman P, Kenworthy J. Sustainability and cities: overcoming automobile dependence[M]. Island Press, 1999.
[76] Porta S, Latora V, Wang F, et al. Street centrality and the location of economic activities in Barcelona[J]. Urban Studies, 2011, 49(7): 1471-1488.
[77] Porta S, Strano E, Iacoviello V, et al. Street centrality and densities of retail and services in Bologna, Italy [J]. Environment and Planning B-Planning & Design, 2009, 36(3), 450-465.
[78] Prickett D J. "We will show you Berlin": space, leisure, flanerie and sexuality[J]. Leisure Studies, 2011, 30(2): 157-177.
[79] Rui Y, Ban, Y. Exploring the relationship between street centrality and land use in Stockholm[J]. International Journal of Geographical Information Science, 2014, 28(7): 1425-1438.
[80] Ryder A. The changing nature of adult entertainment districts: between a rock and a hard place or going from strength to strength? [J]. Urban Studies, 2004, 41(9): 1659-1686.
[81] Sarkar C, Webster C, Pryor M, et al. Exploring associations between urban green, street design and walking: results from the Greater London boroughs[J]. Landscape and Urban Planning, 2015, 143: 112-125.
[82] Scoppa M D, Peponis J. Distributed attraction: the effects of street network connectivity upon the distribution of retail frontage in the City of Buenos Aires[J]. Environment & Planning B: Planning & Design, 2015, 27(2):

280-280.

[83]Sevtsuk A. Path and place: a study of urban geometry and retail activity in Cambridge and Somerville, MA[J]. Massachusetts Institute of Technology, 2010.

[84]Sevtsuk A. Location and agglomeration: the distribution of retail and food businesses in dense urban environments[J]. Journal of Planning Education and Research, 2014, 34(4): 374-393.

[85]Stobart J. Leisure and shopping in the small towns of Georgian England-a regional approach[J]. Journal of Urban History, 2005, 31(4): 479-503.

[86]Tang B S. Explaining the inequitable spatial distribution of public open space in Hong Kong[J]. Landscape and Urban Planning, 2017, 161: 80-89.

[87]Wang F, Chen C, Xiu C, Zhang P. Location analysis of retail stores in Changchun, China: a street centrality perspective[J]. Cities, 2014, 41: 54-63.

[88]Xi G L, Zhen F, Gilles P, Valerie F. Spatio-temporal fragmentation of leisure activities in information era: empirical evidence from Nanjing, China[J]. Chinese Geographical Science, 2017, 27(1): 137-150.

[89]Xiao Y, Webster C, Orford S. Identifying house price effects of changes in urban street configuration: an empirical study in Nanjing, China[J]. Urban Studies, 53(1): 112-131.

[90]闫梅，黄金川. 国内外城市空间扩展研究评析[J]. 地理科学进展，2013，32(7)：1039-1050.

[91]乔伟峰，毛广雄，王亚华，等. 近32年来南京城市扩展与土地利用演变研究[J]. 地球信息科学学报，2016，18(2)：200-209.

[92]邓羽，司月芳. 北京市城区扩展的空间格局与影响因素[J]. 地理研究，2015，34(12)：2247-2256.

[93]Deng X Z, Huang J K, Rozelle S, et al. Economic growth and the expan-

sion of urban land in China[J]. Urban Studies, 2010, 47(4): 813-843.
[94]孙平军，修春亮. 中国城市空间扩展研究进展[J]. 地域研究与开发，2014，33(4)：46-52.
[95]李晓文，方精云，朴世龙. 上海城市用地扩展强度、模式及其空间分异特征[J]. 自然资源学报，2003(4)：412-422.
[96]崔王平，李阳兵，郭辉，等. 重庆市不同空间尺度建设用地演进特征与景观格局分析[J]. 长江流域资源与环境，2017，26(1)：35-46.
[97]崔王平，李阳兵，李睿康，等. 基于梯度分析的重庆市主城区城市扩展的景观生态效应[J]. 生态学杂志，2017，36(1)：205-215.
[98]王利伟，冯长春. 转型期京津冀城市群空间扩展格局及其动力机制——基于夜间灯光数据方法[J]. 地理学报，2016，71(12)：2155-2169.
[99]许彦曦，陈凤，濮励杰. 城市空间扩展与城市土地利用扩展的研究进展[J]. 经济地理，2007(2)：296-301.
[100]乔伟峰，刘彦随，王亚华，等. 21世纪初期南京城市用地类型与用地强度演变关系[J]. 地理学报，2015，70(11)：1800-1810.
[101]Madanian M, Soffianian A R, Koupai S S, et al. Analyzing the effects of urban expansion on land surface temperature patterns by landscape metrics: a case study of Isfahan City, Iran[J]. Environmental Monitoring and Assessment, 2018, 190(4).
[102]Su S L, Xiao R, Jiang Z L, et al. Characterizing landscape pattern and ecosystem service value changes for urbanization impacts at an eco-regional scale[J]. Applied Geography, 2012, 34: 295-305.
[103]刘嘉毅，陈玉萍. 中国城市空间扩展的时空演变特征及驱动因素[J]. 城市问题，2018(6)：20-28.
[104]王海军，王惠霞，邓羽，等. 武汉城市圈城镇用地扩展的时空格局与规模等级模式分异研究[J]. 长江流域资源与环境，2018，27(2)：272-285.

[105] Xu J, Zhao Y, Zhong K, et al. Measuring spatio-temporal dynamics of impervious surface in Guangzhou, China, From 1988 to 2015, Using Time-series Landsat Imagery[J]. The Science of the Total Environment, 2018, 627: 264-281.

[106] 孙娟，郑德高，马璇. 特大城市近域空间发展特征与模式研究——基于上海、武汉的探讨[J]. 城市规划学刊，2014(6)：68-76.

[107] 张越，叶高斌，姚士谋. 开发区新城建设与城市空间扩展互动研究——以上海、杭州、南京为例[J]. 经济地理，2015，35(2)：84-91.

[108] 李靖业，龚健，杨建新，等. 利用夜间灯光数据的武汉城市空间格局演化[J]. 遥感信息，2017，32(3)：133-141.

[109] 刘小平，黎夏，陈逸敏，等. 景观扩张指数及其在城市扩展分析中的应用[J]. 地理学报，2009，64(12)：1430-1438.

[110] 周锐，李月辉，胡远满，等. 基于 GIS 的沈阳市城镇用地空间扩展特征分析[J]. 资源科学，2009，31(11)：1947-1956.

[111] 凌赛广，焦伟利，龙腾飞，等. 2000—2014 年武汉市城市扩展时空特征分析[J]. 长江流域资源与环境，2016，25(7)：1034-1042.

[112] Weng Y C. Spatiotemporal changes of landscape pattern in response to urbanization[J]. Landscape and Urban Planning, 2007, 81(4): 341-353.

[113] 蒋金亮，周亮，吴文佳，等. 长江沿岸中心城市土地扩张时空演化特征——以宁汉渝 3 市为例[J]. 长江流域资源与环境，2015，24(9)：1528-1536.

[114] Yu W, Zhou W. Spatial pattern of urban change in two chinese megaregions: contrasting responses to national policy and economic mode[J]. The Science of the Total Environment, 2018, 634: 1362-1371.

[115] Fang C L, Li G D, Wang S J. Changing and differentiated urban landscape in China: spatiotemporal patterns and driving forces[J]. Environmental Science & Technology, 2016, 50(5): 2217-2227.

[116] Fan C, Myint S. A comparison of spatial autocorrelation indices and landscape metrics in measuring urban landscape fragmentation[J]. Landscape and Urban Planning, 2014, 121: 117-128.

[117] 詹庆明，岳亚飞，肖映辉. 武汉市建成区扩展演变与规划实施验证[J]. 城市规划，2018，42(3)：63-71.

[118] 蒋华雄，蔡宏钰，孟晓晨. 高速铁路对中国城市产业结构的影响研究[J]. 人文地理，2017，32(5)：132-138.

[119] 张志斌，公维民，张怀林，王凯佳，赵航. 兰州市生产性服务业的空间集聚及其影响因素[J]. 经济地理，2019，39(9)：112-121.

[120] 古恒宇，沈体雁，周麟，陈慧灵，肖凡. 基于 GWR 和 sDNA 模型的广州市路网形态对住宅价格影响的时空分析[J]. 经济地理，2018，38(3)：82-91.

[121] 肖扬，李志刚，宋小冬. 道路网络结构对住宅价格的影响机制——基于“经典”拓扑的空间句法，以南京为例[J]. 城市发展研究，2015，22(9)：6-11.

[122] 查凯丽，彭明军，刘艳芳，宋玉玲，张玲玉. 武汉城市圈路网通达性与经济联系时空演变及关联分析[J]. 经济地理，2017，37(12)：74-81，210.

[123] 银超慧，郄昱，刘艳芳，张翔晖. 湖北省道路网络中心性与土地利用景观格局关系分析[J]. 长江流域资源与环境，2017，26(9)：1388-1396.

[124] 曹小曙，阎小培. 经济发达地区交通网络演化对通达性空间格局的影响——以广东省东莞市为例[J]. 地理研究，2003(3)：305-312.

[125] Kwang Sik Kim, Lucien Benguigui, Maria Marinov. The fractal structure of Seoul's public transportation system[J]. Cities, 2003, 20(1).

[126] 刘承良，余瑞林，曾菊新，王家琦. 武汉城市圈城乡道路网的空间结构复杂性[J]. 地理科学，2012，32(4)：426-433.

[127] 刘俊，陆玉麒. 江苏省公路交通网络可达性评价研究[J]. 南京师大

学报(自然科学版)，2008(3)：129-134.

[128]Crucitti P，Latora V，Porta S. Centrality in networks of urban streets[J]. Chaos：An Interdisciplinary Journal of Nonlinear Science，2006，16(1)：015113.

[129]陈晨，程林，修春亮. 沈阳市中心城区交通网络中心性及其与服务业经济密度空间分布的关系[J]. 地理科学进展，2013，32(11)：1612-1621.

[130]银超慧，刘艳芳，危小建. 武汉市多尺度道路网络中心性与社会经济活动点空间分布关系分析[J]. 人文地理，2017，32(6)：104-112.

[131]陈晨，王法辉，修春亮. 长春市商业网点空间分布与交通网络中心性关系研究[J]. 经济地理，2013，33(10)：40-47.

[132]张雨洋，杨昌鸣. 什刹海商业热点街巷区位特征及优化策略研究——基于道路中心性视角[J]. 旅游学刊，2019，34(7)：110-123.

[133]Fahui Wang，Chen Chen，Chunliang Xiu，Pingyu Zhang. Location analysis of retail stores in Changchun，China：a street centrality perspective [J]. Cities，2014，41：54-63.

[134]Sergio Porta，Emanuele Strano，Valentino Iacoviello，Roberto Messora. Street centrality and densities of retail and services in Bologna，Italy[J]. Environment and Planning B：Planning and Design，2009，36 (3)：450-465.

[135]Geng Lina，Xiaoxuan Chen，Yutian Liang. The location of retail stores and street centrality in Guangzhou，China [J]. Applied Geography，2018，100：12-20.

[136]Porta S，Latora V，Wang F，et al. street centrality and the location of economic activities in barcelona [J]. Urban Studies，2012，49 (7)：1471-1488.

[137]He S，Yu S，et al. A spatial design network analysis of street networks and the locations of leisure entertainment activities：a case study of Wu-

han, China[J]. Sustainable Cities and Society, 2019, 44: 880-887.

[138]周麟, 沈体雁. 大城市内部服务业区位研究进展[J]. 地理科学进展, 2016, 35(4): 409-419.

[139]Coffey W, Shearmur R. Agglomeration and dispersion of high-order service employment in the Montreal metropolitan region, 1981-96[J]. Urban Studies, 2002, 39(3): 359-378.

[140]Hermelin B. The urbanization and suburbanization of the service economy: producer services and specialization in Stockholm[J]. Geografiska Annaler. Series B. Human Geography, 2007, 89: 59-74.

[141]Wang S G, Zhang Y C. The new retail economy of Shanghai[J]. Growth and Change, 2005, 36(1): 41-73.

[142]Kim J I, Yeo C H, Kwon J H. Spatial change in urban employment distribution in Seoul metropolitan city: clustering, dispersion and general dispersion[J]. International Journal of Urban Sciences, 2014, 18(3): 355-372.

[143]Leslie T F, hUallacháin B Ó. Polycentric Phoenix[J]. Economic Geography, 2006, 82(2): 167-192.

[144]Mills E S. Studies in the structure of the urban economy[M]. Johns Hopkins University Press, 1972.

[145]Wang F. Modeling commuting patterns in Chicago in a GIS environment: a job accessibility perspective[J], Professional Geographer, 2000, 52: 120-133.

[146]Heikkila E P, Gordon P, Kim J, et al. What happened to the CBD-distance gradient? Land values in a polycentric city[J]. Environment and Planning A, 1989, 21: 221-232.

[147]Hillier B. Centrality as a process: accounting for attraction inequalities in deformed grids[J]. Urban Design International, 1999, 4: 107-127.

[148]Chang D K. Measuring the effects of street network configurations on walk-

ing in Seoul, Korea[J]. Cities, 2017, 71: 30-40.

[149] Chinmoy Sarkar, Chris Webster, Matthew Pryor, et al. Exploring associations between urban green, street design and walking: results from the Greater London boroughs [J]. Landscape and Urban Planning, 2015: 143.

[150] 杜超，王姣娥，刘斌全，黄鼎曦. 城市道路与公共交通网络中心性对住宅租赁价格的影响研究——以北京市为例[J]. 地理科学进展，2019(12): 1831-1842.

[151] 王士君，浩飞龙，姜丽丽. 长春市大型商业网点的区位特征及其影响因素[J]. 地理学报，2015，70(6): 893-905.

[152] Fahui Wang, Chen Chen, Chunliang Xiu, Pingyu Zhang. Location analysis of retail stores in Changchun, China: a street centrality perspective [J]. Cities, 2014, 41: 54-63.

[153] 古恒宇，周麟，沈体雁，黄梦真，刘子亮. 基于空间句法的长江中游城市群公路交通网络研[J]. 地域研究与开发，2018，37(5): 24-29.

[154] Schwander C, Hillier B, Chiaradia A, et al. Compositional and urban form effects on centers in greater London[J]. Proceedings of the ICE-Urban Design and Planning, 2012, 165: 21-42.

[155] Porta S, P Crucitti, et al. The network analysis of urban streets: a dual approach [J]. Physica A: Statistical Mechanics and Its Applications, 2006, 369 (2): 853-866.

[156] 陈晓东. 基于空间网络分析工具(UNA)的传统村落旅游商业选址预测方法初探——以西递村为例[J]. 建筑与文化，2013(2): 106-107.

[157] He S W, Yu S, et al. A spatial design network analysis of street networks and the locations of leisure entertainment activities: a case study of Wuhan[J]. Sustainable Cities and Society, 2019, 44: 880-887.

[158] Porta S, Latora V, Wang F, Rueda S, et al. Street centrality and the location of economic activities in Barcelona [J]. Urban Studies, 2012,

49(7): 1471-1488.

[159]Bailey T C, Gatrell A C. Interactive spatial data analysis[M]. Longman Scientific & Technical, 1995.

[160]Anderson T K. Kernel density estimation and K-means clustering to profile road accident hotspots[J]. Analysis and Prevention, 2009, 41(3): 359-364.

[161]Chiaradia A, Cooper C H, Wedderburn M. Network geography and accessibility [C]. Proceedings of the 12th Transport Practitioners' Meeting, 2014.

[162]Cooper C H, Fone D L, Chiaradia A J. Measuring the impact of spatial network layout on community social cohesion: a cross-sectional study[J]. International Journal of Health Geographics, 2014, 13(1): 11.

[163]李佳洺，陆大道，徐成东，李扬，陈明星. 胡焕庸线两侧人口的空间分异性及其变化[J]. 地理学报，2017，72(1): 148-160.

[164]Wei Luo, Jaroslaw Jasiewicz, Tomasz Stepinski, Jinfeng Wang, Chengdong Xu, Xuezhi Cang. Spatial association between dissection density and environmental factors over the entire conterminous United States[J]. Geophysical Research Letters, 2016, 43(2).

[165]王欢，高江波，侯文娟. 基于地理探测器的喀斯特不同地貌形态类型区土壤侵蚀定量归因[J]. 地理学报，2018，73(9): 1674-1686.

[166]Porta S, Crucitti P, Latora V. The network analysis of urban streets: a dual approach[J]. Environment and Planning B: Planning and Design, 2006, 369(5): 853-866.

[167]申凤，李亮，翟辉. "密路网，小街区"模式的路网规划与道路设计——以昆明呈贡新区核心区规划为例[J]. 城市规划，2016，40(5): 43-53.

[168]Anderson S, Allen J, Browne M. Urban logistics-how can it meet policy makers' sustainability objectives? [J]. Journal of Transport Geography,

2005, 13: 71-81.

[169] Barthélemy M, Flammini A. Co-evolution of density and topology in a simple model of city formation[J]. Networks and Spatial Economics, 2009, 9: 401-425.

[170] Barton H. Land use planning and health and well-being[J]. Land Use Policy, 2009, 26: S115-S123.

[171] Burden D, Wallwork M, Sides K, Trias R, Rue H. Street design guidelines for healthy neighborhoods[M]. Center for Livable Communities Sacramento, Calif, 1999.

[172] Chen T, Hui E C-M, Lang W, Tao L. People, recreational facility and physical activity: new-type urbanization planning for the healthy communities in China[J]. Habitat International, 2016, 58: 12-22.

[173] Cooper C H, Fone D L, Chiaradia A J. Measuring the impact of spatial network layout on community social cohesion: a cross-sectional study[J]. International journal of health geographics, 2014, 13: 11.

[174] Cooper C H V. Spatial localization of closeness and betweenness measures: a self-contradictory but useful form of network analysis[J]. International Journal of Geographical Information Science, 2015, 29: 1293-1309.

[175] Delclòs-Alió X, Miralles-Guasch C. Looking at Barcelona through Jane Jacobs's eyes: mapping the basic conditions for urban vitality in a Mediterranean conurbation [J]. Land Use Policy, 2018, 75: 505-517.

[176] Freire M, Stren R. The challenge of urban government: policies and practices[M]. The World Bank, 2001.

[177] Großmann K, Bontje M, Haase A, Mykhnenko V. Shrinking cities: notes for the further research agenda[J]. Cities, 2013, 35: 221-225.

[178] He S, Yu S, Wei P, Fang C. A spatial design network analysis of street networks and the locations of leisure entertainment activities: a case study

of Wuhan, China [J]. Sustainable Cities and Society, 2019, 44: 880-887.

[179]He S Y, Lee J, Zhou T, Wu D. Shrinking cities and resource-based economy: the economic restructuring in China's mining cities[J]. Cities, 2017, 60: 75-83.

[180]Jalaladdini S, Oktay D. Urban public spaces and vitality: a socio-spatial analysis in the streets of Cypriot towns [J]. Procedia-Social and Behavioral Sciences, 2012, 35: 664-674.

[181]Jiang B. Geospatial analysis requires a different way of thinking: the problem of spatial heterogeneity[J]. Geo Journal, 2015, 80: 1-13.

[182]Kang C-D. The effects of spatial accessibility and centrality to land use on walking in Seoul, Korea[J]. Cities, 2015, 46: 94-103.

[183]Kang C-D. Measuring the effects of street network configurations on walking in Seoul, Korea [J]. Cities, 2017, 71: 30-40.

[184]King K. Jane Jacobs and "the need for aged buildings": neighbourhood historical development pace and community social relations [J]. Urban Studies, 2013, 50: 2407-2424.

[185]Liu Y, Wang R, Grekousis G, Liu Y, Yuan Y, Li Z. Neighbourhood greenness and mental wellbeing in Guangzhou, China: what are the pathways? [J]. Landscape and Urban Planning, 2019, 190: 103602.

[186]Liu Y, Wang R, Xiao Y, Huang B, Chen H, Li Z. Exploring the linkage between greenness exposure and depression among Chinese people: Mediating roles of physical activity, stress and social cohesion and moderating role of urbanicity[J]. Health & place, 2019, 58: 102168.

[187]Long Y, Wu K. Shrinking cities in a rapidly urbanizing China[J]. Environment and Planning A, 2016, 48: 220-222.

[188]Lopes M N, Camanho A S. Public green space use and consequences on urban vitality: an assessment of European cities[J]. Social indicators re-

search, 2013, 113: 751-767.

[189] Montgomery J. Making a city: urbanity, vitality and urban design[J]. Journal of Urban Design, 1998, 3: 93-116.

[190] Porta S, Crucitti P, Latora V. The network analysis of urban streets: a primal approach[J]. Environment and Planning B: Planning and Design, 2006, 33: 705-725.

[191] Porta S, Strano E, Iacoviello V, Messora R, Latora V, Cardillo A, Wang F, Scellato S. Street centrality and densities of retail and services in Bologna, Italy [J]. Environment and Planning B: Planning and Design, 2009, 36: 450-465.

[192] Shen Y, Sun F, Che Y. Public green spaces and human wellbeing: mapping the spatial inequity and mismatching status of public green space in the Central City of Shanghai[J]. Urban Forestry & Urban Greening, 2017, 27: 59-68.

[193] Tatem A J, Gaughan A E, Stevens F R, Patel N N, Jia P, Pandey A, Linard C. Quantifying the effects of using detailed spatial demographic data on health metrics: a systematic analysis for the AfriPop, AsiaPop, and AmeriPop projects[J]. The Lancet, 2013, 381, S142.

[194] Tewahade S, Li K, Goldstein R B, Haynie D, Iannotti R J, Simons-Morton B. Association between the built environment and active transportation among U. S. adolescents [J]. Journal of Transport & Health, 2019, 15: 100629.

[195] Wang J F, Li X H, Christakos G, Liao Y L, Zhang T, Gu X, Zheng X Y. Geographical detectors-based health risk assessment and its application in the neural tube defects study of the Heshun Region, China[J]. International Journal of Geographical Information Science, 2010, 24: 107-127.

[196] Wang R, Helbich M, Yao Y, Zhang J, Liu P, Yuan Y, Liu Y. Urban

greenery and mental wellbeing in adults: cross-sectional mediation analyses on multiple pathways across different greenery measures[J]. Environmental Research, 2019, 108535.

[197]Wang S, Yu D, Kwan M-P, Zheng L, Miao H, Li Y. The impacts of road network density on motor vehicle travel: an empirical study of Chinese cities based on network theory [J]. Transportation Research Part A: Policy and Practice, 2020, 132: 144-156.

[198]Wei Y D, Xiao W Y, Medina R, Tian G. Effects of neighborhood environment, safety, and urban amenities on origins and destinations of walking behavior[J]. Urban Geography, 2019.

[199]Xia C, Yeh A G-O, Zhang A. Analyzing spatial relationships between urban land use intensity and urban vitality at street block level: a case study of five Chinese megacities [J]. Landscape and Urban Planning, 2020, 193: 103669.

[200] Xiao Y, Wang D, Fang J. Exploring the disparities in park access through mobile phone data: evidence from Shanghai, China[J]. Landscape and Urban Planning, 2019, 181: 80-91.

[201]Xiao Y, Wang Z, Li Z, Tang Z. An assessment of urban park access in Shanghai-Implications for the social equity in urban China[J]. Landscape and Urban Planning, 2017, 157: 383-393.

[202]Xing L, Liu Y, Liu X. Measuring spatial disparity in accessibility with a multi-mode method based on park green spaces classification in Wuhan, China [J]. Applied Geography, 2018, 94: 251-261.

[203]Xu M, Xin J, Su S, Weng M, Cai Z. Social inequalities of park accessibility in Shenzhen, China: the role of park quality, transport modes, and hierarchical socioeconomic characteristics [J]. Journal of Transport Geography, 2017, 62: 38-50.

[204]Yang D F, Yin C Z, Long Y. Urbanization and sustainability in China:

an analysis based on the urbanization Kuznets-curve[J]. Planning Theory, 2017, 12: 391-405.

[205] Ye T, Zhao N, Yang X, Ouyang Z, et al. Improved population mapping for China using remotely sensed and points-of-interest data within a random forests model [J]. Science of The Total Environment, 2019, 658: 936-946.

[206] Ye Y, Van Nes A. Measuring urban maturation processes in Dutch and Chinese new towns: combining street network configuration with building density and degree of land use diversification through GIS[J]. The Journal of Space Syntax, 2013, 4: 18-37.

[207] 方创琳. 中国城市群研究取得的重要进展与未来发展方向[J]. 地理学报, 2014, 69(8): 1130-1144.

[208] 方创琳, 周成虎, 顾朝林, 陈利顶, 李双成. 特大城市群地区城镇化与生态环境交互耦合效应解析的理论框架及技术路径 [J]. 地理学报, 2016, 71(4): 531-550.

[209] 彭震伟, 屈牛. 我国同城化发展与区域协调规划对策研究[J]. 现代城市研究, 2011, 6: 20-24.

[210] 王桂新. 城市化基本理论与中国城市化的问题及对策 [J]. 人口研究, 2013, 37(6): 43-51.

[211] 曹文莉, 张小林, 潘义勇, 张春梅. 发达地区人口, 土地与经济城镇化协调发展度研究[J]. 中国人口资源与环境, 2012, 22(2): 141-146.

[212] 方创琳, 王德利. 中国城市化发展质量的综合测度与提升路径[J]. 地理研究, 2011, 30(11): 1931-1946.

[213] 李克强. 协调推进城镇化是实现现代化的重大战略选择[J]. 行政管理改革, 2012, 11(4).

[214] Shen J. Understanding dual-track urbanisation in post-reform China: conceptual framework and empirical analysis [J]. Population, Space and

place，2006，12(6)：497-516.

[215] Sit V F，Yang C. Foreign-investment-induced exo-urbanisation in the Pearl River Delta，China[J]. Urban Studies，1997，34(4)：647-677.

[216]侯云春，韩俊，刘云中，林坚. 城乡空间边界划分的国际经验及启示[J]. 中国发展观察，2010，8：54-57.

[217]Bourne L S. Reurbanization，uneven urban development，and the debate on new urban forms [J]. Urban Geography，1996，17(8)：690-713.

[218]周一星. 关于中国城镇化速度的思考[J]. 城市规划，2006，30：32-35.

[219] Wang H，He Q，Liu X，Zhuang Y，Hong S. Global urbanization research from 1991 to 2009：a systematic research review[J]. Landscape and Urban Planning，2012，104(3)：299-309.

[220]赵玉红，陈玉梅. 我国城镇化发展趋势及面临的新问题[J]. 经济纵横，2013(1)：54-56.

[221]Hull A. Integrated transport planning in the U. K.：from concept to reality [J]. Journal of Transport Geography，2005，13(4)：318-328.

[222]陆化普，余卫平. 绿色. 智能. 人文一体化交通[M]. 北京：中国建筑工业出版社，2014.

[223]欧国立. 基于三维层面的综合交通运输认识论[J]. 综合运输，2008(7)：4-8.

[224]余柳，孙明正，王婷，鹿璐. 城市群交通一体化发展国际经验借鉴与中国路径探讨[J]. 道路交通与安全，2015，15(4)：1-8.

[225]单飞，李旭宏，张军. 基于 FAHP 和加权灰色关联度的区域交通一体化评价方法[J]. 交通运输系统工程与信息，2011，11(5)：147-154.

[226]Li T，Yang W，Zhang H，Cao X. Evaluating the impact of transport investment on the efficiency of regional integrated transport systems in China [J]. Transport Policy，2016，45：66-76.

[227]Lao X, Zhang X, Shen T, Skitmore M. Comparing China's city transportation and economic networks[J]. Cities, 2016, 53: 43-50.
[228]陆大道. 关于“点—轴”空间结构系统的形成机理分析[J]. 地理科学, 2002, 22(1): 1-6.
[229]梁留科, 牛智慧. 中原城市群公路网络建设与城市化水平相关性研究[J]. 地域研究与开发, 2007, 26(2): 48-51.
[230]韩增林, 刘伟, 王利. “点—轴系统”理论在中小尺度区域交通经济带规划中的应用——以大连旅顺北路产业规划为例 [J]. 经济地理, 2005, 25(5): 662-666.
[231]张文尝. 工业波沿交通经济带扩散模式研究[J]. 地理科学进展, 2011, 19(4): 335-342.
[232]Antrop M. Landscape change and the urbanization process in Europe [J]. Landscape and urban planning, 2004, 67(1): 9-26.
[233]张复明. 区域性交通枢纽及其腹地的城市化模式[J]. 地理研究, 2001, 20(1), 48-54.
[234]王荣成, 赵玲. 东北地区哈大交通经济带的城市化响应研究[J], 地理科学, 2004, 24(5): 535-541.
[235]李忠民, 刘育红, 张强. “新丝绸之路” 交通基础设施, 空间溢出与经济增长——基于多维要素空间面板数据模型 [J]. 财经问题研究, 2011(4): 116-121.
[236]Li P, Qian H, Howard K W, Wu J. Building a new and sustainable “Silk Road economic belt” [J]. Environmental Earth Sciences, 2015, 74(10): 7267-7270.
[237]陆大道. 建设经济带是经济发展布局的最佳选择[J]. 地理科学, 2014, 34(7): 769-772.
[238]孔令斌. 我国城镇密集地区城镇与交通协调发展研究 [J]. 城市规划, 2004, 28(10): 35-40.
[239]石小法, 喻军皓. 快速城市化地区中等城市交通特性 [J]. 交通运输

工程学报，2010，10(2)：88-94.

[240]Köhler U. Traffic and transport planning in German cities[J]. Transportation Research Part A：Policy and Practice，1995，29(4)：253-261.

[241]Kim D S，Mizuno K，Kobayashi S. Modeling urbanization by accessibility in rapid-growth areas [J]. Journal of Urban Planning and Development，2003，129(1)：45-63.

[242]Kim D S，Mizuno K，Kobayashi S. Modeling urbanization by population potential considering the greenbelt effect and various accessibility measurement methods [J]. Journal of Rural Planning Association (Japan)，2002，253-264.

[243]Kotavaara O，Antikainen H，Rusanen J. Urbanization and transportation in Finland，1880-1970[J]. Journal of Interdisciplinary History，2011，42(1)：89-109.

[244]邓羽，司月芳. 北京市城区扩展的空间格局与影响因素[J]. 地理研究，2015，34(12)：2247-2256.

[245]李振福. 城市化水平测度模型研究[J]. 规划师，2003，19(3)：64-66.

[246]Li X，Yeh A G O. Analyzing spatial restructuring of land use patterns in a fast growing region using remote sensing and GIS [J]. Landscape and Urban planning，2004，69(4)：335-354.

[247]刘辉，申玉铭，孟丹，薛晋. 基于交通可达性的京津冀城市网络集中性及空间结构研究 [J]. 经济地理，2013，33(8)：37-45.

[248]马清裕，张文尝，王先文. 大城市内部空间结构对城市交通作用研究[J]. 经济地理，2004，24(2)：215-220.

[249]阎小培，毛蒋兴. 高密度开发城市的交通与土地利用互动关系——以广州为例 [J]. 地理学报，2004，59(5)：643-652.

[250]Hayashi Y，Roy J. Transport，land-use and the environment [J]. Springer Science & Business Media，2013.

[251]程钰，刘雷，任建兰. 济南都市圈交通可达性与经济发展水平测度及空间格局研究[J]. 经济地理，2013，33(3)：59-64.

[252]陈博文，陆玉麒，柯文前，吴常艳. 江苏交通可达性与区域经济发展水平关系测度——基于空间计量视角[J]. 地理研究，2015，34(12)：2283-2294.

[253]Condeço-Melhorado A，Gutiérrez J，García-Palomares J C. Spatial impacts of road pricing：accessibility，regional spillovers and territorial cohesion[J]. Transportation Research Part A：Policy and Practice，2011，45(3)：185-203.

[254]陈彦光. 交通网络与城市化水平的线性相关模型[J]. 人文地理，2004，19(1)：62-65.

[255]赵晶晶，李清彬. 我国交通基础设施建设与城市化的互动关系——基于省际面板数据的经验分析[J]. 中央财经大学学报，2010(8)：69-74.

[256]杨忍. 中国县域城镇化的道路交通影响因素识别及空间协同性解析[J]. 地理科学进展，2016，35(7)：806-815.

[257]黎夏，刘小平，何晋强，李丹，陈逸敏，庞瑶，李少英. 基于耦合的地理模拟优化系统[J]. 地理学报，2009，64(8)：1009-1018.

[258]Tobler W R. A computer movie simulating urban growth in the Detroit Region[J]. Economic Geography，1970，46：234-240.

[259]Li X，Yeh A G O. Neural-network-based cellular automata for simulating multiple land use changes using GIS[J]. International Journal of Geographical Information Science，2002，16(4)：323-343.

[260]Liu X P，Li X，Shi X，et al. Simulating complex urban development using kernel-based non-linear cellular automata[J]. Ecological Modelling，2008，211(1/2)：169-181.

[261]Zhang H，Jin X，Wang L，et al. Multi-agent based modeling of spatiotemporal dynamical urban growth in developing countries：simulating fu-

ture scenarios of Lianyungang city, China [J]. Stochastic Environmental Research and Risk Assessment, 2015, 29(1): 63-78.

[262]曹敏，范广勤，史照良. 基于MSVM-CA模型的区域土地利用演变模拟[J]. 中国土地科学，2012，26(6)：62-67.

[263]Li XC, Liu XP, Yu L. A systematic sensitivity analysis of constrained cellular automata model for urban growth simulation based on different transition rules[J]. International Journal of Geographical Information Science, 2014, 28(7): 1317-1335

[264]Veldkamp A, Fresco L O. CLUE: a conceptual model to study the conversion of land use and its effects[J]. Ecological modelling, 1996, 85(2): 253-270.

[265]Silva E A, Clarke K C. Calibration of the SLEUTH urban growth model for Lisbon and Porto, Portugal [J]. Computers, Environment and Urban Systems, 2002, 26(6): 525-552.

[266]Stevens D, Dragićević S. A GIS-based irregular cellular automata model of land-use change[J]. Environment and Planning B: Planning and Design, 2007, 34(4): 708-724.

[267]Kok K, Veldkamp A. Evaluating impact of spatial scales on land use pattern analysis in Central America[J]. Agriculture, Ecosystems & Environment, 2001, 85(1): 205-221.

[268]Jantz C A, Goetz S J, Shelley M K. Using the SLEUTH urban growth model to simulate the impacts of future policy scenarios on urban land use in the Baltimore-Washington metropolitan area [J]. Environment and Planning B: Planning and Design, 2004, 31(2): 251-271.

[269]黎夏，叶嘉安，刘小平，杨青生. 地理模拟系统：元胞自动机与多智能体[M]. 北京：科学出版社，2007.

[270]柯新利，邓祥征，陈勇. 元胞空间分区及其对GeoCA模型模拟精度的影响[J]. 遥感学报，2011，15(3)：512-523.

[271]杨青生. 地理元胞自动机及空间动态转换规则的获取[J]. 中山大学学报（自然科学版），2008，47(4)：122-127.

[272]Abraham J，Hunt J. Policy analysis using the Sacramento MEPLAN land use-transportation interaction model[J]. Transportation Research Record：Journal of the Transportation Research Board，1999，(1685)：199-208.

[273]Ayazli I E，Kilic F，Lauf S，Demir H，Kleinschmit B. Simulating urban growth driven by transportation networks：a case study of the Istanbul third bridge[J]. Land Use Policy，2015，49：332-340.

[274]Bartholomew K，Ewing R. Hedonic price effects of pedestrian-and transit-oriented development[J]. Journal of Planning Literature，2011，26(1)：18-34.

[275]Batty Michael. Some problems of calibrating the Lowry model[J]. Environment and Planning A，1970，2(1)：95-114.

[276]Calthorpe P. Transit-oriented development：the urban ecologist[M]. New York：John Wiley.

[277]Chen Jie，Hao Qianjin. The impacts of distance to CBD on housing prices in Shanghai：a hedonic analysis [J]. Journal of Chinese Economic and Business Studies，2008，6(3)：291-302.

[278]Dröes Martijn I，Rietveld Piet. Rail-based public transport and urban spatial structure：the interplay between network design，congestion and urban form[J]. Transportation Research Part B：Methodological，2015，81：421-439.

[279]Hunt John Douglas，Abraham John E. Design and implementation of PECAS：a generalised system for allocating economic production，exchange and consumption quantities[M]. Foundations of Integrated Land-Use and Trans-portation Models：Assumptions and New Conceptual Frameworks，2005.

[280]Knight Robert L，Trygg Lisa L. Land use impacts of rapid transit：impli-

cations of recent experience[R]. Final Report Prepared for the US Department of Transportation, 1977.

[281] Litman Todd. Land use impacts on transport: How land use factors affect travel behavior[J]. Victoria Transport Policy Institute, 2005: 01390074.

[282] Litman Todd. Evaluating transportation land use impacts: considering the impacts, benefits and costs of different land use development patterns[J]. Victoria Transport Policy Institute, 2011.

[283] Loukaitou-Sideris A, Liggett R Iseki H. The geography of transit crime documentation and evaluation of crime incidence on and around the green line stations in los angeles[J]. Journal of Planning Education and Research, 2002, 22(2): 135-151.

[284] Macgill Sally M. The Lowry model as an input-output model and its extension to incorporate full intersectoral relations [J]. Regional Studies, 1977, 11(5): 337-354.

[285] Matas A, Raymond J L, Roig J L. Wages and accessibility: the impact of transport infrastructure[J]. Regional Studies, 2015, 49(7): 1236-1254.

[286] Mitchell Gordon, Hargreaves Anthony, Namdeo Anil, Echenique Marcial. Land use, transport, and carbon futures: the impact of spatial form strategies in three UK urban regions[J]. Environment and Planning A, 2011, 43(9): 2143-2163.

[287] Putman S. Integrated urban models: policy analysis of transportation and land use, London: Pion[J]. Transportation, 1983, 3(3): 193-224.

[288] Simini F, González M C, Maritan A, Barabási A L. A universal model for mobility and migration patterns [J]. Nature, 2012, 484(7392): 96-100.

[289] Stover Vergil G, Koepke Frank J. Transportation and land development [J]. Institute of Transportation Engineers, 1988.

[290] Waddell P A . UrbanSim: modeling urban development for land use, transportation and environmental planning[J]. Journal of American Planning Association, 2002, 68(3): 297-314.

[291] Wang Haijun, He Sanwei, Liu Xingjian, et al. Simulating urban expansion using a cloud-based cellular automata model: a case study of Jiangxia, Wuhan, China[J]. Landscape and Urban Planning, 2013, 110: 99-112.

[292] Williams, I N. A model of London and the South East[J]. Environment and Planning B: Planning and Design, 1994, 21(5): 535-553.

[293] Wilson Alan Geoffrey. A family of spatial interaction models, and associated developments[J]. Environment and Planning A, 1971, 3(1): 1-32.

[294] Wilson Alan. New roles for urban models: planning for the long term [J]. Regional Studies, Regional Science, 2016, 3(1): 48-57.

[295] Wong, S C, Wong, C K, Tong, C O. A parallelized genetic algorithm for the calibration of Lowry model[J]. Parallel Computing, 2001, 27(12): 1523-1536.

[296] Zondag Barry, Michiel de Bok, Geurs, Karst T, Molenwijk Eric. Accessibility modeling and evaluation: the TIGRIS XL land-use and transport interaction model for the Netherlands[J]. Computers, Environment and Urban Systems, 2015, 49: 115-125.

[297] 边经卫. 城市轨道交通与城市空间形态模式选择[J]. 城市交通, 2009, 7(5): 40-44.

[298] 曹小曙, 马林兵, 颜廷真. 珠江三角洲交通与土地利用空间关系研究[J]. 地理科学, 2007, 27(6): 743-748.

[299] 陈峰, 刘金玲, 施仲衡. 轨道交通构建北京城市空间结构[J]. 城市规划, 2006, 30(6): 36-39.

[300] 陈佩虹, 王稼琼. 交通与土地利用模型——劳瑞模型的理论基础及改

进形式[J]. 生产力研究，2007，14：77-80.

[301]洪世键，张京祥. 交通基础设施与城市空间增长——基于城市经济学的视角 [J]. 城市规划，2010，5：29-34.

[302]季珏，高晓路. 基于行为视角的北京城市交通空间结构 [J]. 地理学报，2015，70(12)：2001-2010.

[303]梁进社，楚波. 北京的城市扩展和空间依存发展——基于劳瑞模型的分析 [J]. 城市规划，2005. 29(6)：9-14.

[304]刘彦随，陈百明. 中国可持续发展问题与土地利用/覆被变化研究[J]. 地理研究，2002，21(3)：324-330.

[305]刘志林，王茂军. 北京市职住空间错位对居民通勤行为的影响分析——基于就业可达性与通勤时间的讨论[J]. 地理学报，2011，66(4)：457-467.

[306]罗铭，陈艳艳，刘小明. 交通-土地利用复合系统协调度模型研究[J]. 武汉理工大学学报：交通科学与工程版，2008，32(4)：585-588.

[307]马清裕，张文尝，王先文. 大城市内部空间结构对城市交通作用研究[J]. 经济地理，2004，24(2)：215-220.

[308]毛蒋兴，阎小培. 国外城市交通系统与土地利用互动关系研究[J]. 城市规划，2004，28(7)：64-69.

[309]毛蒋兴，阎小培. 高密度开发城市交通系统对土地利用的影响作用研究 [J]. 经济地理，2005，25(2)：185-188.

[310]牛方曲，刘卫东，宋涛. LUTI 模型原理，实现及应用综述[J]. 人文地理，2014，29(4)：31-35.

[311]牛方曲，王志强，胡月，宋涛，胡志丁. 基于经济社会活动视角的城市空间演化过程模型[J]. 地理科学进展，2015，34(1)：30-37.

[312]沈体雁，冯等田，李迅，朱荣付. 北京地区交通对城市空间扩展的影响研究 [J]. 城市发展研究，2008，15(6)：29-32.

[313]万励，金鹰. 国外应用城市模型发展回顾与新型空间政策模型综述

[J]. 城市规划学刊, 2014, 1: 81-91.
[314]王成新, 梅青, 姚士谋, 朱振国. 交通模式对城市空间形态影响的实证分析——以南京都市圈城市为例[J]. 地理与地理信息科学, 2004, 20(3): 74-77.
[315]王春才, 赵坚. 城市交通与城市空间演化相互作用机制研究[J]. 城市问题, 2007, 6, 15-19.
[316]王福良, 冯长春, 甘霖. 轨道交通对沿线住宅价格影响的分市场研究——以深圳市龙岗线为例 [J]. 地理科学进展, 2014, 33(6): 765-772.
[317]王伟, 谷伟哲, 翟俊, 熊西亚. 城市轨道交通对土地资源空间价值影响[J]. 城市发展研究, 2014, 21(6): 117-124.
[318]王锡福, 徐建刚, 李杨帆. 南京城市轨道交通建设潜在影响下的土地利用分异研究 [J]. 人文地理, 2005, 20(3): 112-116.
[319]王雪微, 王士君, 宋飏, 冯章献. 交通要素驱动下的长春市土地利用时空变化[J]. 经济地理, 2015, 35(4): 155-161.
[320]阎小培, 毛蒋兴. 高密度开发城市的交通与土地利用互动关系——以广州为例 [J]. 地理学报, 2004, 59(5): 643-652.
[321]阎小培, 马跃东, 崔晓. 广州 CBD 的交通特征与交通组织研究[J]. 城市规划, 2002, 26(3): 78-82.
[322]杨励雅, 邵春福, 聂伟, 赵熠. 基于 TOD 模式的城市交通与土地利用协调关系评价[J]. 北京交通大学学报, 2007, 31(3): 6-9.
[323]杨励雅. 城市交通与土地利用的互动关系——模型与方法研究[M]. 北京: 中国建筑工业出版社, 2012.
[324]杨忠振, 宫之光, 董夏丹. 基于土地利用模型的城市新区土地利用格局布置研究[J]. 经济地理, 2013, 33(10): 151-156.
[325]张国华, 李凌岚. 综合高速交通枢纽对城镇空间结构的影响——以长株潭地区为例[J]. 城市规划, 2009, 3: 93-96.
[326]张维阳, 李慧, 段学军. 城市轨道交通对住宅价格的影响研究——以

北京市地铁一号线为例［J］. 经济地理，2012，32(2)：46-51.

［327］周彬学，戴特奇，梁进社，张华. 基于 Lowry 模型的北京市城市空间结构模拟［J］. 地理学报，2013，68(4)：491-505.

［328］周俊，徐建刚. 轨道交通的廊道效应与城市土地利用分析［J］. 城市轨道交通研究，2002，5(1)：77-81.

［329］周素红，闫小培. 广州城市空间结构与交通需求关系［J］. 地理学报，2005，60(1)：131-142.

［330］周麟，沈体雁. 大城市内部服务业区位研究进展［J］. 地理科学进展，2016，35(4)：409-419.

［331］申凤，李亮，翟辉. "密路网，小街区"模式的路网规划与道路设计——以昆明呈贡新区核心区规划为例［J］. 城市规划，2016，40(5)：43-53.

［332］Zhang Bin, Wang Haijun, He Sanwei, Xia Chang. Analyzing the effects of stochastic perturbation and fuzzy distance transformation on Wuhan urban growth simulation［J］. Transactions in GIS, 2020.

［333］侯贺平，刘艳芳，李纪伟，贺三维. 不同模型在镇域空间相互作用中的应用与比较分析——以湖北省大冶市为例［J］. 人文地理，2014，29(5)：63-68，7.

［334］汪光焘，王继峰，赵珺玲. 新时期城市交通需求演变与展望［J］. 城市交通，2020，18(4)：1-10.

［335］银超慧，刘艳芳，危小建. 武汉市多尺度道路网络中心性与社会经济活动点空间分布关系分析［J］. 人文地理，2017，32(6)：104-112.

后　记

本书的撰写主要得益于中南财经政法大学贺三维副教授主持的国家自然科学基金青年项目“交通网络导向下城市空间结构的演变过程及模拟：以武汉市为例”的相关研究成果。通过项目组成员的齐心协力，对项目成果进行进一步梳理和升华，本书的撰写也经历了诸多的困难，如武汉市有关交通政策的发展史，项目组成员在撰写过程中翻看查阅了大量历史资料，通过部门调研和问卷调查，试图真实揭示武汉市公共交通的发展内涵和存在的问题。本书的分工如下：全书统稿和润色、第一章、第二章、第五章、第七章、第十章（贺三维），第三章（余姗）、第四章（张赛、李海云）、第六章（李雪莱）、第八章（吴祎琳）、第九章（邵玺、甘杨旸、余姗）、第十一章（黄少春）、资料整理及格式修订（张臻）。特别感谢中国科学院地理科学与资源研究所方创琳研究员、李广东副研究员的支持与帮助。在本书付梓之余，衷心向为本书撰写提供帮助的人员表示感谢！

本书受到了以下项目的资助：国家自然科学基金项目（41601162）、湖北省社科基金一般项目（后期资助项目）（2020069）、中国博士后科学基金第60批面上资助（2016M601112）。

由于笔者水平有限，书中难免存在不少问题，真切希望各位专家和读者不吝指教！